高等学校计算机基础教育教材

计算思维与Python应用编程

王大东 编著

清华大学出版社
北京

内 容 简 介

本书是大学计算机相关专业的基础课教材，结合 Python 程序设计讲授计算机科学的基础知识和思维方法。全书共 11 章，内容包括计算机中的数据表示与计算、数据存储、流程控制、批量数据处理、函数、类、输入和输出、常用算法与简单数据结构、图形用户界面、Web、数据库编程等。

本书将知识点作了分解，由浅入深地安排教学内容，以便于教学。本书内容丰富，通俗易懂，既适合作为高等院校的计算机基础课教材，也可作为一般的计算机基础入门读物或参考书。

图书在版编目(CIP)数据

计算思维与 Python 应用编程/王大东编著. —北京：清华大学出版社，2022.2
高等学校计算机基础教育教材
ISBN 978-7-302-60140-1

Ⅰ. ①计… Ⅱ. ①王… Ⅲ. ①软件工具—程序设计—高等学校—教材 Ⅳ. ①TP311.561

中国版本图书馆 CIP 数据核字(2022)第 025859 号

责任编辑：袁勤勇
封面设计：常雪影
责任校对：胡伟民
责任印制：朱雨萌

出版发行：清华大学出版社
网　　址：http://www.tup.com.cn，http://www.wqbook.com
地　　址：北京清华大学学研大厦 A 座　　**邮　　编**：100084
社 总 机：010-83470000　　**邮　　购**：010-83470235
投稿与读者服务：010-62776969，c-service@tup.tsinghua.edu.cn
质量反馈：010-62772015，zhiliang@tup.tsinghua.edu.cn
课件下载：http://www.tup.com.cn，010-83470236
印 装 者：三河市铭诚印务有限公司
经　　销：全国新华书店
开　　本：185mm×260mm　　**印　　张**：19　　**字　　数**：480 千字
版　　次：2022 年 3 月第 1 版　　**印　　次**：2022 年 3 月第 1 次印刷
定　　价：58.00 元

产品编号：093716-01

前言

计算思维是运用计算机科学的基础概念去求解问题、设计系统和理解人类的行为。它包括了涵盖计算机科学之广度的一系列思维活动。近些年，计算思维在其他相关学科中的影响越来越大。例如，机器学习已经改变了统计学，就数学尺度和维数而言，统计学应用于各类问题的规模在几年前还是不可想象的。像计算机科学家那样去思维远不止能为计算机编程，还要求能够在抽象的多个层次上进行思维。不仅是计算机科学专业的学生，所有专业的学生未来都应该具有“像计算机科学家一样思维”的初步能力。

本书作为大学低年级的一门计算机基础课程的教材，尽可能简单地介绍计算机科学基础知识和思维方法，强调解决问题、设计和编程等计算机科学的核心技能。本书没有使用传统的系统语言(如C++和Java)，而是使用了脚本语言Python。Python非常灵活，实验非常容易，解决简单问题的方法简洁明了。Python的基本结构简单、干净、设计精良，它使读者能够专注于算法思维和程序设计的主要技能，而不会陷入晦涩难解的语言细节。在Python中学习的概念可以直接应用于后续学习的系统语言。虽然本书使用Python作为编程语言，但Python仅用于说明计算机科学的基础知识、设计和编程的基本原理，本书内容并未涉及Python的高级应用领域。

全书分为11章，内容包括：

第1章“数据表示与计算”，包括Python程序设计基础知识介绍、Python解释器使用方法、计算机中的数值表示方法、算术运算和逻辑运算。

第2章“数据存储”，包括计算机硬件结构、机器编码及执行过程；数值类型、文本类型和字符串在内存中的存储方式；Python中的变量、表达式和赋值语句。

第3章“流程控制”，包括语句块、选择结构中的if语句和if-else语句，以及循环结构中的while语句、while-else语句、for语句和循环嵌套。

第4章“批量数据处理”，包括数组和记录的基础知识介绍；列表、元组、字典和集合的创建及使用方法；列表、序列和字符串的常用方法。

第5章“用函数实现模块化程序设计”，包括函数定义及调用方法、函数参数类型、函数参数传递方式、lambda函数、变量的作用域、模块化程序设计思想、Python模块、Python标准库模块等内容。

第6章“用类实现面向对象程序设计”，包括类的定义与使用方法、派生新类及增强子类方法、类的变量访问控制方法。

第7章“输入和输出”，包括设置字符串格式控制输出格式、磁盘、文件读写过程、文件名和文件夹、顺序读写文本文件、顺序读写二进制文件、随机读写二进制文件、异常处理、图像和音频文件。

第8章“算法与数据结构”，包括算法的基本概念；算法的流程图表示法和伪代码表示法；算法的特征与评价；最大和最小、求和、求积、迭代、递归、排序、查找和分治算法；栈、队列和线性表。

第9章“图形用户界面”，包括tkinter图形用户界面开发基础；组件窗口、标签、框架和布局；基于事件的tkinter组件；面向对象的图形用户界面；使用matplotlib库实现数据可视化。

第10章“Web和搜索”，包括Web工作模型、统一资源定位符、超文本传输协议、超文本标记语言、urllib.request模块、html.parser模块和正则表达式。

第11章“数据库”，包括数据库基本概念、关系数据库基础操作、SQL语句使用方法、使用sqlite3创建数据库等。

本书的前七章是基础部分，学习时间较少的读者可以着重学习这七章。本书在内容选取上没有特别注重知识的完备性，而是更注重初学者对概念的理解。由于篇幅有限，课后习题的答案未在书后列出，读者可在清华大学出版社网站下载相关电子文档及代码。

本书受“吉林师范大学教材出版基金”资助，在本书的编写过程中，编者参阅了书末参考文献中所列的各位老师的著作，清华大学出版社的编辑老师认真审阅并校对了稿件，在此表示衷心感谢。

由于作者水平有限，书中难免存在错漏之处，敬请读者批评指正。

编　者

2021年4月

目 录

第1章

数据表示与计算

人们日常生活中使用的很多设备都是计算机，除了台式计算机、笔记本电脑等通用型计算机外，智能手机、电视、手表、电子游戏机、数码照相机、网络路由器等设备也具有计算能力，是专用型计算机。通用计算机与专用计算机的基础功能都是计算，本章介绍在计算机中如何表示数据及如何计算。本章介绍的内容需要使用 Python 语言进行验证。

1.1 Python 程序设计基础

Python 是一门通用性编程语言，是最流行的几种编程语言之一。Python 语言的效率极高，与其他大多数编程语言相比，使用 Python 可以在更短的时间内完成更多的工作。Python 是可扩展的，除了自带的常用基础库，还可以免费在线安装各种各样的第三方库。

Python 相当简单，易于理解和学习，可以快速入门。与其他的大多数编程语言所写的程序相比，Python 程序更简洁，几乎没有多余的符号。Python 是解释型语言，能够提供实时反馈，这对初学编程者特别有用。

Python 有两个版本(Python 2 和 Python 3)，使用这两个版本编写的程序有一定的差别。由于 Python 2 现在已经不再更新，本书使用的是 Python 3。

1.1.1 运行 Python 程序

1. 安装 Python

Python 3 的安装方法参见附录 A。

2. 运行 Python

运行 Python 程序有两种方法。

① 在 Python 交互式解释环境下运行 Python 程序。在交互式解释环境下一行一行输入命令，可以立刻查看到运行结果。这种方式只适合于执行小程序。

例 1.1　启动 IDLE。在 Windows 系统中，选择“开始”→Python→IDLE 菜单；在 Windows 和 Linux 中，也可以在命令行中输入 python 启动。在解释环境提示符>>>右侧输入如下命令。

```
>>> 5
5
>>> 3+2
5
>>> 1+3 * 2
7
>>> print(5)
5
>>> print(3+2)
5
```

操作过程如图 1.1 所示。

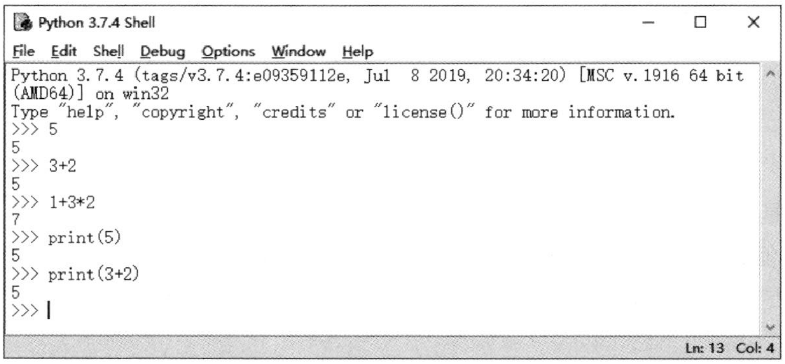

```
Python 3.7.4 Shell
File  Edit  Shell  Debug  Options  Window  Help
Python 3.7.4 (tags/v3.7.4:e09359112e, Jul  8 2019, 20:34:20) [MSC v.1916 64 bit (AMD64)] on win32
Type "help", "copyright", "credits" or "license()" for more information.
>>> 5
5
>>> 3+2
5
>>> 1+3*2
7
>>> print(5)
5
>>> print(3+2)
5
>>> |
                                                        Ln: 13  Col: 4
```

图 1.1　在解释器中输入交互式命令

交互式解释器可以运行 Python 语句，当输入的内容为数值时，它会自动输出这个值。这种自动输出值的特性只在交互式解释器中才有，在 Python 语言中没有。

3+2 是一个计算式，计算后的结果为 5，解释器在解释执行这个计算式时作了自动输出。

print()是 Python 语言定义的一个函数，功能是在解释器中输出函数括号中的值。图 1.1 中第二个 print 括号中是一个计算式，执行时先计算出 3+2 的值，再将值进行输出。

② 使用 Python 解释器执行 Python 程序文件。运行 Python 语句的另一种方法是使用文本编辑器编辑 Python 语句，存储为 Python 程序文件，文件的扩展名是.py。运行程序文件时，可以直接在 IDLE 中用 Run|Run Module 菜单运行；也可以在命令提示符窗口中运行，输入如下内容。

```
python 程序文件名
```

例 1.2　在 IDLE 中，单击 File|New File 菜单，打开程序编辑器(或使用其他的文本编辑软件)，输入前面使用的两行 Python 语句，如图 1.2 所示。

```
print(5)
```

```
print(3+2)
```

选择 File|Save As 菜单，在“另存为”对话框中将所编辑的内容以.py 扩展名保存。如果将编辑的内容存储到 E 盘根目录下，文件名为 example1.py，则在“另存为”对话框中先选择 E 盘，在“文件名”文本输入框中输入 example1，保存类型选择 Python files，单击“保存”按钮保存文件。文件保存后，将自动添加扩展名，如图 1.3 所示。

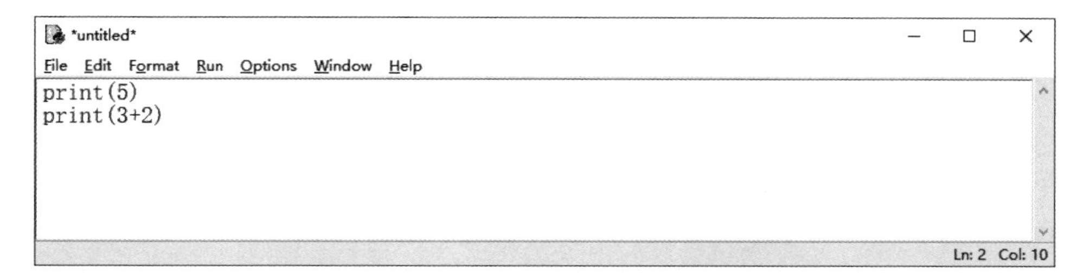

图 1.2　输入程序

图 1.3　将程序另存为 example1.py

在 IDLE 中运行程序，选择 Run|Run Module 菜单运行程序，结果如图 1.4 所示。

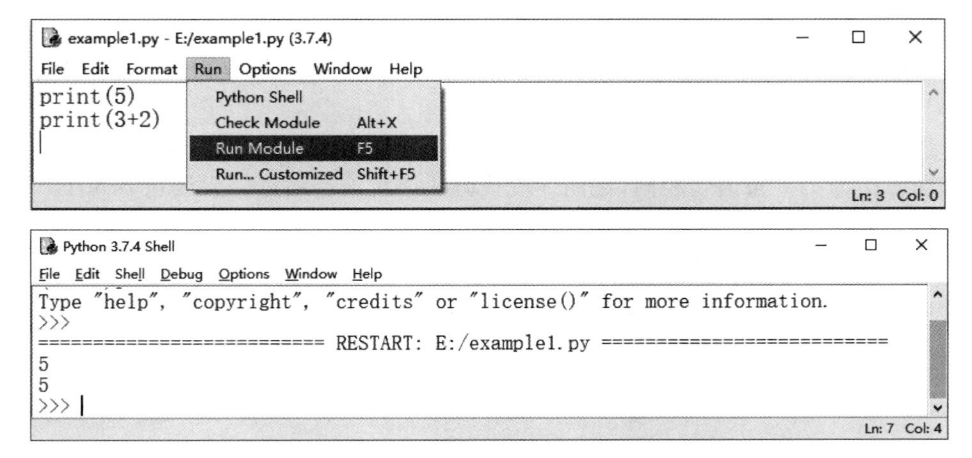

图 1.4　运行 example1.py

也可以在命令提示符窗口运行，输入 python E:\example1.py，执行 Python 程序文件。

1.1.2 Python 程序执行过程

Python 程序是通过 Python 解释器解释执行的。

1. Python 程序

Python 程序也称为脚本，是一系列定义和命令。Python 解释器用来执行这些定义和命令。命令通常称为语句，用来指示解释器做什么。例如，语句 print(5)指示解释器调用 print()函数并在解释器窗口输出数值 5。

2. Python 语法

任何一种计算机编程语言，如 Python、C、Java、BASIC 等，都像人类所使用的语言一样，有一套定义好的语言规则(语法)。与我们使用的很多句子具有“主语＋谓语＋宾语”的语法结构相似，一条 Python 语句也应该符合 Python 预先定义好的语法规则。Python 语言定义的语法较多，后面会逐步介绍。使用 Python 语言编写程序时，就是根据 Python 语法规则写出一组语句序列来实现某种功能。

3. 程序执行过程

Python 解释器在解释、执行程序时，程序的每一行被翻译成一组在计算机上可直接执行的指令序列并被立即执行。例如，在执行语句 print(5)时，输出数值 5，这个过程实际非常复杂，解释器要将其翻译成数以百计的计算机可直接执行的指令。

如果在翻译和执行时有任何错误，解释器会显示消息并中止执行过程。调试程序时需要根据错误消息修正错误，再次从头解释执行。

4. 缩进

Python 语言的语法规定：第一条可执行的语句没有缩进(缩进由若干个空格或 Tab 键组成)；在同一段代码块中，语句缩进相同。

在例 1.2 中，程序执行的第一条语句是 print(5)语句，不应该有缩进；print(3＋2)语句所起的作用与第一条语句相同，在同一段代码块中也没有缩进。假设在 print(3＋2)语句前面添加两个空格，如图 1.5 所示，此时 print(3＋2)语句就处于另一段代码块中。由于没有新代码块开始标记，因此程序不符合 Python 语法。

重新运行程序，Python 解释器在解释执行时会检查到第二行有缩进语法错误，提示出相应的错误消息并中止程序运行，如图 1.6 所示(在命令提示符窗口运行)。错误消息为

```
IndentationError: unexpected indent
```

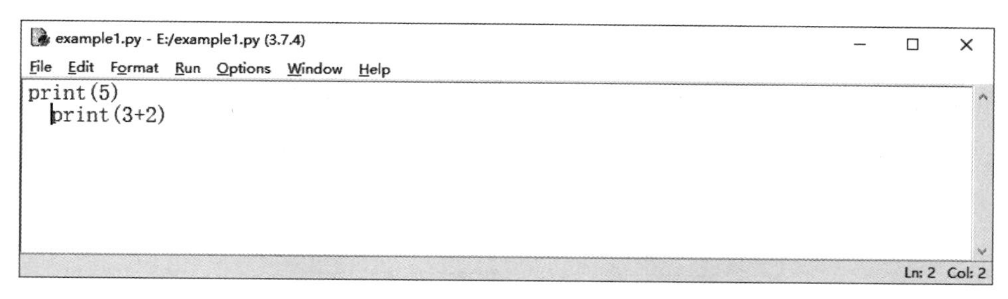

图 1.5　错误缩进程序

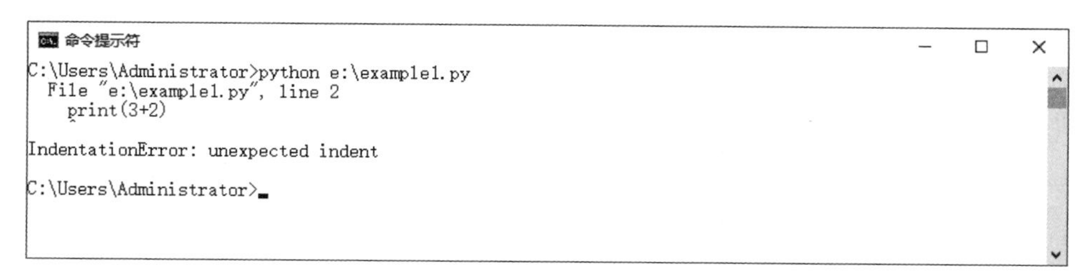

图 1.6　出错提示

1.2　计算机中的数值表示

计算机的全称是数字式电子计算机，完成各种计算的运算部件是用电子元件设计的。与日常生活中使用的十进制数不同，计算机中使用的是二进制数。二进制数的各种运算是通过电子元件按照逻辑运算的方式设计实现的。

1.2.1　进位计数制

用数字表示物理量的大小时，仅用一位数往往不够用，因此经常需要使用进位计数的方法组成多位数。十进制、二进制、十六进制等数制都包含两方面的内容：每一位数应该由哪些数码组成和进位规则是什么。

1. 十进制

十进制是日常生活中最常使用的进位计数制。在十进制数中，每一位有 0～9 十个数码，因此计数的基数是 10，它等于每一位可取数码的总数。超过 9 的数必须用多位数表示，低位和相邻高位之间的关系是“逢十进一”，故称为十进制。例如

$$(143.75)_{10}=1\times10^{2}+4\times10^{1}+3\times10^{0}+7\times10^{-1}+5\times10^{-2}$$

每一位数字所占据的位置决定了其表示的值，1 在百位位置，其表示的值为 100；4 在十位位置，表示的值是 40。对任意一种数制表示的数，有

$$\pm(s_{n-1}\cdots s_1 s_0.s_{-1}s_{-2}\cdots s_{-m})_b=\pm(s_{n-1}\times b^{n-1}+\cdots+s_1\times b^1+s_0\times b^0+ s_{-1}\times b^{-1}+s_{-2}\times b^{-2}+\cdots s_{-m}\times b^{-m}) \quad (1\text{-}1)$$

其中,b 是基数,小数点左侧的 n 位整数部分的各个位置的值分别对应 b 的幂从 0 取到 $n-1$,小数点右侧的 m 位小数部分的各个位置的值分别对应 b 的幂从 -1 取到 $-m$。如图 1.7 所示。

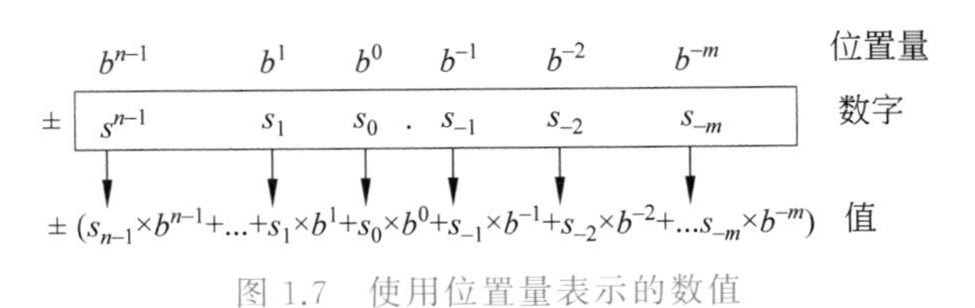

图 1.7 使用位置量表示的数值

十进制数的运算规则是:加法运算时逢十进一,减法运算时借一当十。

k 位十进制数的最大值为 10^k-1,例如如果 $k=2$,那么最大值就是 $10^2-1=99$。其取值范围为 00~99,共有 10^2 种不同取值。

2. 二进制

目前在数字系统中应用最广的是二进制。在二进制数中,每一位仅有 0 和 1 两个可能的数码,因此计数基数为 2。低位和相邻高位间的进位关系是“逢二进一”,因此是二进制。

任何一个二进制数均可根据式(1-1)展开,如果按十进制运算规则求和,则可以计算出它所表示的十进制数的大小。例如

$$(101.11)_2=1\times2^2+0\times2^1+1\times2^0+1\times2^{-1}+1\times2^{-2}=(5.75)_{10}$$

上式中分别使用下标 2 和 10 表示括号里的数是二进制数和十进制数。有时也用 B (binary)和 D(decimal)代替这两个下标。如果不加下标,本书默认为十进制数。

二进制数的运算规则是:加法运算时逢二进一,减法运算时借一当二。

k 位二进制数的最大值为 2^k-1,例如如果 $k=5$,那么最大值就是 $2^5-1=31$。

表 1-1 列出了不同长度的二进制数取值范围。

3. 十六进制

十六进制数的每一位有十六个不同的数码,分别用 0~9、A(10)、B(11)、C(12)、D(13)、E(14)和 F(15)表示。计数基数为 16。低位和相邻高位间的进位关系是“逢十六进一”。

表 1-1 不同二进制数取值范围

二进制位数	最大值	数值个数	取值(范围)	备注
1	1	$2(2^1)$	0、1	
2	3	$4(2^2)$	00、01、10、11	
3	7	$8(2^3)$	000、001、010、011、100、101、110、111	

续表

二进制位数	最大值	数值个数	取值(范围)	备注
4	15	16(2^4)	0000、0001、0010、0011、0100、0101、0110、1000 1000、1001、1010、1011、1100、1101、1110、1111	
5	31	32(2^5)	00000～11111	
6	63	64(2^6)	000000～111111	
7	127	128(2^7)	0000000～1111111	
8	255	256(2^8)	00000000～11111111	1字节为8位
10	1023	1024(2^{10})	0000000000～1111111111	1K=1024
16	65535	65536(2^{16})	0000000000000000～1111111111111111	

任何一个十六进制数均可根据式(1-1)展开,如果按十进制运算规则求和,则可以计算出它所表示的十进制数的大小。例如

$$(2A.8)_{16}=2\times16^1+10\times16^0+8\times16^{-1}=(42.5)_{10}$$

式中下标16表示括号里的数是十六进制数,有时也用H(hexadecimal)代替这个下标。

十六进制数的运算规则是:加法运算时逢十六进一,减法运算时借一当十六。

k 位十六进制数的最大值为 16^k-1,例如如果 $k=2$,那么最大值就是 $16^2-1=255$。

4. 各进制数数字比较

除了十进制、二进制和十六进制外,在数字系统中有时也使用八进制(octal)。表1-2列出了0～15间几种进制数的数值比较。

表1-2　四种进制数数值比较

十进制	二进制	八进制	十六进制	十进制	二进制	八进制	十六进制
0	0	0	0	8	1000	10	8
1	1	1	1	9	1001	11	9
2	10	2	2	10	1010	12	A
3	11	3	3	11	1011	13	B
4	100	4	4	12	1100	14	C
5	101	5	5	13	1101	15	D
6	110	6	6	14	1110	16	E
7	111	7	7	15	1111	17	F

在Python程序中,数值默认为十进制数。如果使用二进制、十六进制或八进制表示数值,则在数值前分别用小写的b、x、o表示相应的进制。另外,为标识这是一个数,而不是别的符号,前面还需要加一个0。

例 1.3 0b1101 表示二进制数 1101,0xF 表示十六进制数 F,0o14 表示八进制数 14。在 Python 解释器中输入任意进制数据,解释器将以十进制输出,如图 1.8 所示。

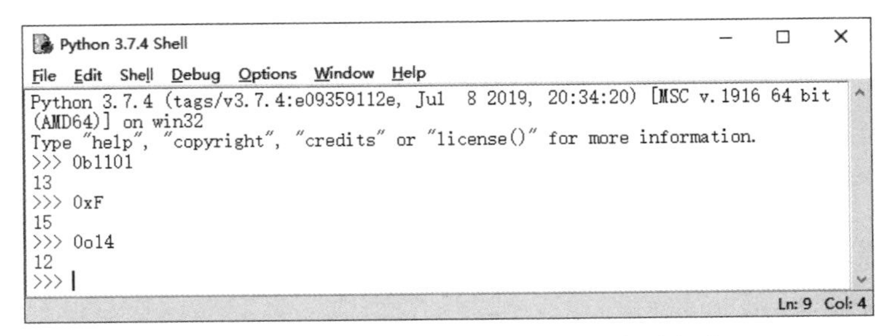

图 1.8 二进制、十六进制、八进制数表示方式

1.2.2 数制转换

我们需要知道如何将一个系统中的数字转换为另一个系统中的等价数字。转换包括其他进制到十进制的转换、十进制到其他进制的转换、其他进制之间的相互转换。

1. 其他进制到十进制的转换

转换时只要将二进制、十六进制或八进制数按式(1-1)展开,然后把所有项的值按十进制数相加,就可以得到等值的十进制数。例如

$(1101.01)_2=1\times 2^3+1\times 2^2+0\times 2^1+1\times 2^0+0\times 2^{-1}+1\times 2^{-2}=(13.25)_{10}$

$(1101.01)_8=1\times 8^3+1\times 8^2+0\times 8^1+1\times 8^0+0\times 8^{-1}+1\times 8^{-2}=(577.015625)_{10}$

$(110\text{F}.01)_{16}=1\times 16^3+1\times 16^2+0\times 16^1+15\times 16^0+0\times 16^{-1}+1\times 16^{-2}=(4367.00390625)_{10}$

2. 十进制到其他进制的转换

十进制数到其他进制数的转换方法是类似的,我们以十进制数转换为等值的二进制数为例说明转换方法。转换需要两个过程:一个用于整数部分,另一个用于小数部分。

(1) 转换整数部分

假定十进制整数为$(S)_{10}$,等值的二进制数为$(k_nk_{n-1}\cdots k_1k_0)_2$,根据式(1-1)可知

$(S)_{10}=k_n2^n+k_{n-1}2^{n-1}+\cdots+k_12^1+k_02^0=2(k_n2^{n-1}+k_{n-1}2^{n-2}+\cdots+k_12^0)+k_0$

这表明,若将$(S)_{10}$除以 2,得到的商是 $k_n2^{n-1}+k_{n-1}2^{n-2}+\cdots+k_12^0$,余数是 k_0。也就是,余数是最后一位二进制数,商是其他位二进制数对应的十进制数。

反复将每次得到的商除以 2,就可以求得二进制数的每一位。

例 1.4 将$(35)_{10}$转换为二进制数,转换过程如图 1.9 所示。

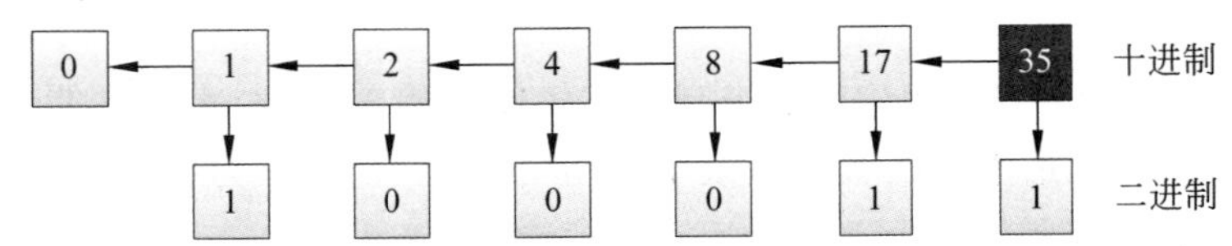

图 1.9 除 2 取余法求 35 对应的二进制数

与十进制数转换为二进制数方法类似，将十进制整数转换为八进制数时使用除 8 取余数方法，将十进制整数转换为十六进制数时使用除 16 取余数方法。

例 1.5 将$(126)_{10}$转换为八进制数和十六进制数，如图 1.10 所示。

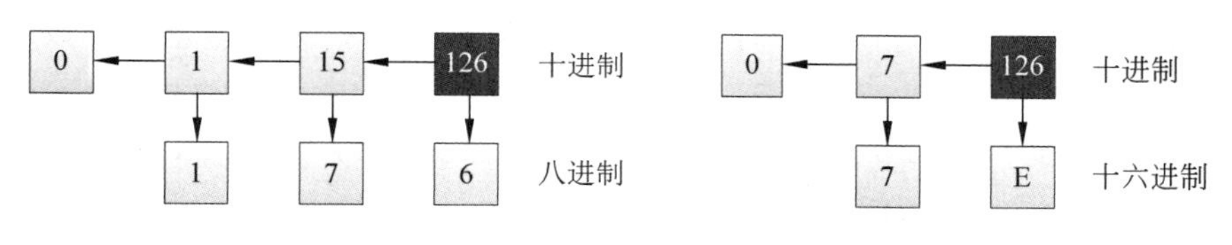

图 1.10 将十进制数 126 转换为八进制数和十六进制数

在 Python 中，可以使用 bin()将十进制整数转换为二进制整数，用 oct()将十进制整数转换为八进制整数，用 hex( )将十进制整数转换为十六进制整数。这三个函数只能转换整数，不能转换含小数部分的数值。

```
>>> print(oct(126))
0o176
>>> print(bin(35))
0b100011
>>> print(hex(126))
0x7e
```

(2) 转换小数部分

假定十进制小数为$(S)_{10}$，等值的二进制小数为$(0.k_{-1}k_{-2}\cdots k_{-m})_2$，根据式(1-1)可知

$$(S)_{10}=k_{-1}2^{-1}+k_{-2}2^{-2}+\cdots+k_{-m}2^{-m}$$

将上式两边同时乘以 2 得到

$$2(S)_{10}= k_{-1}+(k_{-2}2^{-1}+k_{-3}2^{-2}+\cdots+k_{-m}2^{-m+1})$$

这表明，若将$(S)_{10}$乘以 2，得到的数分为两部分，其中小数部分是 $k_{-2}2^{-1}+k_{-3}2^{-2}+\cdots+k_{-m}2^{-m+1}$，整数部分是 k_{-1}。也就是，整数是小数点后第一位二进制数，小数部分是其他位二进制数对应的十进制数。

反复将每次得到的小数部分乘以 2，就可以求得二进制数的每一位，直到小数部分为 0 或目标数位足够。

例 1.6 将十进制数 0.625 转换为二进制数，转换过程如图 1.11 所示。

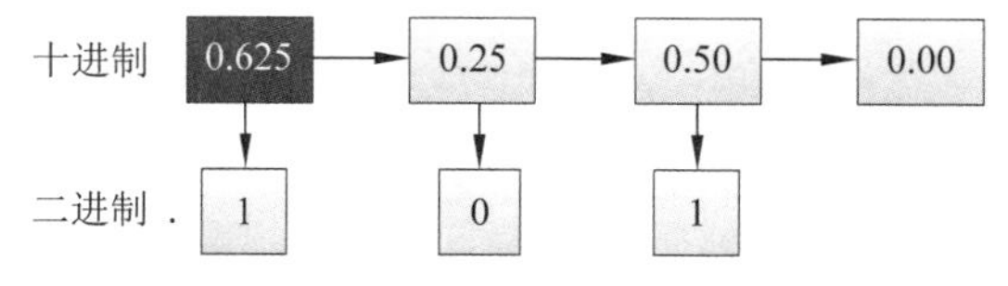

图 1.11 将十进制数小数 0.625 转换为二进制小数

因为 0.625 没有整数部分，所以在转换为二进制数的过程中只转换小数部分。图 1.11 的左上角是要转换的小数 0.625。连续乘以 2 并记录结果的整数和小数部分。小数部分

移到右边，整数部分写在每次运算的下面。例如，第一次运算时，$0.625\times2=1.25$，整数部分为1，小数部分为0.25，将整数部分1写在0.625的下面，小数部分0.25移到右面。当小数部分为0或达到足够的位数时结束。结果是$0.625=(0.101)_2$。

十进制小数转换为八进制小数时使用乘8取整方法，转换为十六进制小数时使用乘16取整方法。

例1.7　将十进制数178.6转换为十六进制数且精确到1位小数，结果为$178.6=(B2.9)_{16}$。转换过程如图1.12所示。

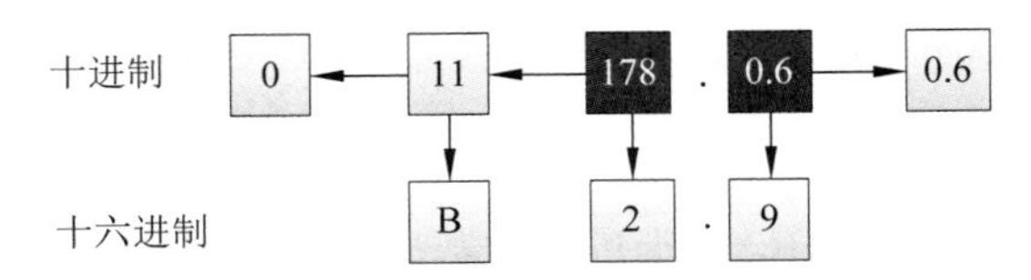

图1.12　将178.6转换为十六进制数

3. 二进制到十六进制的转换

由于4位二进制数恰好有16个状态（如表1-1所示），而把这4位二进制数看成一个整体时，它的进位输出又正好是逢十六进一，因此只要从低位到高位将每4位二进制数分为一组并代之以等值的十六进制数，即可得到对应的十六进制数。

例1.8　将$(1011110.1011001)_2$转换为十六进制数，如图1.13所示。

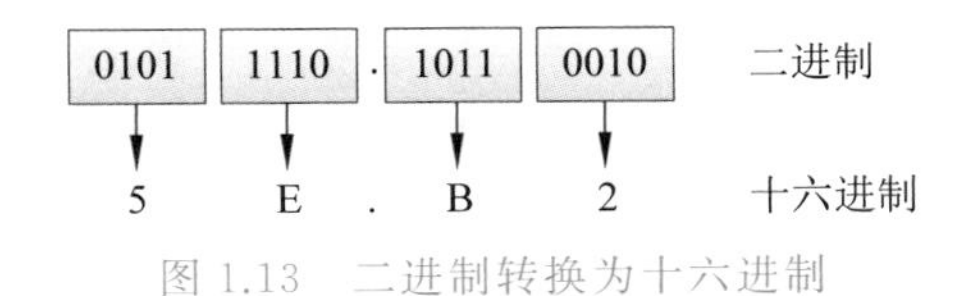

图1.13　二进制转换为十六进制

在将4位二进制数分为一组时，不足4位的，需要在整数部分的左侧或小数部分的右侧补0凑足4位。

4. 十六进制到二进制的转换

将十六进制数转换为二进制数时，只需要将十六进制数的每一位用等值的4位二进制数代替即可。

例1.9　$(8FA.C6)_{16}=(1000\quad1111\quad1010.1100\quad0110)_2$。

1.3　算术运算

在计算机中，1位二进制数的0和1不仅可以表示数量的大小，而且可以表示两种不同的逻辑状态。例如，可以用1和0分别表示一件事情的是和非、真和假、有和无、好和坏，或者表示电路的通和断、电灯的亮和暗等。这种只有两种对立逻辑状态的逻辑关系称为二值逻辑。因此，计算机使用二进制数既可以做算术运算，也可以做逻辑运算。

1.3.1 算术运算概述

当两个二进制数表示两个数量大小时，它们之间可以进行数值运算，这种运算称为算术运算。

1. 二进制数算术运算

二进制算术运算和十进制算术运算的规则基本相同，唯一的区别在于二进制数是逢二进一而不是十进制数的逢十进一。

例 1.10　两个二进制数 1001 和 0101 的加、减、乘、除算术运算。运算过程如图 1.14 所示。

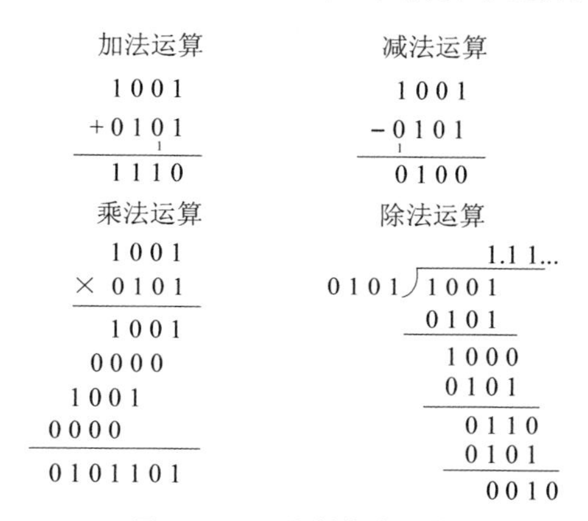

图 1.14　二进制算术运算

2. 计算机中的数值表示

在计算机中，二进制数的正、负号也是用 0 和 1 表示的。为简化运算电路，计算机使用补码表示二进制数。补码是这样定义的：以最高位作为符号位，正数为 0，负数为 1。

负数的补码可通过将对应的正数逐位求反(0 变为 1，1 变为 0)，然后在最低位加 1 得到。由于可以表示负数，因此补码表示的正数范围减半。例如，4 位无符号二进制数的取值范围是 0～15，4 位补码的取值范围是－8～7，如图 1.15 所示。

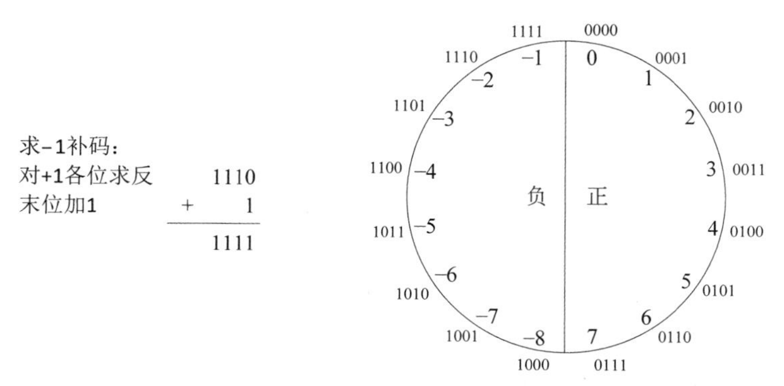

图 1.15　4 位补码取值

采用补码表示的数值在计算减法时可以使用加法电路实现，简化了运算电路的设计。

计算机在表示实数时使用浮点表示法。浮点表示法类似于科学记数法，包括指数部分和数值部分，都使用补码表示。不同进制的科学记数法表示方式是类似的，例如

$12000=0.12\times10^5$

$(11000)_2=(0.11\times2^{0101})_2$ # 等效的十进制数表示 $24=0.75\times2^5$

1.3.2 算术运算符

Python 中使用的算术运算符除加、减、乘、除外，还包括整除、求余和乘方运算，如表 1-3 所示。Python 程序中使用的数值默认为十进制数，十进制数转换为计算机内部使用的二进制数，计算完成后再按十进制数方式输出，这些转换都由 Python 解释器完成。

表 1-3 算术运算符

运算符	说明	实例	结果
+	加	12.45+15	27.45
-	减	4.56-0.26	4.3
*	乘	5 * 3.6	18.0
/	除，和数学中的规则一样	7/2	3.5
//	整除，只保留商的整数部分	121//100	1
%	取余，即返回除法的余数	7%2	1
**	幂运算/乘方运算	2**4	16，即 2^4

在算术运算符中，加、减的运算优先级相同，乘、除、整除、取余的运算优先级相同，幂运算优先级最高。相同优先级运算符连接的算式从左向右依次运算，括号可以改变运算次序。例如

8/2**2=2.0　　9%6/2=1.5　　(2+4)//3/2=1.0　　3 * 4+2 * 3=18

Python 交互式解释环境就像一个计算器，可以对各种算术运算式进行计算。

例 1.11　如果圆锥的底面半径是 r，高是 h，则体积 $V=\pi r^2h/3$。现有一圆锥，r 为 0.56m，h 为 2.1m，在交互式解释器中求圆锥体积。

```
>>> 3.1415926 * 0.56**2 * 2.1/3
0.6896424075520002
```

1.4 逻辑运算

当两个二进制数表示不同的逻辑状态时，它们之间可以按照指定的某种因果关系进行逻辑运算。在二值逻辑中，每个逻辑变量的取值只有 0 和 1 两种可能。这里的 0 和 1 不再表示数量的大小，而只代表两种不同的状态。可以假设 0 代表逻辑假，1 代表逻辑真。

1.4.1 基本逻辑运算

逻辑运算的基本运算有与、或、非三种。

图 1.16 给出了三个指示灯的控制电路。在图 1.16(a)电路中，只有两个开关同时闭合时，指示灯才会亮；在图 1.16(b)电路中，只要任何一个开关闭合，指示灯就会亮；在图 1.16(c)中，开关断开时灯亮，开关闭合时灯不亮。

如果将开关闭合作为条件，把灯亮作为结果，那么图 1.16 中的三个电路代表了三种不同的因果关系。以 A、B 表示开关的状态，以 1 表示开关闭合，以 0 表示开关断开；以 1 表示灯亮，以 0 表示不亮。图 1.17 列出了以 0、1 表示的三种逻辑关系的真值表。真值表定义了对于每一种可能的输入的输出值。

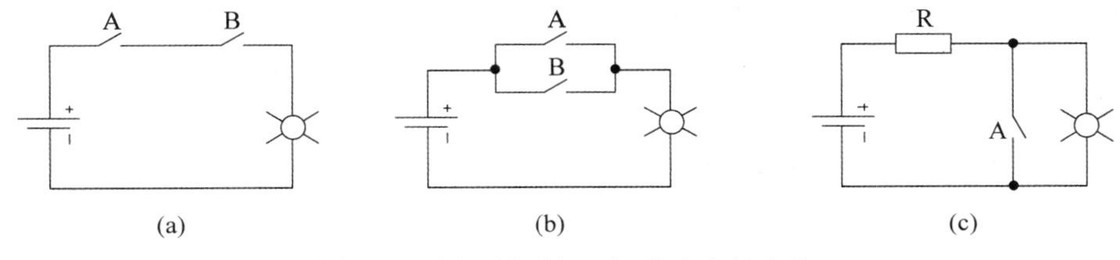

图 1.16　用于说明与、或、非定义的电路

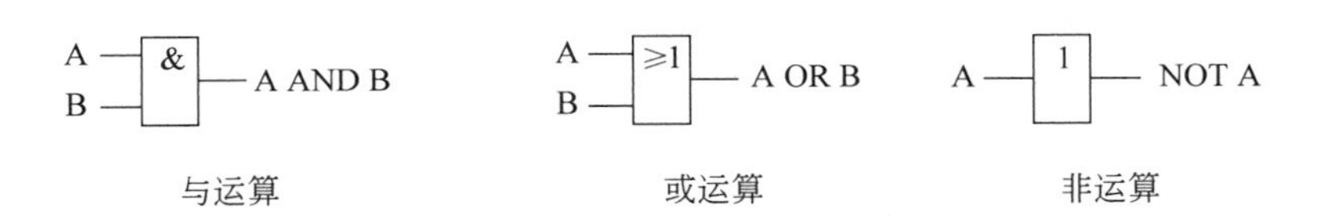

A	B	A AND B
0	0	0
0	1	0
1	0	0
1	1	1

A	B	A OR B
0	0	0
0	1	1
1	0	1
1	1	1

A	NOT A
0	1
1	0

图 1.17　三种逻辑运算真值表

1. 与(AND)

图 1.16(a)的例子表明，只有决定事物结果的全部条件同时具备时，结果才发生。这种因果关系称为逻辑与，也称为逻辑乘。与运算用 AND 运算符表示。AND 运算符是二元运算符，它有两个输入。如果输入都是 1，则输出为 1，而在其他三种情况下输出都为 0。或者说，A=1"并且"B=1，A AND B 为 1。

2. 或(OR)

图 1.16(b)的例子表明，在决定事物结果的诸条件中只要有任何一个满足，结果就会

发生。这种因果关系叫逻辑或，也叫作逻辑加。或运算用 OR 运算符表示。OR 运算符也是二元运算符，它有两个输入。如果输入都是 0，则输出为 0，而在其他三种情况下输出都为 1。或者说，A＝1“或者”B＝1，A OR B＝1。

3. 非（NOT）

图 1.16(c)的例子表明，只要条件具备，结果便不会发生；而条件不具备时，结果一定发生。这种因果关系叫逻辑非，也叫作逻辑求反。非运算用 NOT 运算符表示。NOT 运算符是一元操作符，它只有一个输入。输出和输入相反，如果输入为 0，则输出为 1；如果输入为 1，则输出为 0。

4. 多位逻辑运算

逻辑运算可以被应用到多位二进制数模式。对多位二进制数进行非运算是将每位取反。对两个相同长度的二进制数进行与运算、或运算是对每一对相应的二进制位分别进行与运算、或运算。

例 1.12 对 10011000 进行非运算和求 10011000 AND 00101010。

```
                              1 0 0 1 1 0 0 0
NOT  1 0 0 1 1 0 0 0     AND  0 0 1 0 1 0 1 0
-------------------      ---------------------
     0 1 1 0 0 1 1 1          0 0 0 0 1 0 0 0
```

5. 使用逻辑门电路实现 1 位加法运算

计算机内部的算术运算是使用逻辑电路实现的。最简单的运算电路是半加法器，这个加法器只能进行两个二进制数的相加。正常的 1 位二进制数相加包括加数、被加数和低位的进位，半加法器的输入没有低位进位，实现的 1 位加法是不完整的，因此叫半加法器。半加法器有两个输入：加数、被加数。它还有两个输出：和(S)、进位(C)。

半加法器的真值表和使用逻辑门设计实现的电路如图 1.18 所示。

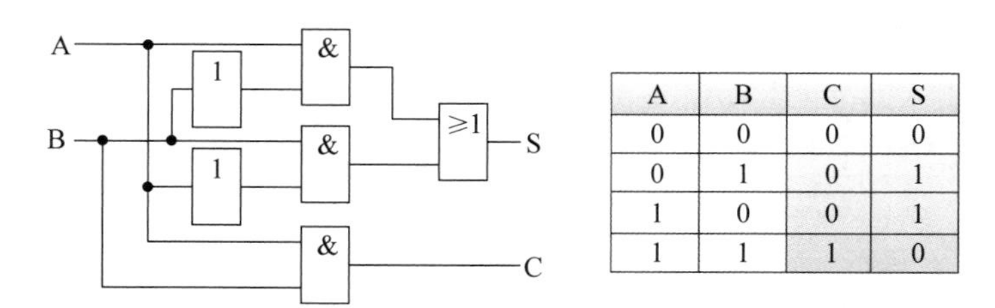

A	B	C	S
0	0	0	0
0	1	0	1
1	0	0	1
1	1	1	0

图 1.18　1 位二进制数半加法器电路及真值表

6. 串行加法运算与并行加法运算

半加法器输出结果 S 和 C 只与加数和被加数两个变量相关，没有考虑低位的进位。全加法器输出的 S 和 C 与加数、被加数和低位进位三个变量相关。全加法器的实现要比图 1.18 复杂很多。

普通人在进行加法运算时，一般是从最低位到最高位按位依次相加并把每一位所产生的进位输入高位计算。在计算机中也可以用相同的方法，就是把多个1位全加法器串联起来，组成一个多位的全加法器。这种加法器称为涟波进位加法器。涟波用来描述进位信号像波浪一样依次向前传递的情形。如果要计算 i 位的值，必须先计算出第0位到第 $i-1$ 位的所有加法。计算过程如图1.19所示。

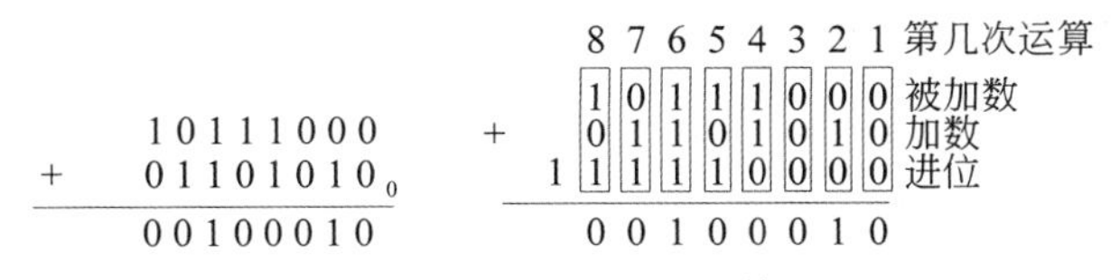

图1.19 串行加法运算

串行加法需要多次运算，运算时间长。使用串行加法思想可以实现任意长度的加运算。

计算机内部使用的加法器是多位并行加法器，如32位或64位。在并行加法器中，第 i 位的S和C与第0位到第 $i-1$ 位的全部加数、被加数和进位相关，只需要一次运算就可以算出多位结果。多位并行加法器所使用的逻辑门个数及复杂程度随加法的位数增加呈指数规律增长。

1.4.2 逻辑运算概述

在Python中，逻辑运算是很多语句的重要组成部分。

1. Python逻辑运算符

Python对1位二进制数进行逻辑运算使用AND、OR、NOT，例如

1 AND 1=1　1 AND 0=0　0 OR 0=0　0 OR 1=1　NOT 1=0

在Python解释器中运行上述五项运算，如图1.20所示。在实际测试时，也可以不用0b标记数值为二进制数，直接输入1和0。

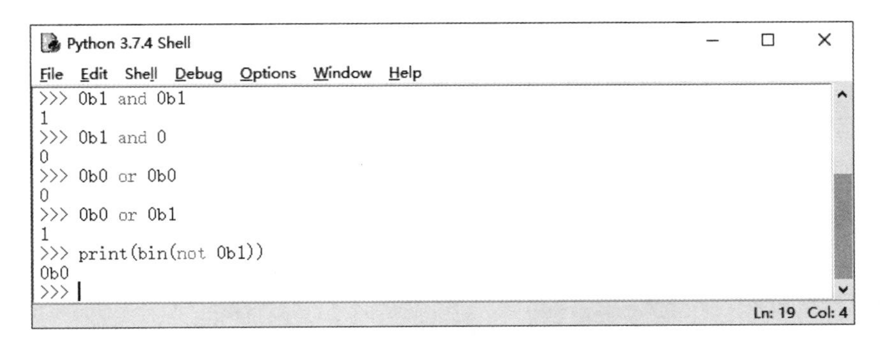

图1.20 二进制数逻辑运算

进行多位逻辑运算使用位运算符&(与运算)、|(或运算)、~(非运算)。位运算符只

能用来操作整数类型,它按照整数在内存中的二进制形式进行计算。

4 & 5=4　　1 & 0=0　　0 | 0=0　　0 | 5=5　　~1=-2

假设整数由 32 位二进制数组成,运算过程如图 1.21 所示。

```
4&5=4
  00000000 00000000 00000000 00000100
& 00000000 00000000 00000000 00000101
-------------------------------------
  00000000 00000000 00000000 00000100

~1= -2
~ 00000000 00000000 00000000 00000001
-------------------------------------
  11111111 11111111 11111111 11111110
```

图 1.21　多位逻辑运算

2. 逻辑运算符的优先级

使用逻辑运算符运算时,先算“非”,再算“与”,最后算“或”。

3. 逻辑真与逻辑假

Python 可以用 0 代表逻辑假,1 代表逻辑真。它也引入了更易懂的两个布尔量 True 和 False。True 表示逻辑真,False 表示逻辑假。True 对应二进制数 1,False 对应二进制数 0。True 和 False 可以进行逻辑运算,也可以进行算术运算(通常情况下没有意义)。

```
>>> True and True
True
>>> True and False
False
>>> True or True
True
>>> True or False
True
>>> True+1
2
```

1.4.3　比较运算

比较运算也称关系运算,如果比较是成立的,则返回 True(真),反之则返回 False(假)。例如 3>2 为 True,3<2 为 False。

1. 比较运算符

比较(关系)运算符包括<、>、<=、>=、==、!=等,分别完成小于、大于、小于或等于、大于或等于、等于、不等于的比较运算,如表 1-4 所示。比较运算与算术运算同时出现时,先进行算术运算,后进行比较运算。

表 1-4　关系运算符

运算符	说　明	实　例	结　果
>	大于	3>2	True
<	小于	16//5<2	False
>=	大于或等于(等价于数学中的 ≥)	4**3>=3**4	False
<=	小于或等于(等价于数学中的 ≤)	5+7<=6+6	True
==	等于	100%4==0	True
!=	不等于(等价于数学中的 ≠)	10/3!=3.33	True

2. 比较运算与逻辑运算的混合运算

比较运算结果为逻辑真或逻辑假。如果一个问题需要分解为多个比较运算,各个比较结果具有某种逻辑关系,这时就需要做完比较运算后再做逻辑运算。

例 1.13　216 是否既被 3 整除又被 2 整除?

判断 216 是否被 3 整除,可以先将 216 对 3 求余,再将余数与 0 比较,如果相等,表示 216 可以被 3 整除。可写如下算式

216%3==0

同样,216 是否被 2 整除可以由 216%2==0 判断。

既被 3 整除又被 2 整除表明两个条件需要同时满足,是逻辑与关系。因此算式为

216%3==0　and　216%2==0

例 1.14　216 是否被 3 整除或被 2 整除?

被 3 整除或被 2 整除表明两个条件只要满足一个即可,是逻辑或关系。因此算式为

216%3==0or　216%2==0

例 1.15　假设定义年龄在 13~19 岁的为青少年,14 岁属于青少年吗?

方法一:14 岁是否大于等于青少年最低年龄并且小于等于青少年最高年龄?

14>=13　and　14<=19

方法二:14 岁是否不是“小于青少年最低年龄或者大于青少年最高年龄”?

not　(14<13　or 14>19)

例 1.16　121 是否是回文数?

如果一个数从左向右读和从右向左读都是一样的,那么这个数就是“回文数”。121 是一个三位数,如果百位数和个位数相同,就是回文数。求一个 3 位数的百位数值,可以用 3 位数对 100 整除;求一个多位数的个位数值,可以将多位数对 10 求余。

121//100==121%10

例 1.17　2020 年是否是闰年?

地球绕太阳一圈需要 365 天 5 小时 48 分 46 秒。平年一年有 365 天,为弥补时间的差异,每隔 4 年有一个闰年。闰年一年有 366 天,闰年的 2 月为 29 天。这样的计算会产生误差,每 4 年会多出 44 分 56 秒,400 年会多出 3 天左右的时间,因此每 400 年实际只有

97 个闰年。

97 可以写为 97＝100－4＋1。构造各个数字的条件之间的包含关系如图 1.22 所示。

闰年是指能够被 4 整除并且不能被 100 整除(被 100 整除区域之外的部分)，或者被 400 整除。2020 年是否是闰年可以写为

2020％4＝＝0 and (not 2020％100＝＝0) or 2020％400＝＝0

也可以写为

2020％4＝＝0 and 2020％100！＝0 or 2020％400＝＝0

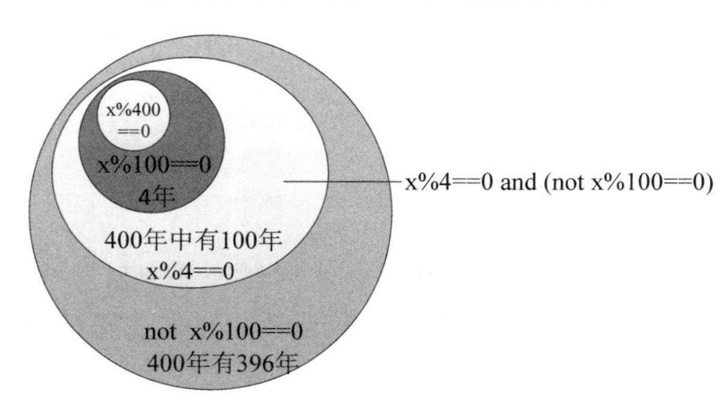

图 1.22 不同条件之间的包含关系

例 1.13～例 1.17 的运行结果如图 1.23 所示。

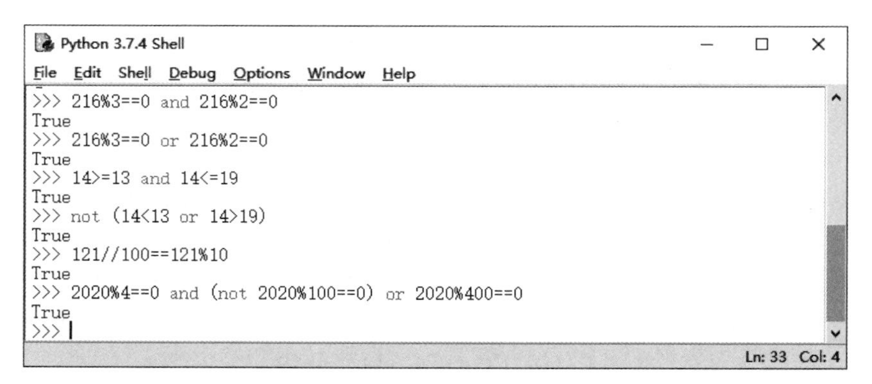

图 1.23 例 1.13～例 1.17 的运行结果

习 题 1

一、选择题

1. 可以使用 5 位二进制数表示的不同值的数量是(　　)。

A. 5　　B. 10　　C. 32　　D. 50

2. 下列各数中最大的是(　　)。

A. 110B　　B. 110O　　C. 110H　　D. 110D

3. 若十进制数为 137.625,则其二进制数为(　　)。

A. 10001001.11　　B. 10001001.101　　C. 10001011.101　　D. 1011111.101

4. 如果 x 的补码是 11110011,那么 $-x$ 的补码是(　　)。

A. 11110011　　B. 01110011　　C. 00001100　　D. 00001101

5. 下列算式值为 0 的是(　　)。

A. 3%5　　B. 3/5　　C. 3//5　　D. 3<5

6. 下列运算符中优先级最高的是(　　)。

A. *　　B. **　　C. //　　D. %

7. 下列运算符中优先级最高的是(　　)。

A. AND　　B. OR　　C. NOT　　D. XOR

8. 能直接在计算机上运行的是(　　)。

A. 语句　　B. 机器指令　　C. 程序行　　D. 函数

9. 2.5+7%3*(2+4)%2/4 的值是(　　)。

A. 2.5　　B. 2.75　　C. 3.5　　D. 0

10. 6!=8 or 6==8 的值是(　　)。

A. True　　B. False　　C. 1　　D. 0

11. 下列描述错误的是(　　)。

A. 在 Python 中逻辑与运算符不能写为 &&,要写为 and

B. 3 & 2 的结果为 2

C. & 是两个数字按二进制位做与运算的操作符

D. 3 & 3 的结果为 0

12. 表达式 3**2 的值为(　　)。

A. 6　　B. 18　　C. 9　　D. 12

13. 以下项不是逻辑运算的有效规则的是(　　)。

A. (True or x)=True　　B. (False and x)=False

C. not(a and b)=not(a) and not(b)　　D. (True or False)=True

14. 对于 x 的 y 次方(x^y),以下表达式正确的是(　　)。

A. x^y　　B. x**y

C. x^^y　　D. Python 没有提到

15. 22%3 的结果为(　　)。

A. 7　　B. 1　　C. 0　　D. 5

16. 3*1**3 的结果为(　　)。

A. 27　　B. 9　　C. 3　　D. 1

17. 9//2 的结果为(　　)。

A. 1　　B. 2　　C. 3　　D. 4

18. 如果计算式的操作符有相同的优先级,则运算规则是(　　)。

A. 左到右

B. 右到左

C. 操作符类型决定是由左到右还是从右到左

D. 无规律

二、计算题

1. 一个地区的汽车车牌有 4 位十进制数(0～9),可以有多少种不同的车牌?

2. 一个地区的汽车车牌由四位符号组成,每一位可以是十进制数字(0～9),也可以是大写字母(A～Z),可以有多少种不同的车牌?

3. 学生一门课程的成绩可以用 A、B、C、D、F、W(退学)或 I(未完成)表示等级,表示这些等级至少需要多少位二进制数?

4. 将下列十进制数转换为 8 位无符号二进制整数。

(1) 23　　(2) 121　　(3) 34　　(4) 142

5. 将下列 8 位无符号二进制整数转换为十进制数。

(1) 01101011　　(2) 10010100　　(3) 00000110　　(4) 01010000

6. 将下列十进制数转换为 8 位二进制数补码表示。

(1) －12　　(2) －98　　(3) 56　　(4) 122

7. 将下列十进制数转换为 16 位二进制数补码表示。

(1) －12　　(2) －98　　(3) 56　　(4) 122

8. 将下列十进制数转换为十六进制数。

(1) 102　　(2) 179　　(3) 534　　(4) 62056

9. 下面是一些二进制补码表示的二进制数,求其相反数的补码。

(1) 01110111　　(2) 11111100　　(3) 01110110　　(4) 11001110

10. 求下列运算的结果(对多位二进制数进行逻辑运算)。

(1) $\sim(99)_{16}$　　(2) $(99)_{16}$ & $(99)_{16}$

(3) $(99)_{16}$ & $(00)_{16}$　　(4) $(99)_{16} \mid (00)_{16}$

(5) $\sim((99)_{16} \mid (00)_{16})$

(6) $(99)_{16} \mid (33)_{16}$ & $((00)_{16} \mid (FF)_{16})$

11. 求下列运算的结果。

(1) 23＋45％8＞3

(2) 7 * 11 * 13％1000＝＝7 * 11 * 13％2001

(3) 12345//1000％10　　(4) 56 & 48

(5) 2＋3＝＝4 or 6＞＝5

12. 写出求 4567 的千位、百位、十位、个位数的算术运算式。

13. 判断 12321 是不是回文数。

14. 所谓“水仙花数”是指一个三位数,其各位数字立方和等于该数本身。例如,153 是一个“水仙花数”,因为 $153=1^3+5^3+3^3$。写出判断 153 是水仙花数的运算式。

三、操作题

1. 根据如下语句编写 Python 计算式并在解释环境下调试。

(1) 前 5 个正整数的和

(2) 403 中包含多少个 73

(3) 403 除以 73 的余数

(4) 2 的 10 次方

(5) 求王明(16 岁)、李平(18 岁)和张玲(16 岁)的平均年龄

2. 根据如下语句编写 Python 比较运算式并在解释环境下调试。

(1) 2 和 2 之和小于 4

(2) 7//3 的值等于 1+1

(3) 3 的平方和 4 的平方之和等于 25

(4) 2、4、6 之和大于 12

(5) 1387 可以被 19 整除

(6) 31 是偶数

3. 根据如下语句编写 Python 逻辑运算式并在解释环境下调试。

(1) 36 是 3 的倍数也是 4 的倍数

(2) 1、13、26、45 是等差数列

(3) 百位数 123 各位上的数字相等

4. 在 Python 解释环境中写语句,做下面的计算。

(1) 求 136 的二进制数表示

(2) 求 12345 的十六进制数表示

(3) 求 47 的八进制数表示

(4) $(1011)_2+(1101)_2=(\quad)_{10}$

(5) $(1011)_2+(1101)_2=(\quad)_2$

5. 为下列运算式添加括号使其求值结果为 True。

(1) 0==1==2　(2) 2+3==4+5==7　(3) 1<-1==3>4

第2章

数据存储

在计算机中,所有的程序和数据都是以二进制形式表示的。本章讨论程序和数据是如何在计算机中存储和使用的。

2.1 程序运行方式

计算机的组成部件可以分为主板、中央处理器(CPU)、主存储器和输入/输出设备等。

2.1.1 计算机硬件结构

不同种类计算机的组成结构并不相同。台式计算机的中央处理器、主存储器(内存)等部件是分立的,如图 2.1 所示。

图 2.1 台式计算机的 CPU 和主存储器

台式计算机的主板上设计了很多插槽,用于安装中央处理单元、主存储器、显卡等部件。而树莓派的主板集成了计算机的所有部件(如中央处理单元、主存储器等),如图 2.2 所示。

虽然不同计算机在具体细节上会有差别,但在结构模型上,所有现代数字计算机的组成都是非常相似的,如图 2.3 所示。

1. 中央处理单元

中央处理单元(CPU)用于数据的运算,由运算器和控制器组成。CPU 是计算机的

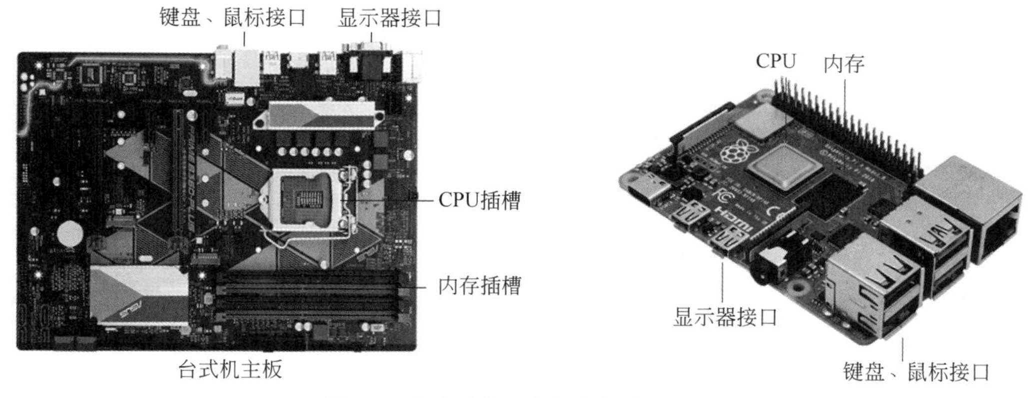

图 2.2　台式计算机主板与树莓派主板

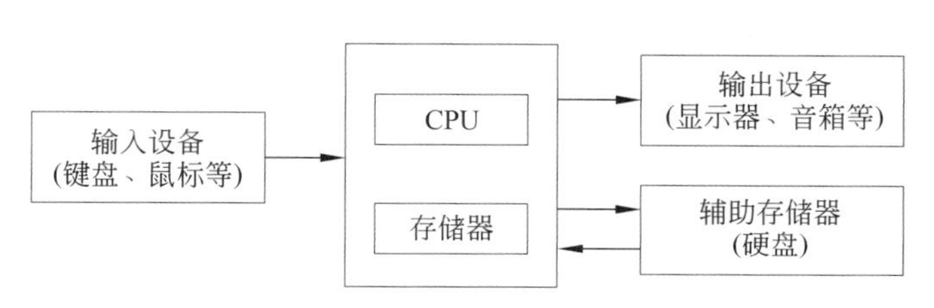

图 2.3　计算机组成结构图

“大脑”,一般会设计数百种不同的功能。虽然现在的计算机无所不能,但是 CPU 提供的每种功能都是基础的操作,例如执行简单的算术运算,将两个数相加;执行逻辑操作,测试两个数是否相等。现在的台式计算机或笔记本电脑的 CPU 每秒钟大约可以执行几亿次基础操作。

2. 主存储器

主存储器,也称为内存,是存储程序和数据的部件。CPU 只能直接访问存储在内存中的程序和数据。

内存的基本单位是存储单元。一个存储单元存储 8 位二进制数,也就是一个字节。二进制数 0 和 1 是以存储电路的两个不同状态表示的。读内存是 CPU 从内存某一位置取出二进制数据,不影响原来存储的数值。写内存是将二进制数从 CPU 传入内存某一位置,会修改原来存储的二进制数。

每次读或写内存的数据长度是字节的整数倍。通常一次可以读或写 8 位、16 位、32 位或 64 位二进制数,也就是一次可以读或写 1、2、4 或 8 字节。最大读写位数与 CPU 结构有关。每一个存储单元都有唯一的编号,称为地址,地址也用二进制数表示,如图 2.4 所示。为书写方便,通常使用十六进制数表示这些二进制地址。

存储器地址使用的二进制数位数越多,所表示的存储单元数量就越多,对应的存储容量就越大。字节用 B(byte)表示。常用的存储单位及地址长度如表 2-1 所示。

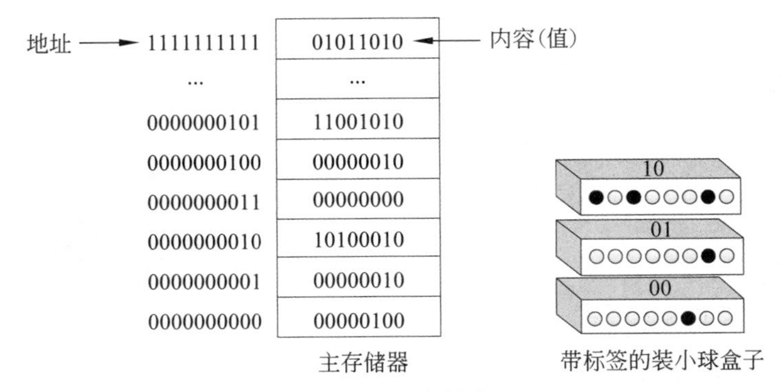

图 2.4　主存储器

表 2-1　存储单位及地址长度

单　　位	字　节　数	近似值	地址长度(位)	英文单位
字节	1 字节	1 字节	1	B
千字节	2^{10}(1024)字节	10^3 字节	10	KB
兆字节(百万)	2^{20}(1024×1024)字节	10^6 字节	20	MB
吉字节(十亿)	2^{30}(1024×1024×1024)字节	10^9 字节	30	GB
太字节	2^{40}(1024^4)字节	10^{12} 字节	40	TB

例 2.1　一台计算机有 32MB 内存,至少需要多少位来寻址内存中的任意一个字节?

内存地址空间是 32MB,即 $32\times1\text{MB}=2^5\times2^{20}=2^{25}$,需要使用 25 位来标识每一个字节。

计算机中使用的存储器主要有两种类型:RAM 和 ROM。

随机存取存储器(RAM)是计算机中主存储器的主要组成部分,容量大,读写速度快,具有易失性。当系统断电后,RAM 中的信息会丢失。计算机要运行的程序和使用的数据必须放在 RAM 中。通常所说的计算机内存就是指 RAM,现在的台式计算机一般安装 8GB、16GB 或更大容量的内存。

只读存储器(ROM)的内容是由制造商写进去的。用户只能读,不能写,优点是可以永久保留数据。通常用来存储那些开机时运行的程序。

在计算机中,提供永久存储是辅助存储器。操作系统等软件都存储在辅助存储器中。辅助存储器通常是硬盘(HDD)或固态硬盘(SSD)。HDD 将信息以磁模式存储在磁盘上,而 SSD 使用称为闪存的电子电路。辅助存储器也可以划分到输入/输出设备中。

3. 输入/输出设备

用户通过输入和输出设备与计算机交互。常见的输入/输出设备包括键盘、鼠标和显示器等。由输入设备输入的信息交给 CPU 处理并可以移动到存储器。在需要显示时,CPU 将显示内容发送到一个或多个输出设备。

2.1.2 程序的执行

计算机系统由两大部分组成,即计算机硬件系统和计算机软件系统。按照现代计算机模型(也称为冯·诺依曼模型),计算机执行的程序和程序使用的数据存储在内存中。

1. 指令

计算机的计算及控制功能都集成在 CPU 中,CPU 包含为每种具体操作所设计的电路。为区分每一种功能,制造 CPU 的厂家使用一组不同的二进制数表示这些功能。这些二进制数就是指挥计算机工作的指示和命令,称为指令。

计算机指令由两部分构成:操作码和操作数。操作码表示这条指令对应 CPU 的哪种功能,操作数表示要运算的数据或地址。Intel 公司 CPU 的指令一般由 1~7 字节组成,图 2.5 所示为 8 位或 16 位二进制数与 CPU 内部寄存器(al、ax、bl)内容相加的三种指令。

图 2.5 Intel CPU 指令示例

这些组成指令的 0 和 1 序列是计算机硬件唯一能理解的语言,称为机器语言。即使是完成相同的功能,不同厂家设计的机器语言也会有所不同。因此,机器语言是依赖于 CPU 的,CPU 型号不同,通常机器语言也不同。

2. 指令的顺序执行

程序是由一组数量有限的指令组成的,它确切地告诉计算机做什么。CPU 在执行指令时,首先从内存中提取一条指令,解释指令,接着执行指令,然后再到内存中提取下一条指令。这样,指令就一条接着一条地顺序执行。指令在执行时可能会修改要执行的下一条指令的位置,以便跳转到前面或后面的指令去执行。

例如,在图 2.6 中,地址 0000H 处放置的指令为

```
0402H        #add al,2          将 al 内容与 2 相加,结果保存在 al 中
```

地址 0002H 处放置的指令为

```
A20002H      #mov [200H],al     将 al 内容传送到内存地址为[200H]处
```

如果 al 中存放的数值为 0,CPU 从 000H 处开始执行指令时,首先取到的指令是 add

al,2,执行加运算后将结果 2 保存在 al 中。第一条指令执行完成后,CPU 取下一条指令 mov [200H],al,执行后将 al 内容传送到 0200H 地址处。第二条指令执行后,内存地址 0200H 中的值变为 2。

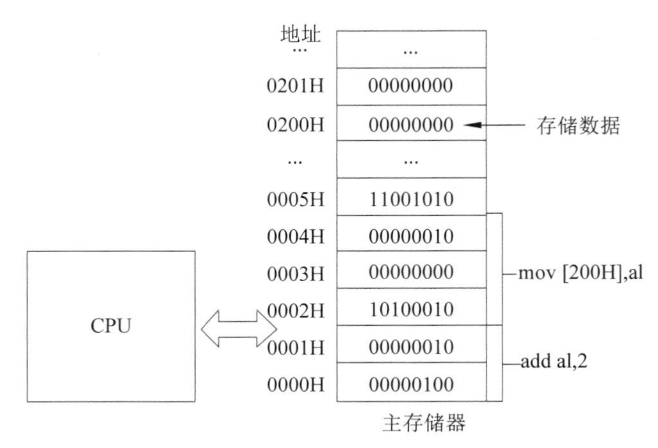

图 2.6 指令的顺序执行

3. 高级语言与低级语言的转换

计算机唯一识别的语言是机器语言,机器语言依赖于具体的硬件,不同类型的 CPU 使用的指令是不同的。机器语言很难记忆,难于编写程序,虽然可以使用助记符表示机器语言,但是仍然不能摆脱烦琐的细节。因此,编写程序前需要详细了解所用 CPU 的指令集,并且要按照 CPU 设计的功能进行程序设计。

假设对两个数求和,CPU 实际执行的指令可能是这样的。

① 将内存位置 0201H 中存放的数传送到 CPU 中。

② 将内存位置 0202H 中存放的数传送到 CPU 中。

③ 在 CPU 中对这两个数求和。

④ 将结果传送到位置 0203H。

现在使用的各种高级语言(如 Python、C、Java 等)的语法更接近于人类的思维方式。两个数求和可以更自然地表示为 c=a+b。

使用高级语言设计的程序必须转换为机器语言,才能在计算机上执行,这个转换过程称为解释或编译。

"编译器"是一个计算机程序,它将高级语言编写的程序翻译成以某种计算机的机器语言表达的等效程序。编译过程如图 2.7 所示。高级语言程序被称为"源代码",得到的"机器代码"是计算机可以直接执行的程序。图中的虚线表示机器代码的执行(也称为"运行程序")。

使用 C、Java 等高级语言编写的程序在运行前都需要经过编译。例如,运行 Java 编写的源程序时,需要先使用编译器 javac 将源程序编译成机器代码(运行在 Java 虚拟机上),然后再运行。

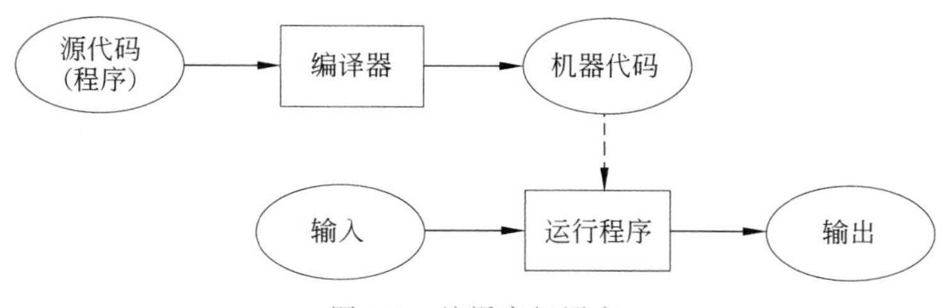

图 2.7　编译高级语言

“解释器”是一个计算机程序，它模拟能理解高级语言的计算机。解释器不是将源程序像编译器那样一次翻译成机器语言的等效程序，而是根据需要一条一条地分析源代码语句，将其解释成机器指令后再执行，如图 2.8 所示。

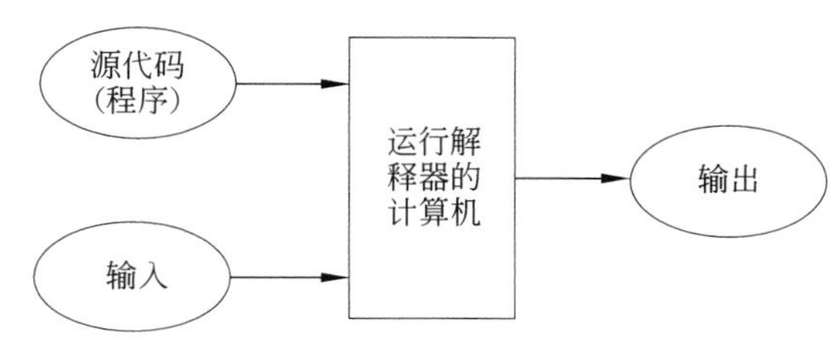

图 2.8　解释高级语言

Python 语言是一种解释型高级语言，解释程序是 python.exe。每条 Python 语句都使程序执行一个相应的动作，语句执行时首先被解释器直接解释成一条或多条计算机可执行的指令，然后再由 CPU 执行这些指令。

例 2.2　从键盘输入一个数，计算该数的平方并输出。

```
x=input("please input a number:")
n=int(x)
print(n * n)
```

使用 Python 解释器解释源程序，程序运行后，使用键盘输入数值 2，结果如图 2.9 所示。

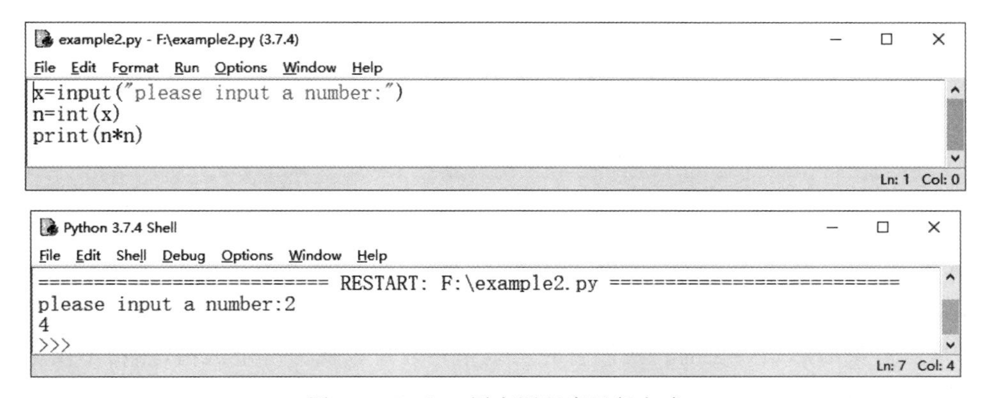

图 2.9　Python 语言源程序运行方式

2.2 数据类型

在计算机中，所有数据都存储在内存中。数据可以是数值型，也可以是非数值型。

2.2.1 数值型数据

数值型数据包括整数和实数。在计算机中，整数用二进制补码表示，实数用浮点表示法表示。

1. 整数

整数分为正数和负数。将一个整数存储在内存中时，可以有多种不同的存储方式。例如 2 和－2 的补码在内存中可以分别使用 1、2、4、8 字节存储，如图 2.10 所示。

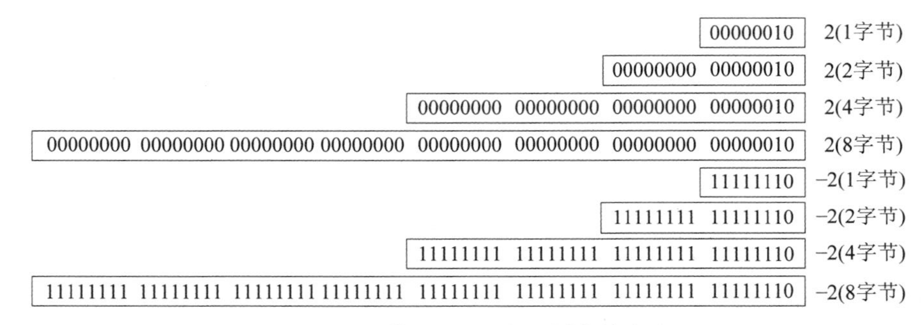

图 2.10　整数 2 和－2 的不同存储方式

在图 2.10 中，用来存储整数的类型有 4 种，存储的都是有符号数，即可以存储正数或负数。这 4 种整数类型所存储的数值范围是不同的，如表 2-2 所示。

表 2-2　不同类型取值范围

类型	最大值	取值范围
byte	2^7-1	－128～127，在内存中占 1 字节
short	$2^{15}-1$	－32768～32767，在内存中占 2 字节
int	$2^{31}-1$	－2 147 483 648～2 147 483 647，在内存中占 4 字节
long	$2^{63}-1$	－9 223 372 036 854 775 808～9 223 372 036 854 775 807，在内存中占 8 字节

在 Java 和 C 等高级语言中，使用整数时需要根据取值大小细分为不同的类型。Python 语言只有整数类型。Python 中的所有数据(包括布尔值、整数、浮点数、字符串等)都是以对象的形式存在的。我们暂时可以把整数对象视为一个黑箱，黑箱不仅存放整数的数值，还包括其他功能。例如在整数运算时，黑箱取出存放的数值让其参与运算；当

整数取值过大时，黑箱自动为其分配更大的存储空间。在 Python 3.0 之后的版本中，整数没有大小限制。

Python 以对象形式管理整数，计算时不需要考虑数值的大小，方便了用户编程，但是运行速度较慢。如果需要高效地计算大量数据或将数据存储到文件中，仍然需要将整数转换成表 2-1 中所列的类型，具体示例见 7.4 节。

在 Python 中，整数类型用 int 表示，可以使用 type()函数获取整数对象的类型。

```
>>> type(42)
<class 'int'>
>>> type(-2)
<class 'int'>
```

例 2.3　求 2 的 65 次方。

虽然 2 的 65 次方超出了 long 型整数的取值范围，使用其他高级语言求解并不容易，但是 Python 的整数没有大小限制，可以直接求解。

```
>>> 2**65
36893488147419103232
```

2. 浮点数

非整数型数值被存储为浮点型数值。浮点型数值有固定的精度，由于小数点可以浮动，因此其取值范围非常大。例如，0.000005 和 5000000000000.0 可以分别书写为 $5*10^{-6}$ 和 $5*10^{12}$。只用 5 这一个数字，通过移动小数点就可以获得不同的数值。

在 Python 中，带小数的数值和用科学记数法表示的数值(如 5E－6、5E12)都是浮点数。浮点数类型用 float 表示，大小没有限制。如果需要高效地计算大量的浮点数据或将浮点数据存储到文件中，可以将浮点数转换成 C 语言使用的 4 字节或 8 字节浮点数。

Python 根据数值或运算结果是否包含小数来区分数据类型。例如：1 是整数，为整数类型；1.0 是实数，为浮点数类型；4//2＝2，4//2 为整型；4/2＝2.0，4/2 为浮点数类型。

```
>>> type(1.0)
<class 'float'>
>>> type(5E12)
<class 'float'>
>>> type(4/2)
<class 'float'>
>>> type(4//2)
<class 'int'>
```

3. 布尔类型

在逻辑学中，对于一个问题可以用“真”或“假”描述。在 Python 中，用 True 表示真，用 False 表示假。布尔类型用 bool 表示，数据只包括 True 和 False。

比较运算和逻辑运算的结果都是布尔类型。例如：100＜101 的结果为 True，True and False 结果为 False。

```
>>> type(100<101)
<class 'bool'>
>>> type(True and False)
<class 'bool'>
```

2.2.2 文本型数据

与数值数据一样，英文字母、标点符号、数字和汉字等符号也要以二进制数据形式存储在计算机中，存储这些符号前需要预先定义每个符号所对应的二进制数。

1. 编码

编码是信息从一种形式或格式转换为另一种形式的过程。通常是用预先规定的方法将文字、数字或其他对象编成数码。例如，1980 年中国颁布了汉字编码的国家标准——GB 2312—1980《信息交换用汉字编码字符集》。该字符集将常用的汉字或符号用一个 4 位的十进制数表示，其中前两位叫作区码，后两位叫作位码，这种编码通常称为区位码。区码和位码的取值范围都是 01～94，区位码表如表 2.3 所示。

通过查找区位码表，可以找到常用的 6763 个汉字的 4 位区位码。例如，“阿”的区位码是 1602。

表 2-3　区位码表（部分）

区	位								
	01	02	03	04	05	06	07	…	94
01	（空格）	、	。	·	ˉ	ˇ	¨	…	〓
…	…	…	…	…	…	…	…	…	…
16	啊	阿	埃	挨	哎	唉	哀	…	剥
17	薄	雹	保	堡	饱	宝	抱	…	炳
18	病	并	玻	菠	播	拨	钵	…	猖
19	场	尝	常	长	偿	肠	厂	…	楚

2. 二进制编码的基本形式

在计算机内部，各种信息都是以二进制编码的形式存储的。在一组二进制数中，指定不同数量的 0 和 1 形成不同的组合来表示不同的含义。例如$(00000100)_2$，它可以表示一个二进制整数，对应十进制整数 4。如果出现在内存的指令区域中，则对应的是一条指令，表示 CPU 将 al 寄存器中的内容与一个数相加这种功能。如果约定这个组合表示一个符号，那么它就具有其他含义。同一组二进制数在不同的环境下可以表示不同的含义，就像在不同班级中学号 01 代表的是不同的学生一样。

指令、数值、字符、汉字及其他数据在计算机中存储时，其长度都是 8(位)的整数倍。

3. ASCII 码

字符有多种编码方式。美国信息交换标准代码(American Standard Code for Information Interchange，ASCII)码是计算机中应用最广泛的一种字符编码。ASCII 码表中的字符包括 10 个数、大小写英文字母和专用字符(+、%、*、? 等)，共 95 种可打印字符和 33 个控制字符。ASCII 码使用 1 个字节中的 7 位二进制数来表示一个字符，最高位取 0，如表 2-4 所示。

表 2-4 ASCII 码表(部分)

高	低							
	000	001	010	011	100	101	110	111
00000	NULL	SOH	STX	ETX	EOT	ENQ	ACK	BEL
00001	BS	HT	LF	VT	FF/NP	CR	SO	SI
00010	DLE	DC1	DC2	DC3	DC4	NAK	SYN	ETB
00011	CAN	EM	SUB	ESC	FS	GS	RS	US
00100	SP	!	"	#	$	%	&	'
00101	(	)	*	+	,	-	.	/
00110	0	1	2	3	4	5	6	7
00111	8	9	:	;	<	=	>	?
01000	@	A	B	C	D	E	F	G
01001	H	I	J	K	L	M	N	O
01010	P	Q	R	S	T	U	V	W
01011	X	Y	Z	[	\	]	^	_
01100	`	a	b	c	d	e	f	g
01101	h	i	j	k	l	m	n	o
01110	p	q	r	s	t	u	v	w
01111	x	y	z	{	|	}	~	DEL

表 2-4 中所列符号就是平时我们使用的字符，每个字符或控制符对应的二进制数共 8 位，高 5 位为左侧列数值，低 3 位为第一行数值。例如，字母 A 对应的 ASCII 码为 $(01000001)_2$，对应的十进制数为 65，十六进制数表示为 41H。

ASCII 码具有以下特征。

① 第一个编码 00H 是一个空字符，它表示不是任何字符。编码 01H～1FH 和 7FH

对应的字符是控制字符，大部分用在以前使用的一些数据通信协议中。LF(换行)、CR(回车)、DEL(删除)、HT(水平制表符)、ESC 等控制符对应键盘的相应键。

② 大小写字母和数字的 ASCII 码值是按顺序连续编列的，如字母 A、B 和 C 的 ASCII 码分别为 41H、42H 和 43H。小写字母 a 的 ASCII 码为 61H，十进制数为 97。当进行数字上的比较时，大写字母 ASCII 码值小于小写字母的 ASCII 码值。

③ 大小写字母数值间相差 20H，对应的十进制数相差 32。

④ 十进制数字字符(0～9)从 30H 开始，如果要将一个数字字符转换为它对应的整数值，需要减去 30H＝48。例如，8 的 ASCII 码是 38H＝56，将 ASCII 值减去 48，即 56－48＝8。

4. Python 中的字符表示方法

在 Python 语言中，字符用单引号或双引号括起来表示。

Python 有两个函数 ord()和 chr()，分别用于在字符和对应的编码数值之间进行转换。

例 2.4　将字符'a'转换为数值。

```
>>> ord('a')
97
```

例 2.5　将数值 97 转换为字符。

```
>>> chr(97)
'a'
```

例 2.6　将字符'a'转换为大写字母字符。

```
>>> chr(ord('a')-32)
'A'
```

5. 汉字及其他字符的编码

汉字与数值、字符一样，也采用二进制编码形式存储在计算机中。

(1) GB 2312 字符集

该字符集使用两个字节编码表示一个汉字，其计算方法为

- 高位字节：区号＋160。
- 低位字节：位号＋160。

加 160 的目的是避开 ASCII 码和控制符。ASCII 码的取值范围是 00000000～01111111，共 128 种。在设计 GB2312 编码时，有些系统在判断控制符时只检测低 7 位，10000000～10011111 的 32 种取值不能使用。因此，不能使用的二进制组合共 128＋32＝160 种。

例如，阿的区位码为 1602，高位字节值为 16＋160＝176，低位字节值为 2＋160＝162，十六进制表示为 B0A2H。如果使用 GB 2312 编码，则在计算机中“阿”的二进制编码

为 B0A2H。

(2) GBK 字符集

GBK 字符集,即国家标准扩展字符集,是对 GB 2312 的扩展,它收录了 21 886 个汉字。GBK 与 GB 2312 一样,也用 2 字节二进制编码表示一个汉字。GBK 编码在设计时其低字节不受大于 160 的限制,因此可以编码更多的汉字。

(3) GB 18030 字符集

GB18030 字符集收录了 70 244 个汉字,兼容 GB 2312 和 GBK。GB 18030 用 2 字节和 4 字节表示一个汉字,常用汉字用两个字节编码,生僻字用四个字节编码。

(4) Unicode

除了我国制定的国家标准字符编码外,还有国际上普遍适用的统一字符编码 Unicode,它为世界各种语言的每个字符都定义一个唯一的编码,以满足跨语言、跨平台的文本信息转换。Unicode 用两个字节来编码一个字符,英文字母等 ASCII 码字符也用两个字节表示。

(5) UTF-8

UTF-8 是针对 Unicode 的一种可变长度字符编码格式。英文字母、数字、常用符号与 ASCII 码定义完全一样,只占用一个字节,使得原来处理 ASCII 字符的软件无须或只进行少部分修改后,便可继续使用。UTF-8 使用 2～4 字节表示一个汉字。

汉字不同编码示例如表 2-5 所示。

表 2-5 汉字编码示例

汉字	GB 2312	GBK	GB 18030	Unicode	UTF-8
阿	B0A2	B0A2	B0A2	963F	E998BF
芃[péng]	无	C64D	C64D	8283	E88A83
口答[tǎ]	无	无	8230A235	35F3	E397B3

在计算机内部,汉字编码和字符编码是共存的,对不同的信息有不同的处理方式。ASCII 码所用字节最高位置为 0,而对于多字节的国标码,高位字节的最高位都置为 1,软件可以根据字节的最高位来判断。

2.2.3 字符串

由若干个字符组成的字符序列称为字符串。字符串是 Python 的基本数据类型。

1. 创建字符串

使用一对单引号或一对双引号将一组字符括起来就创建了一个字符串。

```
>>> "hello"
'hello'
>>> 'hello'
```

```
'hello'
```

交互式解释器输出的字符串是用单引号括起来的，但无论使用哪种引号，Python 对字符串的处理方式都是一样的，没有任何区别。

单引号或双引号本身也是字符，如果出现在字符串中，由于与定义字符串的引号相同，Python 解释器会将其解释为字符串的结束标记。因为后面的字符序列不符合语法，所以 Python 将会报错“invalid syntax(无效的语法)”，如图 2.11 所示。

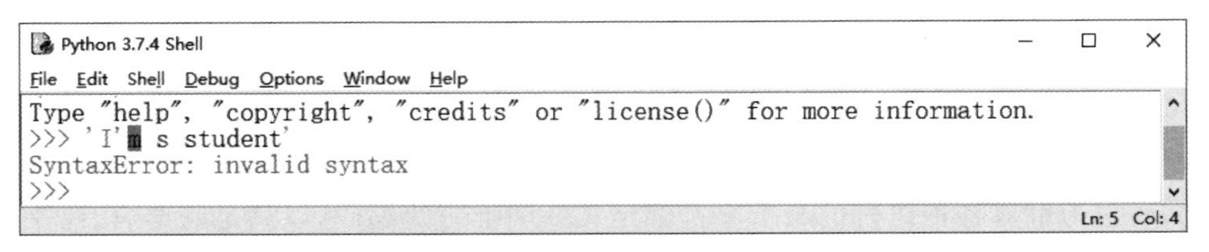

图 2.11 字符串中出现单引号产生错误

创建包含引号的字符串可以采用如下方法。

① 在双引号括起来的字符串中使用单引号或者在单引号括起来的字符串中使用双引号。

② 使用\转义。Python 允许对某些字符进行转义操作，转义后字符的意义发生改变。转义字符跟在右斜杠“\”后面。Python 解释器在解释“\”后面跟的引号时不将其按引号解释，而是当作普通的字符。

例 2.7 在字符串中使用引号。

```
>>> "I'm a student"
"I'm a student"
>>> '小明说:"下雨了"。'
'小明说:"下雨了"。'
>>> 'I\'m a student'
"I'm a student"
```

定义字符串时使用的是半角单引号或双引号，在输入中文时，很容易将半角引号错输为全角引号，此时将产生语法错误，如图 2.12 所示。

```
Python 3.7.4 Shell
File Edit Shell Debug Options Window Help
Type "help", "copyright", "credits" or "license()" for more information.
>>> '小明说：“下雨了”。'
SyntaxError: EOL while scanning string literal
>>> |
Ln: 5 Col: 4
```

图 2.12 全角引号引起的错误

能用于转义的字符还有 t、r、n 等，例如\t 表示 Tab(制表符)，\r 表示回车符，\n 表示换行符。

除了可以接转义字符外，如果一条 Python 语句太长，还可以用“\”将语句分为多行书写。

例 2.8 使用转义字符实现格式输出。

```
>>> print(' 静夜思\n 床前明月光\n 疑是地上霜\n 举头望明月\n 低头思故乡')
 静夜思
床前明月光
疑是地上霜
举头望明月
低头思故乡
```

2. 字符串的存储形式

对于英文字符串,字符以 ASCII 码存储,所有字符按序存储在一段连续的内存中。字符串结束位置存储一个结束标记(空字符,00H),如图 2.13 所示。

对于包含汉字的字符串,汉字以当前设置的汉字编码格式存储。在 Python 解释器中,默认设置的汉字编码为操作系统内部使用的汉字编码。

Python 中的字符串与整数、浮点数一样,也是以对象形式存在的。字符串对象除了包含存储的字符信息外,还具有其他的功能。

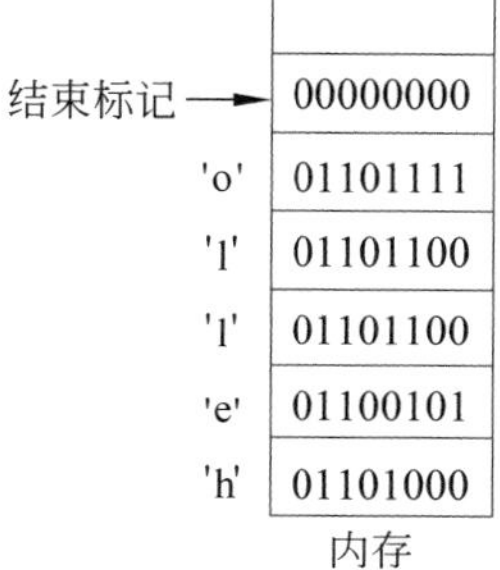

图 2.13 字符串在内存中的存储

3. 字符串相关 Python 函数

① 使用 str()函数将其他 Python 数据类型转换为字符串。

```
>>> str(98.6)
'98.6'
>>> str(1.0e4)
'10000.0'
>>> str(True)
'True'
```

在调用 print() 函数时,Python 内部会自动使用 str()函数将非字符串对象转换为字符串。例如

```
>>>print(2)
2
>>> print('2')
2
```

虽然第一条 print 语句的执行结果与第二条语句完全相同,但是在执行第一条语句时,先调用 str(2),再执行 print。

② 使用 int()函数将其他 Python 数据类型转换为整数。

```
>>> int('2')
2
>>> int(2.5)
2
>>> int(True)
1
```

int()函数可以将浮点数或由数字组成的字符串转换成整数,但不能转换包含小数点或指数的字符串。

③ 使用 float()函数将其他 Python 数据类型转换为浮点数。

```
>>> float('98.6')
98.6
>>> float(2)
2.0
>>> float(True)
1.0
```

④ 使用 len()函数求长度。求字符串长度实际是计算字符串包含的字符个数。空格和转义后的字符都属于字符。一个汉字存储时虽然占用多个字节,也按一个字符计算。

```
>>> len('hello\n 您好')
8
```

4. 字符串连接与复制操作

在 Python 中,可以使用"+"将多个字符串拼接起来,例如

```
>>> 'hello '+'world'
'hello world'
```

也可以直接将一个字符串放到另一个字符串的后面直接实现拼接。

```
>>> 'hello ' 'world'
'hello world'
```

字符串拼接操作原理如图 2.14 所示,字符串对象'hello '和字符串对象'world'拼接后,生成一个新的字符串对象'hello world'。

'h'	'e'	'l'	'l'	'o'	' '						
68	65	6C	6C	6F	20	00					

'w'	'o'	'r'	'l'	'd'							
77	6F	72	6C	64	00						

'h'	'e'	'l'	'l'	'o'	' '	'w'	'o'	'r'	'l'	'd'	
68	65	6C	6C	6F	20	77	6F	72	6C	64	00

图 2.14　字符串拼接原理图

进行字符串拼接时,Python 并不会自动添加空格。如果要将合并的两个字符串用空格分开,可以像图 2.14 所示那样将空格放在字符串中。但当调用 print()进行打印时,Python 会在各个参数之间自动添加空格并在结尾添加换行符。

```
>>> print('hello','world')
hello world
```

使用 * 可以进行字符串复制。

```
>>> print('hello' * 10)
Hellohellohellohellohellohellohellohellohellohello
```

5. 字符串比较

与数值一样,字符串可以使用比较运算符(= =、!=、<、>)进行比较。

对于相等运算符= =,如果运算符两侧的字符串的值相同,则返回 True,否则返回 False。不等运算符!=与相等运算符恰好相反。

```
>>> 'hello'=='world'
False
>>> 'hello'!='world'
True
```

对于比较运算符<和>,类似于比较字符串在英文字典中的顺序,在字典中排在前面的字符串小于排在后面的字符串。字符串比较实际上是比较字符 ASCII 码的大小。

```
>>> 'a'>'A'
True
>>> 'abc'<'abd'
True
>>> 'a'<'ab'
True
```

使用 in 运算符可以检查字符或字符串是否包含在另一个字符串中。例如

```
>>> 'h' in 'hello'
True
```

2.3 变　　量

每个内存单元在计算机中都有一个地址。虽然计算机内部使用地址,但对程序员而言却十分不方便。在 Python 解释器中输入一个 2,实际上我们并不知道 2 存储到内存的哪个地址中。在实际的程序中,有些数据要多次使用,为方便使用数据,所有的高级语言都允许使用变量代表数据。

2.3.1 Python 中的变量

变量是存储单元的名字，也就是在程序中为方便地引用内存中的值而为它取的名字。在 Python 中，使用=给一个变量赋值。

```
>>> a = 7
>>> print(a)
7
```

上面的 Python 程序首先将整数 7 赋值给变量 a，之后又将 a 的值打印出来。

在 Python 中，所有数据都是以对象形式存储的。在内存中存储整数 7 对应的整数对象时，除了包括存储数值 7 所对应的字节外，还包括其他的信息(如对象类型、数据长度、引用次数等)。

如图 2.15 所示，整数对象存储在 1200H 位置，变量 a 就是这个位置的名字，通过 a 找到的整数对象的值是 7。在实际使用时，a 像数学中的变量那样，值就是 7。

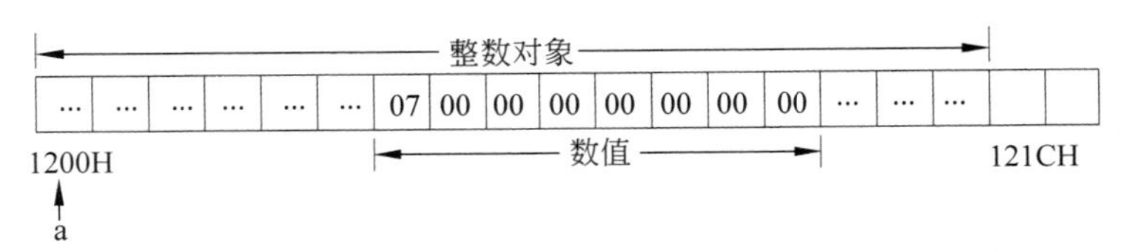

图 2.15 为变量赋整数值

1. 变量类型

变量类型就是赋值数据的类型。

Python 中的变量有一个非常重要的性质：它只是一个名字。赋值操作并不会实际复制值，它只是为数据对象取个名字。名字是对对象的引用而不是对象本身，引用是表示一个对象在内存中的位置的名称。我们可以把变量想象为盒子上的标签，一个盒子上可以贴多个标签，查找物品时可以在一组盒子中按标签名进行查找。

下面使用 Python 的两个内置函数进一步理解变量和对象之间的关系。

① type()函数，获取变量的类型。因为对象中包含对象类型信息，所以 type()函数就是读取给定的变量对应对象的类型。

② id()函数，获取变量的标识，实际得到的是对象的存储地址。

例 2.9 输出变量类型和地址。

```
>>> a=7
>>> b=a
>>> type(a)
<class 'int'>
>>> type(b)
<class 'int'>
```

```
>>> print(id(a))
140725840736704
>>> print(id(b))
140725840736704
```

在上面的程序中，语句 a=7 将整数 7 赋值给变量 a，也就是给存储整数 7 的位置取了一个名字 a。b=a 将 a 赋值给 b，实际上是给 a 取了一个名字 b。因此 a 和 b 的类型都是整型数，id 值都是整数 7 的存储地址。如果将语句 b=a 替换为 b=7，则程序执行结果完全一样。

2. 变量名命名规则

所有的计算机程序设计语言都使用标识符。标识符是标识变量、对象、函数等的符号，也就是变量、对象、函数的名字，例如 print、type 都是标识符。标识符的命名规则如下。

① 只能包含以下字符：小写字母（a～z）、大写字母（A～Z）、数字（0～9）、下画线（_）。

② 不允许以数字开头。

③ 不能使用关键字。Python 语法中使用的单词称为关键字，如 True、False、if、else 等，这些单词具有特殊的作用。另外，对于 Python 的内置函数名（print、type、id、ord 等）、以双下画线开头的某些内置函数名（__main__、__init__等），在命名时也要避开。

下列是一些合法的名字。

a、A、a1、a_b_c___95、_abc、_1a

下列这些名字则是非法的。

1、1a、1_

Python 中的标识符区分大小写，因此 spam、Spam、sPam 和 SPAM 是不同的名称。

大多数情况下，可以自由选择符合这些规则的任何名称。但是从程序的可读性考虑，变量命名时应尽可能取有意义的名字，以便在读到变量名时能大体知道变量的含义。

2.3.2 表达式

在编程语言中，进行计算的计算式称为表达式。表达式可以生成或计算出新的数据值。

表达式是值、变量和运算符的组合。值是整数、浮点数、字符串、布尔等类型的数据。运算符可以是+、-、*、/等算术运算符，也可以是>、<等关系运算符，或者 and、or 等逻辑运算符以及+、*等字符串运算符。

值和变量自身也是表达式。例如，42、n、n+25、n>1、n>1 and n<10、x+y<10 都是表达式。

表达式计算后会得到一个基础数据类型的值。假设 n=17，对表达式 n+25 的求值结果为 42（整数类型），n>1 的值为 True（布尔类型），n>1 and n<10 的值为 False（布尔类型）。

在 Python 解释器中输入表达式时，解释器会计算表达式并打印出结果的文本表示。

```
>>> 32
32
>>> "Hello"
'Hello'
>>> x = 5
>>> x +1
6
>>> print(x)
5
>>> print(y)
Traceback (most recent call last):
 File "<stdin>", line 1, in <module>
Name Error: name 'y' is not defined
```

执行上面的程序时，变量 x 被赋值为 5。Python 对表达式 x+1 求值，打印出 6，也就是赋给 x 的 5 加 1。用 print 语句打印 x，输出的是 5。使用未赋值的变量 y 进行输出时，解释器由于找不到值，将产生 Name Error 错误。这说明没有该名称的值。

使用变量时必须注意，变量必须先赋一个值，然后才能在表达式中使用。

2.3.3 赋值语句

赋值语句是 Python 中最重要、使用最频繁的语句之一。

1. 简单赋值

基本赋值语句具有以下形式。

变量名 = 表达式

赋值用“=”实现。赋值语句执行时，先对右侧的表达式求值，然后将产生的值与左侧变量名相关联，使用变量名时对应的就是表达式值。

赋值语句可用于新建变量并为该变量赋值。

例 2.10 **求圆面积。**

```
>>> r=2.0
>>> area=3.14159 * r * r
>>> print(area)
12.56636
```

变量可以多次赋值，它总是保留最新赋的值。

```
>>> myVar = 0
>>> myVar
0
```

```
>>> myVar = 7
>>> myVar
7
>>> myVar = myVar + 1
>>> myVar
8
```

最后一个赋值语句 myVar ＝ myVar ＋ 1 是使用变量的当前值算出更新后的变量值。在这个例子中，只是对以前的值加 1。

变量 myVar 的命名体现了一种特殊的命名风格，变量名由 my 和 var 两个单词组成，从第二个单词开始，每个单词的首字母大写。这种变量名有利于快速区分变量名中的各个单词。

变量的值可以改变，这就是它们被称为变量的原因。

2. Python 变量更新过程

变量重新赋值后，变量对应的值发生变化。高级语言在实现变量更新时，可以有两种方法。

① 存储位置不变，修改存储位置的值。

② 在新的存储位置创建新对象，存储新值并将变量名作为新位置的名字。

执行 x＝7 和 x＝x＋1 两条语句，两种方法执行结果如图 2.16 所示。

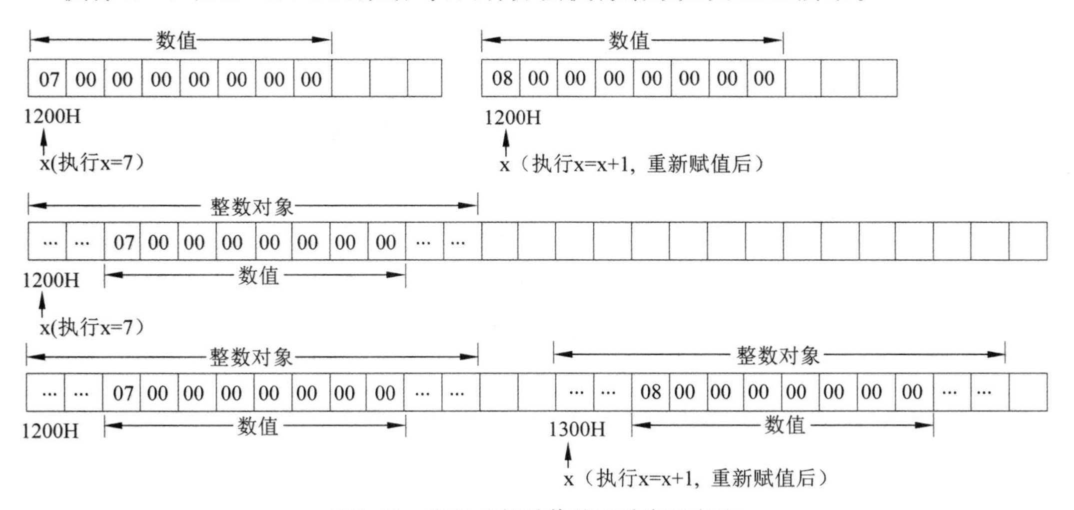

图 2.16　变量重新赋值的两种实现方法

第二种方法由于要创建新对象，没有第一种方法快，注重效率的高级语言（如 C、Java 等）使用的是第一种方法。第一种方法一般只存储数据的值，而没有其他的信息，变量在使用前需要先定义数据类型，然后才能使用。运算时如果结果超出存储单元表示范围，则需要程序员自己处理。

Python 使用的是第二种方法，在变量重新赋值并计算出表达式的值后，如果在内存中没有该值，则创建一个新对象，然后把变量名“指向”该值，引用该对象。

在 Python 中，变量重新赋值不需要保持其原有类型，这为编程带来了极大的方便。例如 x=7，如果执行 x=x/2，显然表达式的值为 3.5，x 的类型由整型变成了浮点型。

在 C 语言中，这种自动转换是不能直接实现的，因为变量 x 所对应的位置只能存整数。

虽然赋值语句不直接擦除和覆盖变量的旧值，但是计算机内存中也不会充满"被丢弃"的值。如果一个值不被任何变量引用，它就不再有用，Python 将自动从内存中清除这些值。

例 2.11　变量重新赋值。

```
>>> x=7
>>> y=7
>>> print("x=",x,"x address:",id(x),"y=",y,"y address:",id(y))
x= 7 x address: 140725848928704 y= 7 y address: 140725848928704
>>> x=x+1
>>> print("x=",x,"x address:",id(x),"y=",y,"y address:",id(y))
x= 8 x address: 140725848928736 y= 7 y address: 140725848928704
```

在上面的程序中，x 和 y 的值都是 7，因此 x 和 y 都"指向"存储整数 7 的位置，输出的 x 的地址和 y 的地址是相同的。经过 x=x+1 重新赋值后，x 的值变为 8，整数 8 被加入内存中，x"指向"存储整数 8 的位置，输出的 x 的地址和 y 的地址就是不同的了。

3. 输入赋值

输入语句的目的是程序接收用户的输入并存储到变量中。在 Python 中，输入是用一个赋值语句结合一个内置函数 input()实现的。语句格式为

变量名 = input(提示信息)

括号中的提示信息是一个字符串表达式，用于提示用户输入。Python 在解释执行 input()函数时，首先在屏幕上打印提示信息，然后暂停并等待用户输入，用户输入完成后按 Enter 键。用户输入的任何内容都会存储为字符串，赋值给变量。

```
>>> name=input("please input your name:")
please input your name:wang ming
>>> name
'wang ming'
```

上面的程序执行到 input()函数时，Python 先打印输出提示"please input your name:"，然后解释器暂停，等待用户输入。从键盘输入 wang ming 并按 Enter 键，'wang ming '赋值给 name 变量。对 name 求值将返回输入的字符串。

例 2.12　从键盘输入矩形的宽和高，计算矩形面积。

```
width=input("请输入矩形的宽度值:")
height=input("请输入矩形的高度值:")
width=float(width)
```

```
height=float(height)
area=width * height
print("矩形面积为:",area)
```

使用 Python 程序解释执行,输入 3.5 和 2,运行结果如图 2.17 所示。

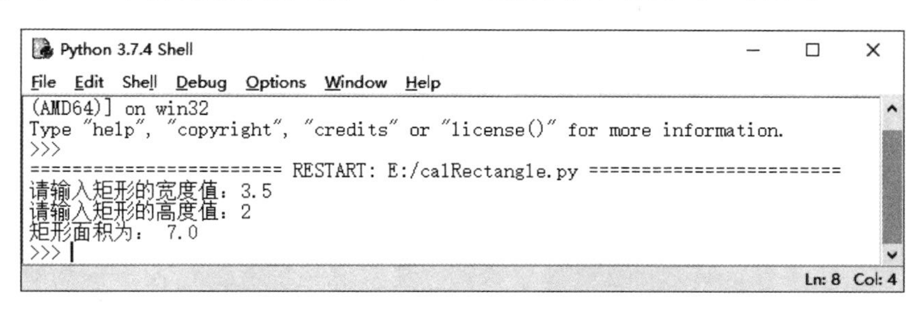

图 2.17 计算矩形面积程序的运行结果

4. 同时赋值

赋值语句允许同时计算几个值。语句格式为

变量名 1,变量名 2,…,变量名 *n* =表达式 1,表达式 2, …, 表达式 *n*

这称为"同时赋值"。Python 对右侧所有表达式求值,然后将这些值赋给左侧命名的相应变量。

```
>>> x,y,z=1,2,3
>>> print(x,y,z)
1 2 3
```

如果给多个变量赋相同的值,语句格式为

变量名 1=变量名 2=…=变量名 *n* =表达式

```
>>> x=y=z=3
>>> print(x,y,z)
3 3 3
```

例 2.13 交换两个变量 x 和 y 的值。

交换的结果是将当前存储在 x 中的值存储在 y 中,将当前存储在 y 中的值存储在 x 中。交换不能通过两个简单的赋值来完成。

```
x = y
y = x
```

对于交换变量,在其他编程语言中很常见的一种方法是引入一个附加变量,它暂时记住 x 的值。

```
temp = x
x = y
y = temp
```

交换过程如图 2.18 所示。

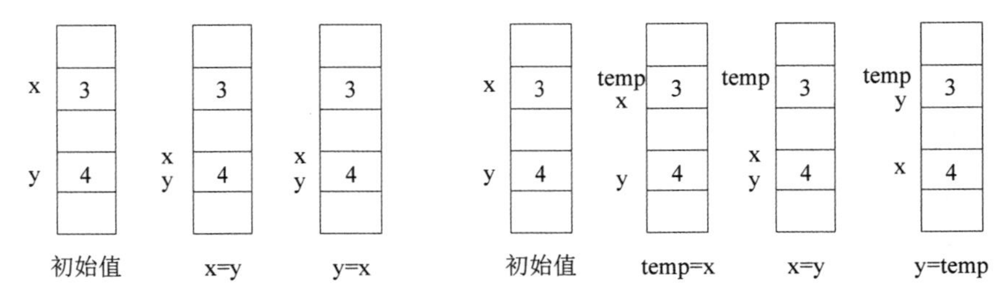

图 2.18　交换变量值

在 Python 中,同时赋值语句提供了一种简单的实现方法。

```
x, y = y, x
```

因为赋值是同时的,所以避免了丢掉 x 的值。

```
>>> x=3
>>> y=4
>>> x,y=y,x
>>> print("x=",x,"y=",y)
x= 4 y= 3
```

5. 使用 eval()函数做同时输入赋值

eval()函数用来执行一个字符串表达式并返回表达式的值。

```
>>> eval("3+2")
5
>>> x=5
>>> eval("x+3")
8
```

如果字符串中包含多个表达式,表达式用逗号分隔,则 eval()函数在执行时分别计算各个表达式的值并返回。返回多个表达式的值可以用于多变量同时赋值。

```
>>> x=5
>>> eval("x+3,x-3")
(8, 2)
```

例 2.14　从键盘输入矩形的宽和高,计算矩形面积,宽和高用逗号分隔。

```
>>> width,height = eval(input("please input the width and height of a Rectangle:"))
please input the width and height of a Rectangle:3.5,2
>>> print("area=",width * height)
area= 7.0
```

6. 复合赋值运算

在赋值运算符的前面加上一个其他运算符后，就构成复合赋值运算符。复合赋值运算符是将变量运算后再将结果赋值给变量的一种简化书写方式。例如，赋值语句 x=x+1 使用复合赋值运算符表示为

```
x+=1
```

需要两个参数的运算符都可以用于复合赋值。

```
>>> x=2
>>> x*=3
>>> print(x)
6
>>> x//=4
>>> print(x)
1
```

2.3.4 注释

前面编写的程序中都只包含 Python 代码，但随着程序越来越大、越来越复杂，为提高程序的可读性，需要对程序进行大致的说明。在编程语言中，程序中添加的说明被称为注释。

1. 单行注释

在 Python 中，单行注释用#标识。#后面的内容都会被 Python 解释器忽略。例如

```
#60 sec/min * 60 min/hr * 24 hr/day
seconds_per_day = 86400
```

注释也可以和代码放在同一行。

```
seconds_per_day = 86400   #60 sec/min * 60 min/hr * 24 hr/day
```

2. 多行注释

Python 也支持多行注释，一次性注释程序中多行的内容(包含一行)。

Python 使用三个连续的单引号或者三个连续的双引号将要注释的多行内容括起来。例如

```
'''
使用 3 个单引号分别作为注释的开头和结尾
可以一次性注释多行内容
这里面的内容全部是注释内容
'''
```

3. 注释的其他作用

在调试程序的过程中，注释还可以用来临时移除无用的代码。

在 Python 程序中如果使用中文输出或注释，运行时有可能会出现提示错误信息。

```
SyntaxError: Non-ASCII character '\x……
```

这种错误的原因是当前 Python 的默认编码是 ASCII 码，而 Python 文件中使用了中文等非 ASCII 字符。此时需要在 Python 源文件的最开始一行加入一条注释语句。

```
#coding=UTF-8
```

习　题　2

一、选择题

1. 中央处理器包括(　　)。

　A. 运算器和控制器　　B. 运算器和存储器

　C. 控制器和输入设备　　D. 输入设备和存储器

2. 硬盘属于计算机的(　　)。

　A. 主存储器　　B. 输入设备　　C. 输出设备　　D. 辅助存储器

3. 计算机组成包括输入设备、输出设备、运算器、控制器和(　　)。

　A. 键盘　　B. 显示器　　C. CPU　　D. 存储器

4. 存储器 ROM 的功能是(　　)。

　A. 可读可写数据　　B. 可写数据　　C. 只读数据　　D. 不可读写数据

5. 编译程序的作用是(　　)。

　A. 把源程序译成目标程序　　B. 解释并执行程序

　C. 把目标程序译成源程序　　D. 对源程序进行编辑

6. 以下项不是合法的标识符的是(　　)。

　A. spam　　B. spAm　　C. 2spam　　D. spam4U

7. 下面描述错误的是(　　)。

　A. 若 a=True,b=False 则 a or b 为 True

　B. 若 a=True,b=False 则 a and b 为 False

　C. 若 a=True,b=False 则 not a 为 False

　D. a && b 为 False

8. 使用科学记数法表示的 9.6E−5 表示的是(　　)这个数字。

　A. 9.6　　B. 0.96　　C. 0.000096　　D. 96

9. 下列不属于浮点数类型的是(　　)。

　A. 36.0　　B. 96e4　　C. −77　　D. 9.6E−5

10. Python 单行注释和多行注释分别是(　　)?

　A. """ """和''' '''　　B. ＃和""" """　　C. //和''' '''　　D. ＃和//

11. int(10.46)的输出值为(　　)。

　A. 10　　B. 10.5　　C. 10.4　　D. 10.46

12. 以下(　　)代码是将字符串转换为浮点数。

　A. int(x)　　B. long(x)　　C. float(x)　　D. str(x)

13. 下面(　　)不是有效的变量名。

　A. _demo　　B. banana　　C. Number　　D. my-score

14. 下列表达式的值为 True 的是(　　)。

　A. True＞2　　B. 3＞2＞2　　C. '3'＜'33'　　D. 'abc'＞'xyz'

15. 在 Python 中,以下(　　)赋值操作符是错误的。

　A. ＋＝　　B. －＝　　C. *＝　　D. X＝

二、操作题

1. 根据如下操作要求,在 Python 解释环境下编写 Python 语句。

(1) 把整数 3 赋值给变量 a

(2) 把整数 4 赋值给变量 b

(3) 把表达式 a * a＋b * b 赋值给变量 c

2. 首先执行如下赋值语句。

```
>>> s1=' ant '
>>> s2=' bat '
>>> s3=' cod '
```

使用 s1、s2、s3 和运算符＋、* 编写 Python 表达式,要求运算结果如下。

(1) ' ant bat cod '

(2) ' ant ant ant ant ant ant ant ant ant ant '

(3) ' ant bat bat cod cod cod '

(4) ' ant bat ant bat ant bat ant bat ant bat '

3. 使用 type( )函数,验证下列表达式的计算结果分别是什么数据类型。

　(1) False＋False　　(2) 2 * 3**2.0

　(3) 4//2＋4％2　　(4) 2＋3＝＝4　or　6＞＝5

4. 编写相对应的 Python 语句或表达式。

(1) 把 6 赋值给变量 a,把 7 赋值给变量 b

(2) 把变量 a 与变量 b 的平均值赋值给变量 c

(3) c 不大于 24

(4) 6.75 介于 a 和 b 之间

(5) 分别把变量 first、middle 和 last 赋值为字符串'John'、'Tomcat'、'Kennedy'

(6) 字符串 middle 的长度大于 first 的长度但是小于 last 的长度

5. 假设在 Python 解释器中定义 a、b 和 c。

```
>>> a,b,c=3,4,5
```

求下列表达式的输出结果。

(1) a 小于 b　　(2)c 小于 b

(3) a 和 b 之和等于 c　　(4) a 和 b 的平方和等于 c 的平方

三、编程题

1. 编写一个程序,实现如下功能:要求用户输入一个华氏温度 F,使用如下公式将其转换为摄氏温度 C。

$$C=5/9\times(F-32)$$

程序运行结果如下所示。

```
Enter the temperature in degrees Fahrenheit:50
The Temperature in degree Celsius is 10.0
```

2. 编写程序,要求用户输入一个圆的半径(非负数),计算并输出圆的周长和面积。

3. 设圆半径 $r=1.5$,圆柱高 $h=3$。编写程序,计算并输出圆柱体表面积和体积。

4. 凯撒密码表中的每一个字母用字母表中的该字母后的第三个字母代替。例如,字母 A 用 A 后面的第三个字母 D 代替。编写程序,要求用户输入一个字母(不限定大小写),输出该字母的凯撒密码并查 ASCII 码表进行验证。

5. 编写程序,要求用户输入一个整数(32~127),输出该数值对应的 ASCII 码字符。

6. 编写程序,要求用户输入一组数据,使 a=3,b=7,x=8.5,y=71.82,s1='A',s2='c'。

7. 假设我国国内生产总值的年增长率为 r(如 6.5%),计算 n 年后我国国内生产总值与现在相比增长多少百分比。计算公式为 $p=(1+r)^n$。编写程序,从键盘输入 r 和 n,输出 p。

第3章

流程控制

前面介绍的程序都是一条一条语句顺序执行的。程序中的每一条语句都执行一次，而且只能执行一次，这些语句的组织方式称为顺序结构。只使用顺序结构不能解决所有问题，为满足特定情况的需要，常常需要改变程序的顺序流程。计算机科学家为结构化程序定义了三种流程结构：顺序结构、选择结构和循环结构(如图 3.1 所示)。

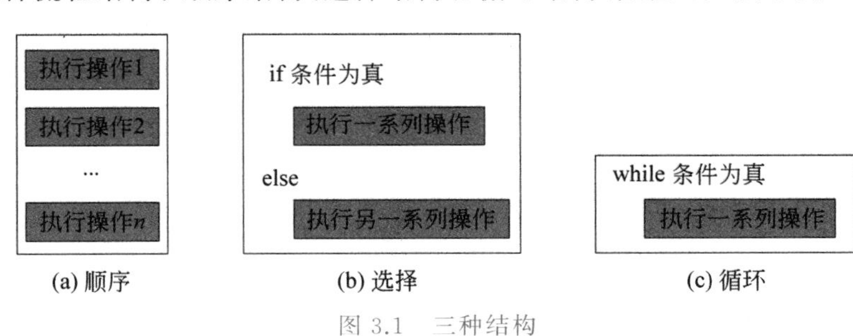

图 3.1　三种结构

使用这三种结构设计的程序容易理解、调试和修改。本章介绍选择结构和循环结构的实现方法。

3.1　选择结构

计算机之所以有广泛的应用，在于它不仅能简单和按顺序地完成人们事先安排好的一些指令，更重要的是具有逻辑判断能力，能针对不同情况执行不同指令序列，允许程序“选择”适当的动作过程。选择结构根据不同的条件来选择不同的操作，需要使用 if 语句实现。

3.1.1　语句块

语句块不是一种语句，而是一组语句。如果实现选择结构或循环结构，当条件为真时执行或者执行多次的系列操作都用语句块来实现。

1. 创建语句块

在语句前放置空格或 Tab 键缩进语句，即可创建语句块。同一个语句块其所有语句缩进应相同。Python 推荐的缩进方式是使用空格进行的，一个语句块缩进 4 个空格。

2. 语句块的开始与结束

在 Python 中，使用冒号(:)标识语句块的开始，块中的每一条语句都是缩进的(缩进量相同)。在恢复成和原来的块一样缩进量时，表示当前块结束。

在 Java、C、C++ 等高级语言中，使用特殊的字符({)表示一个语句块的开始，用另一个字符(})表示语句块的结束。

语句块的开始与结束方式如图 3.2 所示。

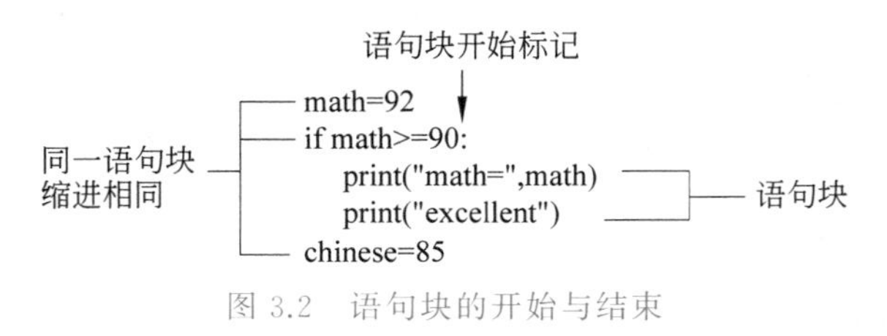

图 3.2　语句块的开始与结束

3.1.2　简单 if 语句

简单 if 语句实现的是"如果……那么……"的执行流程。

例 3.1　输入一个数，输出其绝对值。

输入的数可能是正数，也可能是负数。如果是负数，那么绝对值为其相反数。

```
x=int(input("please input a number:"))
if x<0:
  x=-x
print(x)
```

执行上面的程序，假设输入负数－23，则输出其绝对值 23。如果输入正数 23，则输出正数自身。

1. 简单 if 语句格式

```
if 条件:
  语句块
```

if 关键字后面跟的条件是一个表达式。执行 if 语句时，首先对条件表达式求值，如果结果为真，则执行语句块，否则什么也不做。在例 3.1 中，如果输入的值为负数，x＜0 的值为 True，那么执行语句块 x=-x，对负数求相反数，得到其绝对值。如果输入的是正数，x＜0 的值为 False，不执行语句块。简单 if 语句的流程如图 3.3 所示。

2. 条件表达式

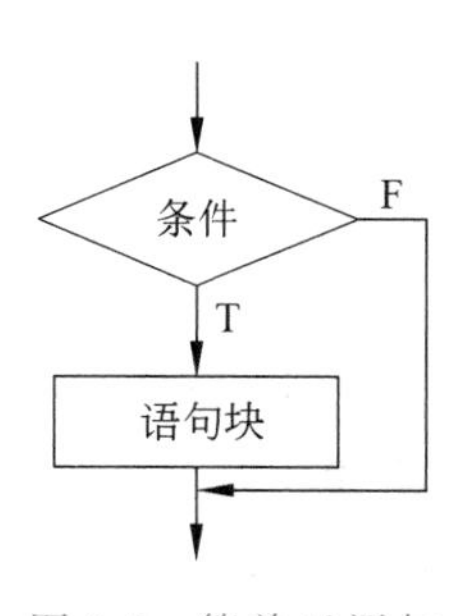

图 3.3 简单 if 语句流程图

if 语句条件表达式的值通常为布尔类型，也称为布尔表达式。条件可以是单条件，也可以是多条件。

常用的单条件包括如下。

- 数字比较，检查两个数字相等（==）、不等（!=）、大于（>）、小于（<）、大于或等于（>=）和小于或等于（<=）。
- 字符串比较，检查两个字符串相等（==）和不等（!=）。

当存在多个条件时，需要根据条件之间的逻辑关系，用 and 或 or 对各个条件进行逻辑运算。

例 3.2 输入一个数，如果是偶数，输出提示。

```
x=int(input("请输入一个数:"))
print("你输入的是",x)
if x%2==0:
  print(x,"是偶数")
```

例 3.3 小明今年 12 岁，再过 10 年，小明还是不是青少年？

```
x=12
if x+10<13 or x+10>19:
  print("10 年后小明不是青少年")
if x+10>=13 and x+10<=19:
  print("10 年后小明是青少年")
```

假设青少年定义为 13～19 岁。是青少年的条件可以描述为大于或等于 13 岁并且小于或等于 19 岁；不是青少年的条件可以描述为小于 13 岁或者大于 19 岁（如图 3.4 所示）。

图 3.4 多条件之并且及或者关系

3. 非布尔类型返回值的条件表达式

如果条件表达式的类型是数值类型、字符串或其他的对象类型，Python 会根据取值情况认定 True 或 False。

认定是 False 的包括布尔型 False、整数 0、浮点数 0.0、null 类型 None、空字符串""、空列表[]、空元组()、空字典{}等，也就是将数值 0 和各种空对象类型认定为 False。

其他情况认定为 True。

```
x=1
if x:
   print("x=1")
```

上面的程序的运行结果是输出 x=1。

3.1.3 if-else 语句

if-else 语句实现的是“如果……那么……否则……”的执行流程，在条件为真时执行一个操作并在条件为假时执行另一个操作。if-else 语句类似于简单的 if 语句，但其中的 else 语句能够指定条件为假时要执行的操作。

例 3.4 用 if-else 语句实现例 3.3。

```
x=12
if x+10>=13 and x+10<=19:
  print("10 年后小明是青少年")
else:
  print("10 年后小明不是青少年")
```

1. if-else 语句格式

```
if  条件:
  语句块 1
else:
  语句块 2
```

if 后面跟的条件是布尔表达式。执行 if-else 语句时，首先对条件求值，如果结果为真，则执行语句块 1，否则执行语句块 2。if-else 语句的流程图如图 3.5 所示。

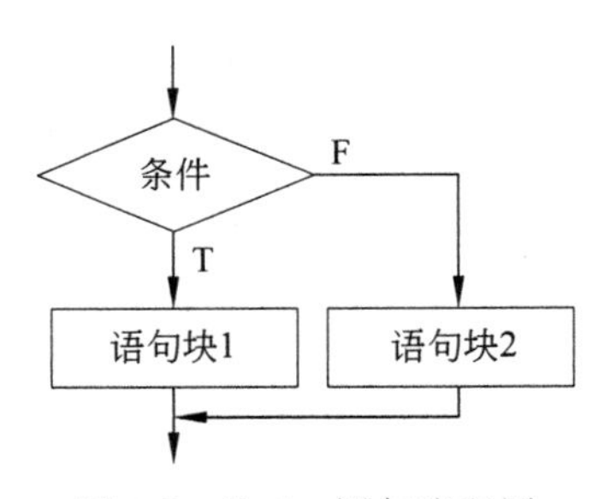

图 3.5 if-else 语句流程图

2. if 语句嵌套

if-else 实现了两个分支的流程处理，如果处理多分支情况，则可以在 if 语句块中包含 if 语句，即 if 语句实现嵌套。

例 3.5 用 if-else 语句实现符号函数。

$$y=\begin{cases}1 & (x>0)\\0 & (x=0)\\-1 & (x<0)\end{cases}$$

符号函数取值包括三种情况，可以分解为 x>0 和 x≤0 两种情况，x≤0 又可分解为 x<0 和 x=0 两种情况(如图 3.6 所示)。

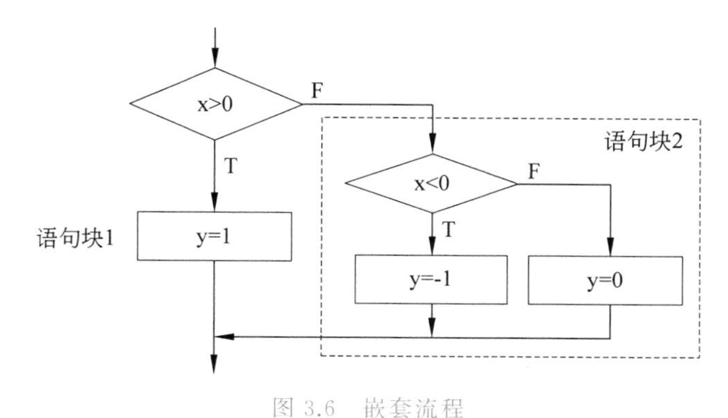

图 3.6 嵌套流程

```
x=0.5
if x>0:
  y=1
else:
  if x<0:
    y=-1
  else:
    y=0
print("y=",y)
```

嵌套的 if 语句也可以写在 if 部分。

3.1.4 if-elif-else 语句

使用嵌套 if 语句可以实现多分支的选择，在分支较多时非常烦琐，Python 提供了一种将 else if 合并的简写方法，格式如下。

```
if 条件 1:
  语句块 1
elif 条件 2:
  语句块 2
…
elif 条件 n:
  语句块 n
else:
  语句块 n+1
```

例 3.6 将百分制成绩转换为五级制。

```
score=int(input("please input a score:"))
if score>=90:
  grade="A"
elif score>=80:
```

```
  grade="B"
elif score>=70:
  grade="C"
elif score>=60:
  grade="D"
else:
  grade="E"
print("grade=",grade)
```

程序运行时，首先测试 score>=90 是否为真。若为真，则该成绩为 A，结束 if 语句，否则测试 scroe>=80……如果最终进入了 else 的语句块，那么表明 score<60，成绩为 E，最后输出五级制成绩。程序实现了 5 个分支，将 0～100 划分成[90,100]、[80,90)、[70,80)、[60,70)和[0,60)。

3.2 循环结构

在很多问题中，往往需要有规律地重复某些操作，这些操作在计算机程序中体现为某些语句的重复执行，这就是循环。通过使用循环结构，只要写很少的语句，计算机就会反复执行，完成大量同类运算。

3.2.1 while 语句

Python 中最简单的循环语句是 while，实现"当……时则重复执行……"的流程。

例 3.7　输出 1～100 的所有数。

```
count=1
while count <=100:
   print(count)
   count=count+1
```

执行 while 语句时，首先计算表达式 count<=100，如果为 True，则执行下面的语句块，输出 count 的值并将 count 加 1。语句块执行完成后，返回到 while 语句开始位置，重新计算表达式，再次决定是否执行语句块，直到条件为 False，退出循环。

1. while 语句格式及执行流程

```
while  条件:
    语句块
```

while 语句的条件与 if 语句一样，可以是任意类型的表达式，通常是结果为布尔类型的关系表达式或逻辑表达式。

执行 while 语句时，首先计算表达式的值，如果表达式的值为 True，则执行循环体语句块。然后重新计算表达式的值，再次判断值是否为 True，如果为 True，再执行循环体语句块，如此循环往复；如果表达式的值为 False，则退出循环。

while 语句执行流程如图 3.7 所示。

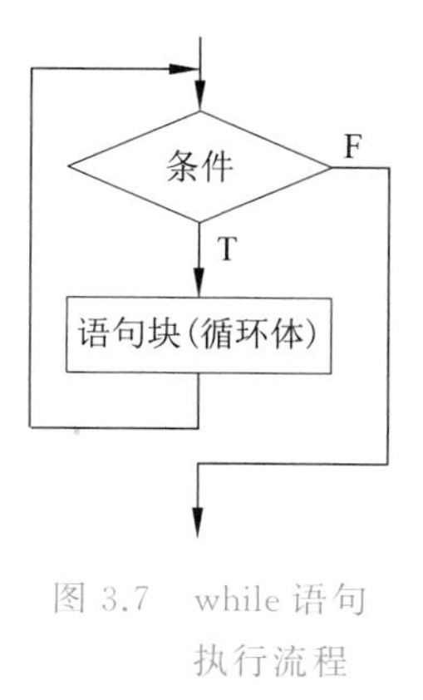

图 3.7 while 语句执行流程

例 3.8 计算 1～100 的所有数之和。

```
sum=0
i=1
while i<=100:
    sum=sum+i
    i=i+1
print(sum)
```

程序利用变量 sum 保存求和结果，加数保存在变量 i 中。第一个数为 1，在变量 i 小于等于 100 时，while 语句条件为真，执行循环体，将变量 i 值加到 sum 中。为了再次执行循环体时加下一个数，将变量 i 加 1。循环体执行结束后，再次判断条件是否为真，如果为真则再次执行循环体。当条件不满足，即 i=101 时，循环结束，输出 sum 的值 5050。

对于循环次数有限的 while 语句，为确保循环能够正常结束，不陷入死循环(也称为无限循环，即条件一直为真)，需要在执行若干次循环后，将条件表达式取值变为假，结束循环。循环体中一定要包含能使循环条件变为假的语句，例如上面代码中的 i=i+1。

例 3.9 利用莱布尼茨级数求圆周率的值。

莱布尼茨级数为

$$\frac{\pi}{4}=\sum_{k=0}^{\infty}\frac{(-1)^k}{2k+1}$$

级数的各项在 k 为奇数时分子为 −1，偶数时分子为 1；也就是级数上一项分子为 1，下一项分子为 −1。

```
t=1
sum=0.0
k=0
while k<=1000:
  sum=sum+t/(2*k+1)
  t=-t
  k=k+1
print("pi=",sum*4)
```

程序运行后输出 pi= 3.1425916543395442。

如果将循环次数修改为 30000000，计算结果会更精确，输出 pi= 3.1415926869232984。

2. continue 语句

continue 语句在循环结构中执行时，将会立即结束本次循环，重新开始下一轮循环；也就是说，跳过循环体中在 continue 语句之后的所有语句，继续下一轮循环。

例 3.10　由大到小输出 10 以下不能被 3 整除的自然数。

```
x=10
while x>=0:
  if x%3==0:
    x=x-1
    continue
  print(x,end= " ")
  x=x-1
```

输出结果为 10 8 7 5 4 2 1。

当 x 为 3 的倍数时,使用 continue 结束本次循环,如 3、6、9 等不输出。由于循环变量修改在 print 语句之后,为正确进入下一次循环,在 continue 之前修改循环变量 x 的值。

使用 print()函数输出时,默认情况下会输出一个换行符。print()输出的结束符号是通过参数 end= "\n"设置的,本例中将结束符号修改为空格字符,在 print()函数中加入 end=" ",end 参数与输入内容间用逗号分隔。

print(x,end= " ")执行时输出 x 和一个空格。

3. break 语句

break 语句在循环结构中执行时,将会跳出循环结构,转而执行 while 语句后的语句,即不管循环条件是否为假,遇到 break 语句将提前结束循环。break 语句只结束当前 while 语句的循环。

例 3.11　由大到小输出 10 以下的自然数,遇到能被 3 整除的自然数时结束循环。

```
x=10
while x>=0:
  if x%3==0:
    break
  print(x,end= " ")
  x=x-1
```

输出结果为 10。

continue 语句和 break 语句的执行流程如图 3.8 所示。

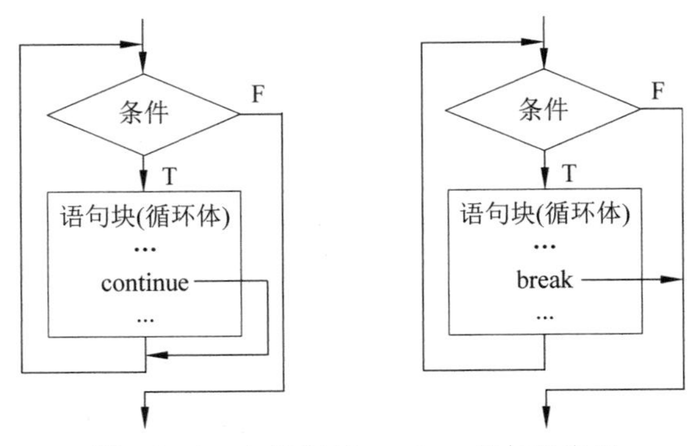

图 3.8　break 语句与 continue 语句的流程

4. 循环次数控制

while 语句既可以实现次数固定的循环，也可以实现次数不固定的循环。无论是哪种情况，程序中一定要有能够使循环条件变为假或退出循环的代码，避免运行时陷入死循环。

在实现次数固定的循环时，通常设置一个变量控制循环次数，先对循环变量赋初始值；在条件中使用循环变量设置表达式，在未达到循环次数前表达式值为真；在循环体中修改循环变量取值，最终经过若干次循环后条件表达式值为假而结束循环。如图 3.9(a)所示。

在实现次数不固定的循环时，在循环体中使用 if 语句判断循环是否结束。在 if 语句条件为真时，通常使用 break 语句结束循环，如图 3.9(b)所示。

例 3.12 编写程序，计算满足 $1^2+2^2+3^2+\cdots+n^2<1000$ 的 n 的最大值。

方法一：使用条件表达式控制循环流程。

```
i=0
sum=0
while sum<1000:
  i=i+1
  sum=sum+i*i
print(i-1)
```

方法二：使用 if 语句和 break 语句控制循环过程。

```
i=0
sum=0
while True:
  i=i+1
  sum=sum+i*i
  if sum>1000:
    break
print(i-1)
```

方法二中的条件表达式为 True，while 语句会一直执行循环体。在循环体执行过程中，当 sum>1000 时，执行 break 语句退出循环。退出循环时，i 变量为最大 n 值的下一次循环取值，最大 n 值为 $i-1$。

方法三：使用 if 语句和标志变量控制循环过程。

在循环存在多种条件时，为了让程序变得更为整洁，可定义一个变量作为循环条件，这个变量称为标志。在标志为 True 时继续执行循环体，在任何条件不满足而将标志的值设为 False 时退出循环。这样，在 while 语句中就只需要检查标志的当前值是否为 True，所有检查是否满足条件的程序都放在其他地方。如图 3.9(c)所示。

```
i=0
sum=0
flag=True
while flag:
  i=i+1
```

```
    sum=sum+i * i
    if sum>1000:
      flag=False
  print(i-1)
```

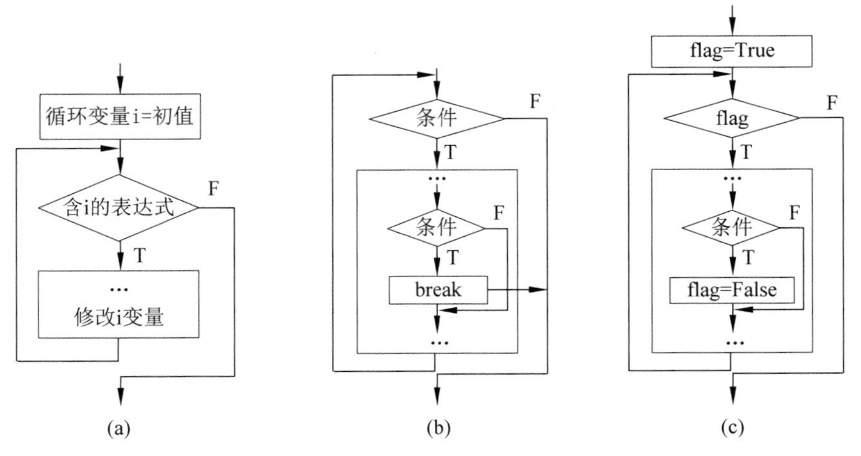

图 3.9　while 语句的循环次数控制方法

上面三种方法的输出结果都是 13。

5. 交互式循环

while 语句可以编写交互式循环，一般用于进行输入控制，由用户决定是继续输入(执行循环)还是退出。

例 3.13　输入一组整数，求输入整数的和。

```
sum=0
while True:
  t=input("please input a integer(input 'n' to exit):")
  if t!='n':
    sum+=int(t)
  else:
    break
print("sum=",sum)
```

程序运行结果如图 3.10 所示。

```
Python 3.7.4 Shell
File Edit Shell Debug Options Window Help
======================== RESTART: F:\pythonexp\313.py ========================
please input a integer(input 'n' to exit):24
please input a integer(input 'n' to exit):56
please input a integer(input 'n' to exit):18
please input a integer(input 'n' to exit):n
sum= 98
Ln: 10 Col: 4
```

图 3.10　输入整数求和

3.2.2 while-else 语句

while 循环结束后，如果想确定是否执行了 break 语句，可以根据循环变量的取值进行判断。

例 3.14 判断正整数 n 是否是素数。

素数是只能被 1 和自身整除的数，如果 n 能够被 2～n－1 的任何一个数整除，则 n 不是素数。

```
n=int(input("please input a integer(>2):"))
i=2
while i<n:
  if n%i==0:
    break
  i=i+1
if i==n:
  print(n,"is a prime")
else:
  print(n,"is not a prime")
```

在执行循环过程中，n 如果能被 2～$n-1$ 的任何一个数整除，则会执行 break，结束循环，此时 i<n，表示 n 是素数；如果一直没有整除，在不满足 i<n 条件时 while 循环正常结束，此时 i 的值为 n，n 是素数。

除了使用循环变量判断流程执行情况外，也可以使用 while-else 语句。

```
while 条件:
    语句块 1
else:
    语句块 2
```

执行 while-else 语句时，首先计算表达式的值，如果表达式的值为 True，则执行循环体语句块 1，然后重新计算表达式的值，再次判断值是否为 True；如果表达式的值为 False，则执行语句块 2。

执行 break 语句退出循环时，不会执行 else 对应的语句块。

例 3.15 判断正整数 n 是否是素数(用 while-else 语句实现)。

```
n=int(input("please input a integer(>2):"))
i=2
while i<n:
  if n%i==0:
    print(n,"is not a prime")
    break
  i=i+1
else:
  print(n,"is a prime")
```

3.2.3 for 语句

本节只介绍 for 语句用于循环时的使用方法，for 语句的其他应用在后续章节中介绍。

在 while 语句实现对 1～100 的数求和的例子中，我们设置了一个循环变量。在循环过程中，循环变量依次取 1～100 的各个数值；在循环体中，每次将循环变量值加到和中。for 语句在循环时每次取出数列中的一个值，然后执行一次循环体。

1. range()函数

range()函数生成一系列的数字，一般格式为

```
range([起始数值,]终止数值[,步长])
```

range()函数生成从起始数值到终止数值(不含终止数值)间的数字序列。起始值和步长为可选项，起始值默认为 0，步长默认值为 1。例如，range(1,5)得到的数字序列为 1，2，3，4；range(2,11,2)得到的数字序列为 2，4，6，8，10；range(5)得到的数字序列是 0，1，2，3，4；range(2，－2，－1)得到的数字序列为 2，1，0，－1。

2. for 语句格式

```
for 变量 in 遍历对象:
  语句块
```

执行 for 语句时，遍历对象中的每一个元素都会赋值给变量，然后为每个元素执行一遍循环体。

例 3.16　使用 for 语句计算 1～100 的所有数之和。

```
sum=0
for i in range(1,101):
  sum=sum+i
print(sum)
```

程序执行过程如图 3.11 所示。

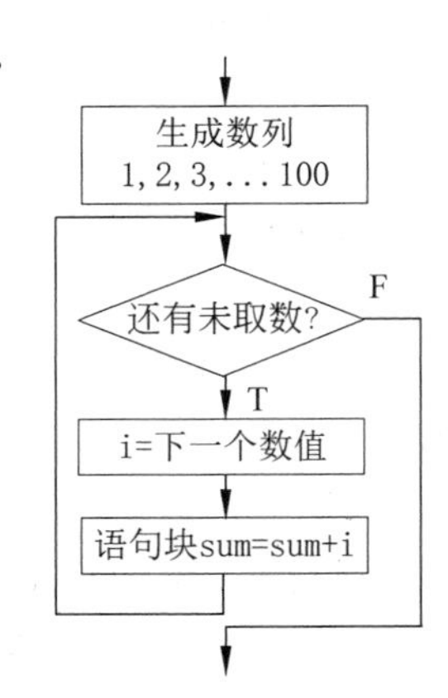

图 3.11　例 3.16 的 for 语句执行流程

3. for 语句中使用 continue 和 break 语句

for 语句中可以使用 continue 和 break 语句，用法与 while 语句中使用 continue 和 break 语句是一样的。

3.2.4 循环嵌套

一个循环的循环体内包含另外一个循环语句，这被称为循环嵌套。循环嵌套时，外层循环执行一次，内层循环从头到尾执行一遍。while 语句和 for 语句不仅可以自身嵌套，

还可以互相嵌套。

例 3.17　打印九九乘法表。

九九乘法表共有 9 行，如图 3.12 所示。每行的列数与所在的行数相同，如第 1 行有 1 列，第 9 行有 9 列。使用外层循环输出每一行内容。对 row 行(row 取值 1～9)，使用内层循环输出 1～row 列内容。输出每列内容时需要输出行数、列数及行数与列数之积，这三项都是整数，与 * 等字符连接时需要先使用 str()将整数转换为字符串。

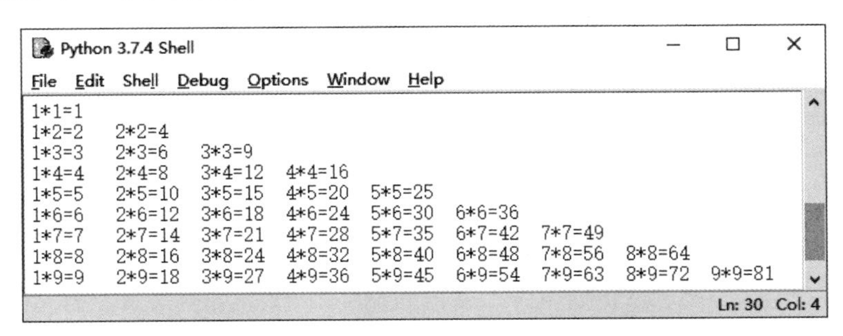

图 3.12　九九乘法表

方法一：使用 while 语句实现。

```
#coding=UTF-8
row=1                          #外层循环变量
while row<=9:                  #外层循环,每执行一次循环输出一行
  col=1                        #内层循环变量
  while col<=row:              #内层循环,每执行一次循环输出一列
    print(str(col)+"*"+str(row)+"="+str(row*col),end="\t")
                               #输出一列内容和制表符
    col=col+1
  print()                      #一行输出结束 print 输出默认的换行
  row=row+1
```

方法二：使用 for 语句实现。

```
for row in range(1,10):
  for col in range(1,row+1):
    print(str(col)+"*"+str(row)+"="+str(row*col),end="\t")
  print()
```

例 3.18　求 100～200 的全部素数。

在例 3.15 的基础上，用一个嵌套的 for 循环即可处理。

```
for i in range(100,201):
  for j in range(2,i):
    if i%j==0:
      break
  else:
```

```
    print(i,end=" ")
```

程序运行后,输出如下。

```
101 103 107 109 113 127 131 137 139 149 151 157 163 167 173 179 181 191 193 197 199
```

例 3.19　百鸡百钱问题。100 元买 100 只鸡,其中公鸡 5 元 1 只,母鸡 3 元 1 只,小鸡 1 元 3 只,要求每种鸡至少有一只,求所有的购买方案。

每种鸡的购买数是不确定的,只能从 1 开始进行判断。

```
for i in range(1,100):
  for j in range(1,100):
    if i * 5+3 * j+(100-i-j)/3==100:
      print(i,j,100-i-j)
```

程序中 i 表示公鸡数,j 表示母鸡数,小鸡数为 100-i-j。输出结果为

```
4 18 78
8 11 81
12 4 84
```

习　题　3

一、选择题

1. 以下可以终结一个循环的保留字是(　　)。
   A. if　　B. break　　C. exit　　D. continue
2. 以下 if 语句中(　　)是正确的。
   A. if a>=22:　　B. if (a>=22)　　C. if (a=>22)　　D. if a>=22
3. 以下关键字(　　)是用于给 if 语句添加其他条件语句的。
   A. else if　　B. elseif　　C. elif　　D. 以上都不是
4. 以下代码中(　　)是正确的 for 循环语句。
   A. for(a = 0; a < 3; a++)　　B. for a in range(3)
   C. for a loop 3:　　D. for a in range(1,3):
5. 以下代码中(　　)是正确的 while 循环语句。
   A. while loop a < 10　　B. while a < 10:
   C. while(a < 10)　　D. while loop a < 10:
6. 以下可以只终结本次循环的保留字是(　　)。
   A. if　　B. break　　C. exit　　D. continue
7. 下列程序的运行结果是(　　)。

```
n=0
while n<=2:
```

```
    print(n)
```

A. 2　　B. 3
C. 死循环,无限个 0　　D. 有语法错误

8. 以下代码的输出结果为(　　)。

```
x,y,z=True,False,False
if x or y and z:
    print("yes")
else:
    print("no")
```

A. yes　　B. no　　C. 有语法错误　　D. 运行错误

9. 以下代码的输出结果为(　　)。

```
if None:
    print("Hello")
```

A. False　　B. Hello　　C. 没有任何输出　　D. 语法错误

10. 在 if-elif-else 的多个语句块中只会执行一个语句块,这样的说法(　　)。
A. 正确　　B. 错误
C. 根据条件决定　　D. Python 中没有 elif 语句

11. 在 Python 中,for 和 while 与 else 语句的关系是(　　)。
A. 只有 for 才有 else 语句　　B. 只有 while 才有 else 语句
C. for 和 while 都可以有 else 语句　　D. for 和 while 都没有 else 语句

12. 以下代码的输出结果为(　　)。

```
i=sum=0
while i<=4:
    sum+=i
    i=i+1
print(sum)
```

A. 0　　B. 10
C. 4　　D. 以上结果都不对

13. 以下描述正确的是(　　)。
A. break 语句用于终止当前循环
B. continue 语句用于跳过当前剩余要执行的代码,执行下一次循环
C. break 和 continue 语句通常与 if、if-else 和 if-elif-else 语句一起使用
D. 以上说法都是正确的

14. 以下代码的输出结果为(　　)。

```
x,y,z=True,False,False
if not x or y:
    print(1)
```

```
elif not x or not y and z:
  print(2)
elif not x or y or not y and x:
  print(3)
else:
  print(4)
```

A. 1　　B. 2　　C. 3　　D. 4

15. 关于结构化程序设计所要求的基本结构，以下选项中描述错误的是(　　)。

A. 重复(循环)结构B. 选择(分支)结构　C. goto 跳转　D. 顺序结构

二、编程题

1. 编写程序，用户输入 4 个数值(整数或浮点数)。先计算出三个数的平均值，然后把平均值与第四个数比较。如果相等，则程序在屏幕上输出 Equal。

```
Enter first number:4.5
Enter second number:3
Enter third number:3
Enter four number:3.5
Equal
```

2. 体重指数 BMI＝体重(千克)/身高(米)的平方，即 kg/m^2。体重过轻：BMI＜18；体重正常：BMI ＝18～25；体重过重：BMI＞25。编写程序，输入体重和身高，输出身体状况信息和建议(如“您的体重过重，请加强锻炼”)。

3. 编写使用函数 range( )的 for 循环语句，输出如下序列。

(1) 0　1　(2) 0　(3) 3 4 5 6　(4) 1　(5) 0　3　(6) 5　9　13　17　21

4. 编写程序，用户输入一个正整数 n，在屏幕上输出前 4 个 n 的整数倍数。

5. 编写程序，用户输入一个正整数 n，在屏幕上输出 0～n(不包括 n)的平方。

6. 编写程序，用户输入一个正整数 n，在屏幕上输出 n 的所有正因子。例如输入 49，输出 1、7 和 49。

7. 编写程序，用户输入一个四位数的整数，使用标准的算术运算符处理该整数，在屏幕上输出各位数字。例如输入 1234，最后在屏幕上按顺序输出 1、2、3、4。

8. 编写一段 while 循环，计算以下值。

(1) 前 n 个数的和：$1+2+3+\cdots+n$。

(2) 前 n 个奇数的和：$1+3+5+\cdots+(2n-1)$。

(3) 求用户输入的一系列数字的总和，直到输入值为 999(注意，999 不应该加入总和)。

(4) 整数 n 可以被 2 除(使用整数除法)的次数，直到结果为 1(即 log^2n)。

(5) 从 5～100 找出能被 5 或 7 整除的数。

(6) 输出 1000～1200 的素数。

9. 使用 for 语句实现第 8 题中的各小题。

10. 有四个数字 1、2、3、4，能组成多少个互不相同且无重复数字的三位数？各是多少?(百位、十位、个位的数字取值都可以是1、2、3、4,但是不能相等)。

11. 输入两个均不超过9的正整数a和n,要求编写程序求a+aa+aaa++…+aa…a(n个a)之和。提示:aa=a×10+a,例如99=9×10+9。

12. 编写程序,计算序列1+1/3+1/5+…的前N项之和,N从键盘输入。

13. 编写程序,计算交错序列1-2/3+3/5-4/7+5/9-6/11+…的前N项之和,N从键盘输入。

14. 一个球从100米高度自由落下,每次落地后反跳回原高度的一半,再落下,再反弹。求它在第10次落地时,共经过多少米?第10次反弹多高?

15. 输出所有的“水仙花数”。例如,153是水仙花数,因为$153=1^3+5^3+3^3$。

16. 一个数如果恰好等于它的因子之和,则这个数称为“完数”。例如,6的因子为1、2、3,而6=1+2+3,因此6是完数。编写程序,输出1000之内的所有完数。

17. 输入三个整数x、y、z,把这三个数由小到大输出。

18. 设有5分制测验,等级为5——A、4——B、3——C、2——D、1——E、0——F。编写程序,输入测验成绩并打印出相应的等级。

第4章

批量数据处理

在前面的章节中，我们使用变量存储简单的数据，如整数、浮点数、布尔型数据、字符串等。尽管单变量在程序设计语言中大量使用，但是它们不能有效地解决复杂问题。本章介绍批量数据的存储和处理方法。

4.1 列　　表

大多数编程语言都使用数组和记录这两种数据结构来处理具有相似特征的数据，Python 使用列表实现数组功能。

4.1.1 数组

假设有 100 个分数，需要做如下处理：先输入这些分数，然后进行统计并打印，要求在处理过程中将分数保留在内存中。按照前面章节介绍的方法，每输入一个数据，用一个变量保存数据。

```
n1=int(input("please input a score:"))
```

完成输入、保存、统计 100 个分数的操作需要定义 100 个变量，每个都有不同的名字。如果对分数求和，则需要将 100 个变量相加。显然，这种方法对大批量的数据是不可行的。

为处理大量的数据，编程时可以使用一种特殊的数据结构——数组。

数组是有序数据的集合，用一个统一的数组名和下标来唯一地确定数组中的元素。图 4.1 所示是将 100 个分数放在数组中。数组整体上有个名字 score，方括号中的数值称为下标，也称为索引，表示元素在数组中的顺序号(顺序号从数组开始处计数)。每个分数可以用数组名和下标访问，如 score[0]、score[1]等。

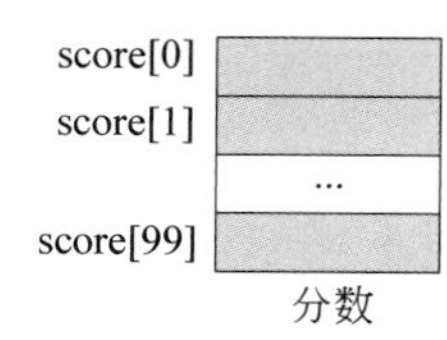

图 4.1　带索引的数组

如果使用变量表示下标，就可以使用循环读写或处理数组中的元素。在循环程序中处理批量数据非常容易。例如

```
for i in range(0,100):
  sum=sum+score[i]
```

在大多数编程语言中，数组中的每一个元素都属于同一个数据类型。给出一个下标后，经过简单计算，就可以算出存储地址，因而可以快速找到数据，如图 4.2 所示。Python 中实现数组功能的数据结构是列表，它允许在一个列表中可以有不同类型的元素。列表比其他语言的数组更灵活，但是处理数据的速度比较慢。如果在 Python 中想提高大批量数据的处理速度，可以使用 NumPy 库，该库支持使用相同类型数据的数组。

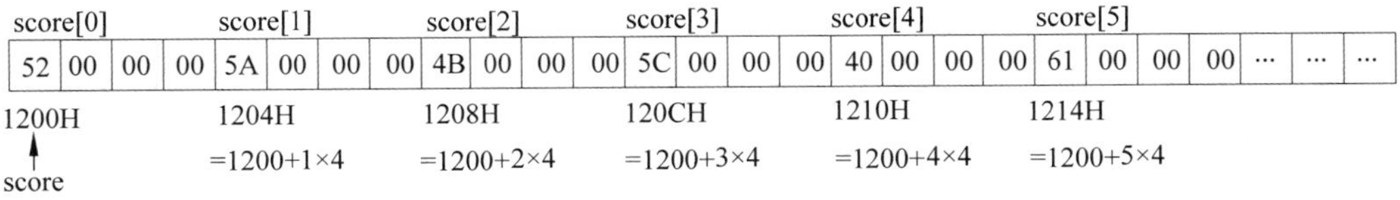

score[0] score[1] score[2] score[3] score[4] score[5]

52	00	00	00	5A	00	00	00	4B	00	00	00	5C	00	00	00	40	00	00	00	61	00	00	00	…	…	…

1200H 1204H 1208H 120CH 1210H 1214H

score =1200+1×4 =1200+2×4 =1200+3×4 =1200+4×4 =1200+5×4

图 4.2 C 语言中的整型数组

4.1.2 创建列表

Python 中的列表由一组按特定顺序排列的元素组成，元素可以是任何类型的数据。

1. 使用[]创建列表

在 Python 中，列表由零个或多个元素组成，元素之间用逗号分开，整个列表用方括号括起来。列表包含多个元素，我们通常给列表指定一个带 s 的名称（如 letters、digits、names 等）。

创建列表最简单的方式是使用[]。

```
>>> empty_lists=[]                    #empty_lists 为空列表，不包括任何元素
>>> digits=[1,2,3,4,5]
>>> digit_words=["one","two","three","four","five"]
>>> digits                            #在 Python 解释器中，列表变量可以直接输出
[1, 2, 3, 4, 5]
>>> print(digit_words)
['one', 'two', 'three', 'four', 'five']
```

列表创建后，列表对象中不仅包含元素，还包含列表对象的其他属性数据。实际上列表并不存储元素对象，而是存储元素对象的地址（8 字节），访问元素时通过元素对象的地址找到元素。例如，digits 列表包括 5 个整型数，这 5 个整数对象存储在内存中，可以由多个变量共用。列表的 digits[0]位置存储的是整数对象 1 所在的地址，如图 4.3 所示。

无论列表包含的元素是哪种类型，列表的结构都是一致的。给出一个列表下标后，与数组元素地址的计算方法类似，可以算出该下标对应列表元素的地址。列表从该地址处取到元素对象存放的地址，就可以找到列表元素对象。

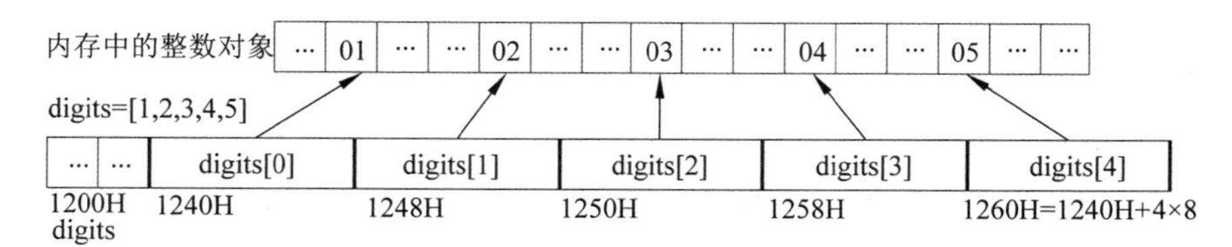

图 4.3 列表存储结构

2. 使用 list()创建列表

使用列表构造函数 list()可以创建空列表，也可以将其他数据类型转换成列表。

(1) 创建空列表

```
>>> e_list=list()
>>> print(e_list)
[]
```

(2) 将一个字符串转换成由单个字母组成的列表

```
>>> alphas=list('cat')
>>> print(alphas)
['c', 'a', 't']
```

(3) 将 range()产生的数据序列转换成列表

```
>>> ds=list(range(0,10))
>>> print(ds)
[0, 1, 2, 3, 4, 5, 6, 7, 8, 9]
```

3. 列表元素类型

与其他语言中的数组不同，列表元素之间可以没有任何关系，可以是不同数据类型。

```
>>> zs=[1,"one",True]
>>> print(zs)
[1, 'one', True]
```

4. 列表的加和乘运算

对于两个列表，加法表示连接操作，即将两个列表合并成一个列表。例如

```
>>> alphas=['a','b','c','d','e']
>>> digits=[1,2,3,4,5]
>>> L=alphas+digits
>>> L
['a', 'b', 'c', 'd', 'e', 1, 2, 3, 4, 5]
```

两个列表在连接时，会创建一个新列表，然后将两个列表所有元素复制到新列表中，

如图 4.4 所示。

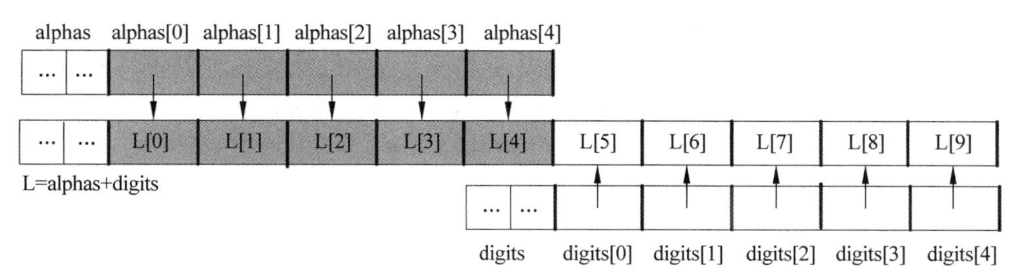

图 4.4 列表连接

列表的乘法表示将原来的列表重复多次。例如

```
>>> L=[0] * 20
>>> L
[0, 0, 0, 0, 0, 0, 0, 0, 0, 0, 0, 0, 0, 0, 0, 0, 0, 0, 0, 0]
```

这将产生一个含有 20 个 0 的列表(如图 4.5 所示)。

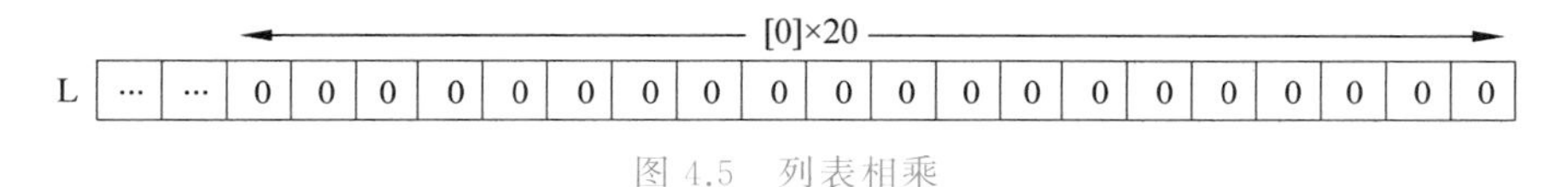

图 4.5 列表相乘

列表相乘时,原列表可以包含多个元素。

```
>>> L=[1,2,3] * 5
>>> L
[1, 2, 3, 1, 2, 3, 1, 2, 3, 1, 2, 3, 1, 2, 3]
```

乘法操作通常用于对一个具有足够长度的列表进行初始化。

5. 多维列表

前面讨论的都是一维列表,因为数据仅是由在一个方向上的元素组成的。许多应用要求数据存储在多维中。最常见的多维数据是表格,也就是包括行和列的列表。列表元素可以是任何类型的数据对象,由于列表本身也是一个对象,因此一个列表可以作为另一个列表的元素。图 4.6 所示列表对应的是一个表格,通常称为二维列表。

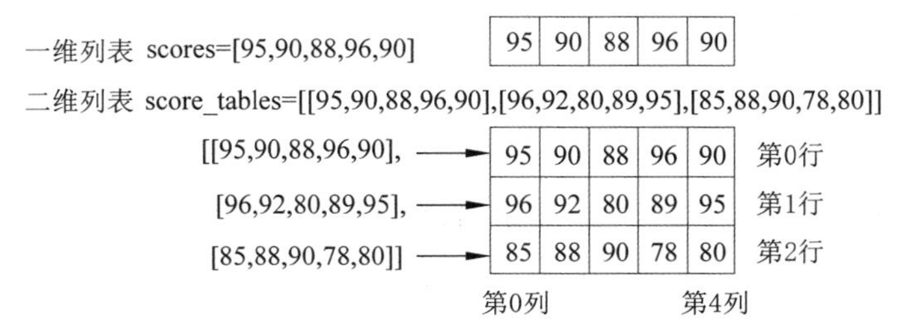

图 4.6 一维列表与二维列表数据模型

图 4.6 中的列表包含了一组学生成绩，这组成绩中有 3 个学生的成绩，每个学生有 5 次不同测验的成绩。列表 scores=[95,90,88,96,90]是一个学生的成绩，是一个一维列表。score_tables 是一个二维列表，通过把数据组织成表格形式，既可以很容易找到每个学生的成绩(按行找)，也可以很容易找到每次测验的成绩(按列找)。

4.1.3 列表元素的引用

列表必须先创建，然后才能使用。

列表元素的表示形式为

```
列表名[下标]
```

下标可以是整型数或整型表达式。

1. 正数下标

下标为 0 时表示的是列表的第 1 个元素，为 1 时表示的是第 2 个元素，以此类推。

```
>>> digits=[1,2,3,4,5]
>>> print(digits[0],digits[1])
1 2
```

2. 负数下标

下标可以为负数，下标为－1 时表示的是列表的最后 1 个元素，下标为－2 时表示的是列表的最后第 2 个元素。

```
>>> digit_words=["one","two","three","four","five"]
>>> print(digit_words[-1], digit_words[-2])
'five' 'four'
```

负数下标和正数下标如图 4.7 所示。

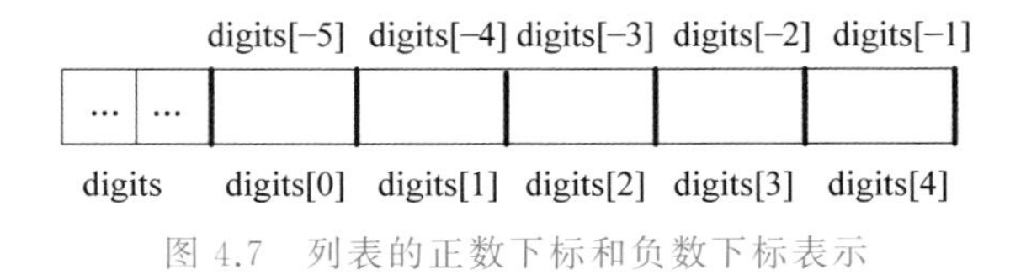

图 4.7　列表的正数下标和负数下标表示

3. 避免下标越界

指定的下标对于待访问列表必须有效，且该位置的元素在访问前已正确赋值。当指定的下标小于列表的起始位置或者大于列表的终止位置时，会产生异常。例如

```
>>> digits=[1,2,3,4,5]
>>> digits[5]
```

```
Traceback (most recent call last):
 File "<stdin>", line 1, in <module>
IndexError: list index out of range
```

由于 digits 列表的最后一个元素下标是 4，因此使用超出 4 的下标都会产生错误。同样，在使用负数下标时，第一个元素的下标是－5，使用小于－5 的下标也都会产生错误。

4. 修改列表元素

列表元素可以直接赋值修改。

```
>>> digits=[1,2,3,4,5]
>>> digits[0]=2
>>> print(digits)
[2, 2, 3, 4, 5]
```

5. 使用 len()求列表长度

函数 len()不仅可以求字符串长度，还可以求列表长度，即求列表元素个数。

```
>>> digits=[1,2,3,4,5]
>>> len(digits)
5
```

6. 使用 while 语句操作列表

可以使用 while 语句控制下标变量访问列表元素。

例 4.1　分数保存在列表中，使用 while 语句求平均分。

```
grades=[89,78,66,92,70]
sum=0
i=0
while i<len(grades):
  sum=sum+grades[i]
  i=i+1
print("average grade:",sum/len(grades))
```

在 while 循环中，通过下标(i 变量，初值为 0)访问列表元素，将列表元素的内容累加求和，最后输出平均值。

7. 使用 for 语句操作列表

使用 for 语句可以为列表中的每个元素执行一组语句，语句格式为

```
for 变量 in 列表名:
    语句块
```

for 语句可以在不知道列表长度和内容的情况下遍历整个列表，变量每次取列表的一

个元素,然后执行一次语句块,如图 4.8 所示。

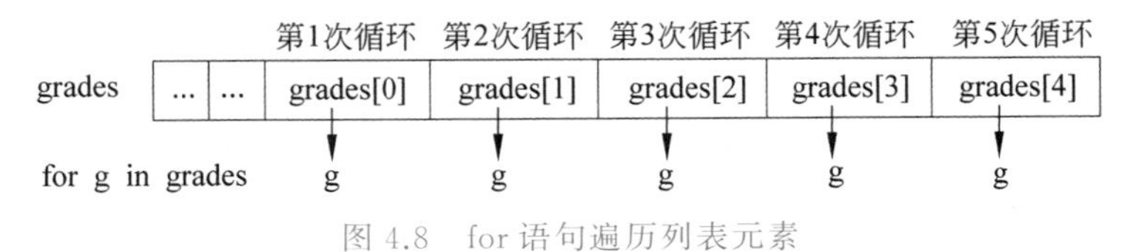

图 4.8　for 语句遍历列表元素

例 4.2　分数保存在列表中,使用 for 语句求平均分。

```
grades=[89,78,66,92,70]
for g in grades:
  sum=sum+g
print("average grade:",sum/len(grades))
```

例 4.3　求 Fibonacci 数列的前 20 项。

Fibonacci 数列为 1　1　2　3　5　8　13　21…第 1 项和第 2 项为 1,其余各项取值为其前两项之和。

```
fbs=[1]*20                    #创建包含 20 个元素的列表,初值为 1
for i in range(2,20):         #前两项值为 1,从下标为 2 的第 3 项开始求值
  fbs[i]=fbs[i-1]+fbs[i-2]
for i in range(0,20):
  if i%5==0:                  #一行输出五项
    print();
  print(fbs[i],end="\t")
```

程序运行结果如图 4.9 所示。

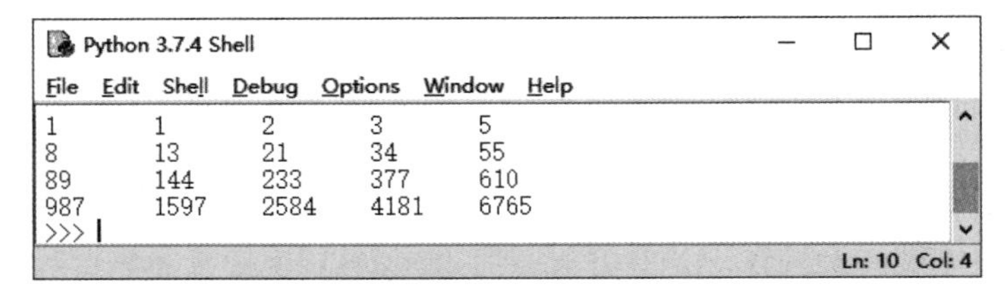

图 4.9　Fibonacci 数列的前 20 项

for 语句也可以用于遍历字符串,每次循环时取出一个字符,如图 4.10 所示。

```
pet='cat'
for c in pet:                 #变量 c 依次取值为字符'c'、'a'、't'
   print(c)
```

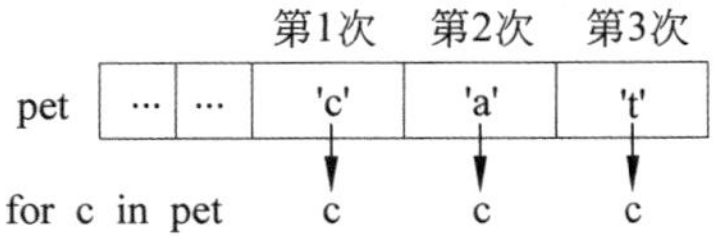

第1次　第2次　第3次

pet　…　…　'c'　'a'　't'

for c in pet　c　c　c

图 4.10　for 语句遍历字符串

8. 引用二维列表元素

使用列表名和下标可以得到二维列表的一个元素，元素可能是一个列表。

```
>>> digit_tables=[[1,2,3,4,5],[6,7,8,9,10]]
>>> digit_tables[0]
[1, 2, 3, 4, 5]
```

digit_tables[0]是一个变量名，变量的类型是列表，可以正常使用“列表名[下标]”方式访问该列表的元素。

```
>>> digit_tables[0][1]
2
```

二维列表元素的表示形式为

列表名[下标][下标]

下标是整型数或整型表达式。其中第 1 个下标对应列表元素的行数，第 2 个下标对应列表元素的列数，如图 4.11 所示。

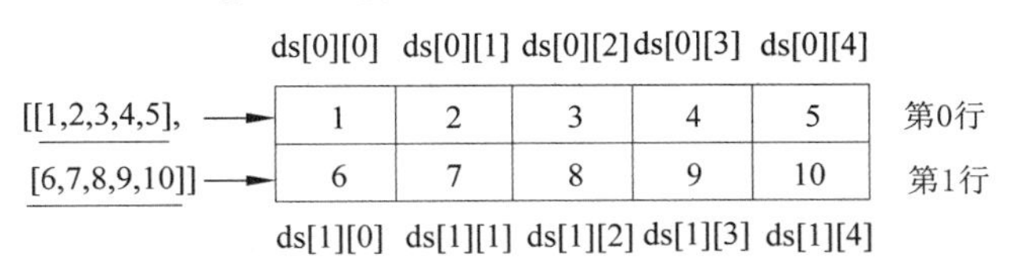

图 4.11 二维列表元素

4.1.4 序列通用操作与函数

在 Python 中，具有先后关系的一组元素称为序列。列表、字符串、元组等对象都是由一组具有先后顺序的数据组成的，都属于序列类型的对象。Python 为序列对象提供了一组通用的操作和函数，对列表、字符串、元组等都有效。

1. 使用序列对象名和下标引用元素

序列对象名[下标]

下标为整数或整型表达式。

例如，字符串是由一组字符组成的，可以使用字符串名称和下标获取字符串中的某个字符，如图 4.12 所示。

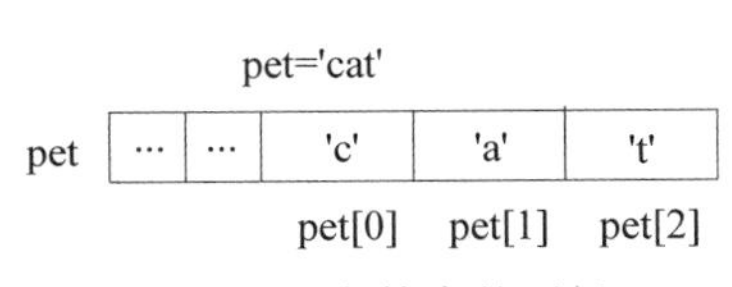

图 4.12 字符串的下标

```
>>> pet='cat'
>>> pet[0]
'c'
```

2. 分片

取序列的一部分元素称为分片。Python 对序列提供了强大的分片操作,运算符仍然为下标运算符。分片格式为

序列对象名[起始下标:终止下标]

创建序列分片时,需要指定所取元素的起始下标和终止下标,中间用冒号分隔。分片将包含从起始下标到终止下标(不含终止下标)对应的所有元素。

例如,要获取列表中的前三个元素,需要指定下标 0:3,获取下标分别为 0、1 和 2 的元素,如图 4.13 所示。

```
>>> xs=[1,2,3,4,5,6,7,8,9,0]
>>> xs[0:3]
[1, 2, 3]
```

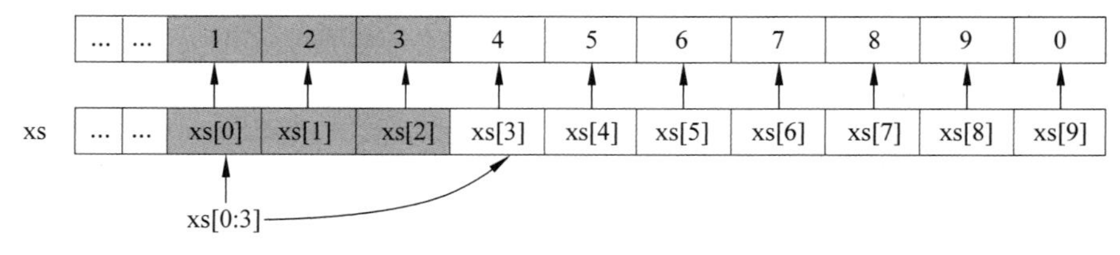

图 4.13 列表切片

如果不指定起始下标,Python 将自动从序列头开始;如果不指定终止下标,Python 将提取到序列末尾;终止下标小于等于起始下标时,分片结果为空;当两个下标都不指定时,将复制整个序列。

```
>>> alphs=['a','b','c','d','e']
>>> copyalphs=alphs[:]
>>> copyalphs
['a', 'b', 'c', 'd', 'e']
```

在 Python 中,取字符串的子串可以使用切片实现,如图 4.14 所示。

```
>>> word="student"
>>> word[2:]
'udent'
```

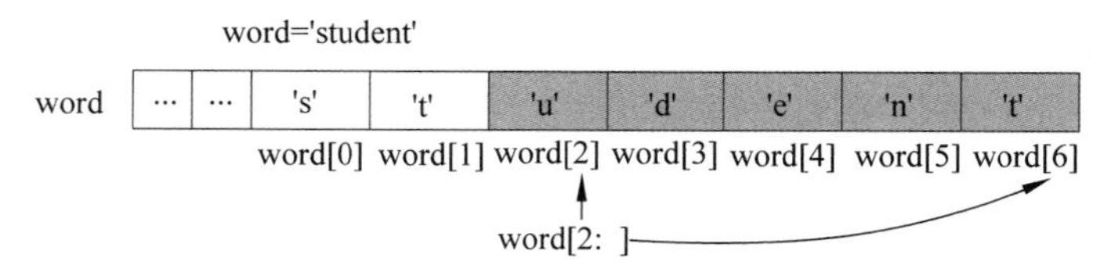

图 4.14 字符串未指定终止下标的切片(取子串)

注意复制序列与将序列赋值给另一个变量之间的区别。

复制序列是创建一个新序列，新序列内容与原序列相同。新序列和原序列在修改元素时（字符串不能修改）互不影响；将序列赋值给另一个变量是为序列重起一个名字，新序列名和原序列名对应的是同一个序列，修改元素时实际修改的都是原序列。

```
>>> digits=[1,2,3,4,5]
>>> ds=digits       #将 digits 赋值给 ds,为 digits 列表新起一个名字,ds 与 digits 是同
                    #一个列表
>>> ds[0]=2         #修改 ds 的元素,也就是修改 digits
>>> digits
[2, 2, 3, 4, 5]
>>> digits=[1,2,3,4,5]
>>> ds=digits[:] #赋值给 ds 的是一个新创建的列表,是 digits 的复制列表
>>> ds[0]=2
>>> digits
[1, 2, 3, 4, 5]
```

3. 加

对于两个序列，加法表示连接操作。

4. 乘

序列的乘法表示将原来的序列重复多次。

```
>>> pet='cat'
>>> pets=pet*10
>>> pets
'catcatcatcatcatcatcatcatcatcat'
```

5. 检查某个元素是否属于序列

要判断某个元素是否在序列中，可以使用 in 运算符，其返回值是一个布尔值；如果为 True，表示元素属于序列。

```
>>> weekdays=['Monday','Tuesday','Wednesday','Thursday','Friday','Saturday',
'Sunday']
>>> 'Monday' in weekdays
True
```

6. index()方法

使用 index()方法可以查询指定值的元素在列表中所处的位置。

```
>>> xs=["one","two","three","four","five"]
>>> xs.index("two")
```

```
1
>>> pet="catdogbird"
>>> pet.index("dog")
3
```

7. 常用序列函数

常用的序列函数包括如下。

- len()函数,求序列的长度。
- min()函数,求序列中的最小值。
- max()函数,求序列中的最大值。
- sum()函数,序列求和(不能用于字符串)。

```
>>> digits=[1,2,3,4,5]
>>> print(max(digits),min(digits),sum(digits))
5 1 15
>>> pet='cat'
>>> print(max(pet),min(pet))
t a
```

4.1.5 列表常用方法

在 Python 中,像字符串、整数、列表等对象,除了存储数据外,还提供了很多特有的功能,这些功能类似函数,称为对象的方法。对象的方法是专属于对象的,其他的对象不能使用这些方法。例如,整数对象提供了求绝对值的方法,这种方法只能由整数对象使用,字符串和列表对象不能使用。

调用对象的方法是通过“.”操作符实现的,格式为

对象名.方法名()

在调用方法之前,一定要先创建出对象。例如

```
>>> x=-3
>>> x.__abs__()                  #整数对象求绝对值方法返回整数的绝对值
3
>>> s="student"
>>> s.upper()                    #upper()方法返回大写字母表示的 s
'STUDENT'
>>> grades="liming,90,92,98"     #包括分隔符(逗号)的字符串
>>> grades.split(",")            #split()方法将字符串分割成由若干子串组成的列表,
                                 #方法的参数是分隔符
['liming', '90', '92', '98']
```

除了实现序列的通用操作及函数外,列表也提供了很多处理列表对象的方法。可以使用函数 dir(对象)查看列表对象支持的全部方法和属性,例如

```
>>> dir([])
```

dir()函数返回列表对象(参数是任何一个列表对象)支持的全部方法和属性。dir([])函数返回的部分方法如下。

```
['append', 'clear', 'copy', 'count', 'extend', 'index', 'insert', 'pop',
'remove', 'reverse', 'sort']
```

1. append()方法

使用 append()方法可以向列表尾部添加元素。

```
>>> xs=["one","two","three","four","five"]
>>> xs.append("six")
>>> xs
['one', 'two', 'three', 'four', 'five', 'six']
```

例 4.4 输入学生姓名和三科成绩。

将学生姓名和三科成绩存储在列表中,每个学生的数据用一维列表存储,多个学生信息组成二维列表。每输入完一个学生的数据,创建生成一维列表,再将一维列表添加到二维列表的尾部,二维列表初始为空。

```
grades=[]
while True:
  info=input("please input name and grades(input n to exit):")
  if info=='n':
    break
  gs=info.split(",")
  if len(gs)!=4:
    print("input data error")
    continue
  grade=[gs[0],int(gs[1]),int(gs[2]),int(gs[3])]
  grades.append(grade)
for g in grades:
  print(g)
```

程序运行结果如图 4.15 所示。

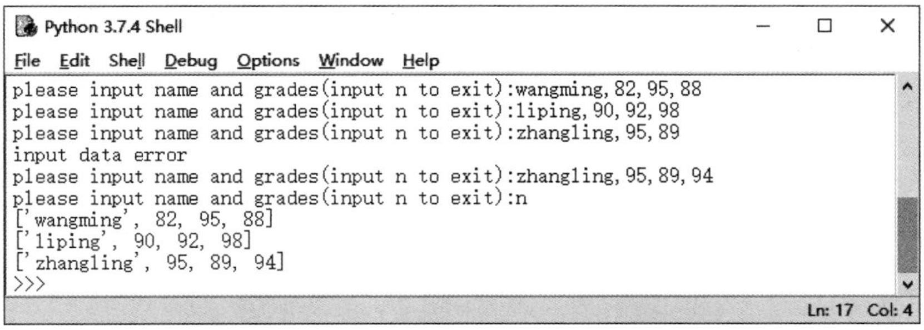

```
Python 3.7.4 Shell
File Edit Shell Debug Options Window Help
please input name and grades(input n to exit):wangming,82,95,88
please input name and grades(input n to exit):liping,90,92,98
please input name and grades(input n to exit):zhangling,95,89
input data error
please input name and grades(input n to exit):zhangling,95,89,94
please input name and grades(input n to exit):n
['wangming', 82, 95, 88]
['liping', 90, 92, 98]
['zhangling', 95, 89, 94]
>>>
Ln: 17 Col: 4
```

图 4.15 例 4.4 运行结果

2. extend()方法

使用 extend()方法可以将一个列表合并到另一个列表中,类似于列表的加操作。

```
>>> digits=[1,2,3,4,5]
>>> others=[6,7,8,9,10]
>>> digits.extend(others)
>>> digits
[1, 2, 3, 4, 5, 6, 7, 8, 9, 10]
```

两个列表的加操作是生成一个新列表;一个列表的 extend()方法是将另一个列表加在本列表元素的后面,不重新生成新的列表。

3. insert()方法

使用 insert()方法可以在列表指定位置插入元素,其格式为

```
insert(index,value)
```

其中,index 是整数或整型表达式,表示列表插入位置的下标;value 是插入的元素。

append()只能将新元素插入列表尾部,而使用 insert()可以将元素插入列表的任意位置。指定下标为 0 可以插入列表头部。如果指定的下标超过了尾部,则会插入列表最后。

```
>>> digits=[1,2,3,4,5]
>>> digits.insert(2,6)
>>> digits
[1, 2, 6, 3, 4, 5]
```

插入过程如图 4.16 所示,插入点后的各个元素从后向前依次后移一个位置,然后将插入点设置为插入元素。

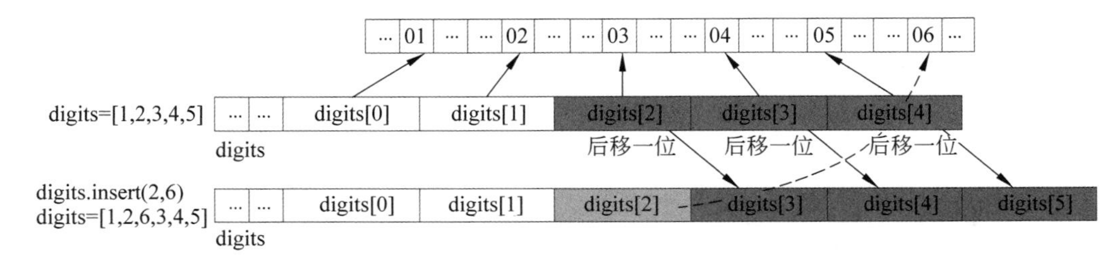

图 4.16 列表插入元素

例 4.5 编写程序,从键盘输入列表,向列表第 2 个位置插入 6,不用 insert()方法。

```
digits=eval(input("please input list:"))   #运行时输入带方括号序列,please input
                                           #list:[1,2,3,4,5]
p=2
value=6
```

```
length=len(digits)
if p>=length or length==0:                #指定的下标超过了尾部或列表为空,插入列表最后
  digits.append(value)
else:
  digits.append(0)                        #向列表尾部添加一个元素
  for i in range(length-1,p-1,-1):        #将 p 及之后的原有元素后移一个位置
    digits[i+1]=digits[i]
  digits[p]=value                         #用 value 修改 p 位置元素
print(digits)
```

4. 列表元素删除方法

删除列表元素可以分为多种不同情况,例如仅删除指定位置的元素、删除指定位置元素的同时获取删除元素的值、删除队尾元素、根据值删除元素等。不同情况使用的方法或语句如表 4-1 所示。示例中初始列表 xs=["one","two","three","four","five"]。

表 4-1 列表元素删除方法

方　法	说　明	示　例
pop()	删除列表末尾的元素,带返回值,实现出栈操作	x2=xs.pop()结果为 xs=["one","two","three","four"],x2="five"
del 语句	从列表中删除元素	del xs[2] 结果为 xs=["one","two","four","five"]
pop(i)	删除列表下标 i 位置的元素	x2=xs.pop(2)删除 xs[2]元素,x2="three"
remove(value)	根据值删除元素(当有多个满足条件时只删除第一个指定的值)	xs.insert(2,"five") xs.remove("five")结果为 xs 与初始值相同

列表删除指定位置元素时,将指定位置后的各个元素从前向后依次前移一个位置,然后将最后的元素删除,删除过程如图 4.17 所示。

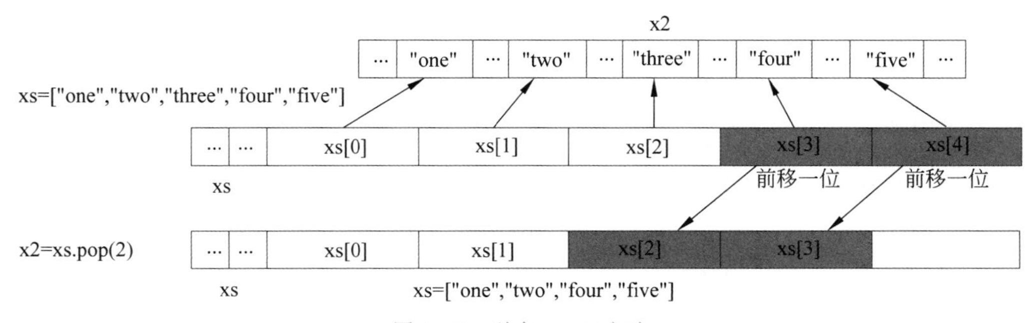

图 4.17 列表 pop()方法

4.1.6 字符串常用方法

字符串对象提供了数量众多的方法,这些方法可以简化文本应用程序的开发过程。

使用 dir('')可以查看字符串支持的所有方法和属性。下面说明一些常用的字符串方法的使用方法。

1. find(子字符串)方法

在字符串中查找子字符串，如果能找到，返回子串第一次出现的位置(第一个字符位置)；如果找不到，返回－1。

```
>>> s="dog cat mouse"
>>> s.find("cat")
4
```

find()方法查找到子串时，子串的每个字符与字符串字符完全对应，如图 4.18 所示。

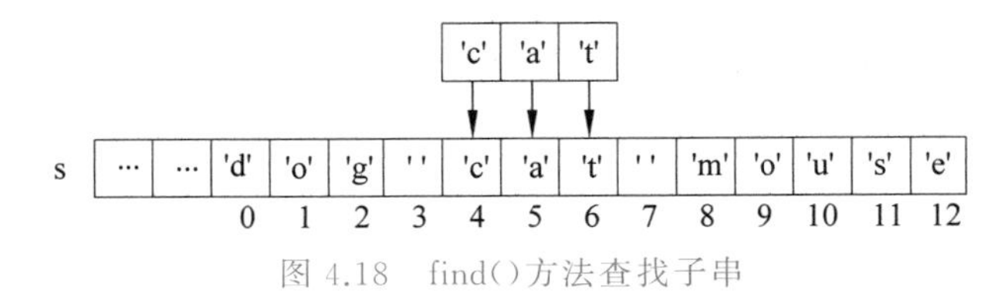

图 4.18　find()方法查找子串

2. capitalize()、upper()和 lower()方法

capitalize()、upper()和 lower()方法的功能分别为首字符大写、所有字符大写和所有字符小写。

```
>>> s='cat'
>>> s.capitalize()                      #首字符大写，返回值是一个新的字符串，s 不变
'Cat'
>>> s.upper()                           #全部字符大写，返回值是一个新的字符串，s 不变
'CAT'
>>> s.lower()                           #全部字符小写，返回值是一个新的字符串，s 不变
'cat'
```

3. replace(子字符串，新字符串)方法

字符串替换是将字符串中的子字符串用新字符串替换。

```
>>> s="down,down and away"
>>> s.replace("down","up")              #replace()方法返回一个新的字符串，s 不变
'up,up and away'
>>> s
'down,down and away'
```

使用替换方法可以删除字符串中的子串。

```
>>> s="down,down and away"
>>> s.replace("down","")                #使用空串可以删除字符串中的子串
```

```
', and away'
```

字符串还有另一个替换方法，即 expandtabs(n)方法，其功能是将字符串中的每个 Tab 字符(制表符)替换为 n 个空格。

4. strip()、lstrip()和 rstrip()方法

strip()方法用于移除字符串前后的空白字符(空格、制表符、回车符、换行符等)。lstrip()和 rstrip()方法分别移除字符串左侧和右侧的空白符。

```
>>> s=" dog cat mouse   "           #s 的左侧和右侧都有空白字符
>>> s.strip()                       #移除两侧的空白字符
'dog cat mouse'
>>> s.lstrip()                      #移除左侧的空白字符
'dog cat mouse   '
>>> s.rstrip()                      #移除右侧的空白字符
' dog cat mouse'
>>> s                               #三种方法返回值为新创建的字符串,原字符串不变
' dog cat mouse   '
```

5. split(sep)方法

split()方法使用分隔符字符串 sep 拆分字符串，返回拆分的各个子串组成的列表。默认的分隔符是空格。

```
>>> s="I am a student"
>>> s.split()                       #默认分隔符是空格
['I', 'am', 'a', 'student']
>>> score="wangming,84,95,89"
>>> sclist=score.split(",")         #分隔符为逗号
>>> sclist
['wangming', '84', '95', '89']
```

split()方法拆分结果如图 4.19 所示。

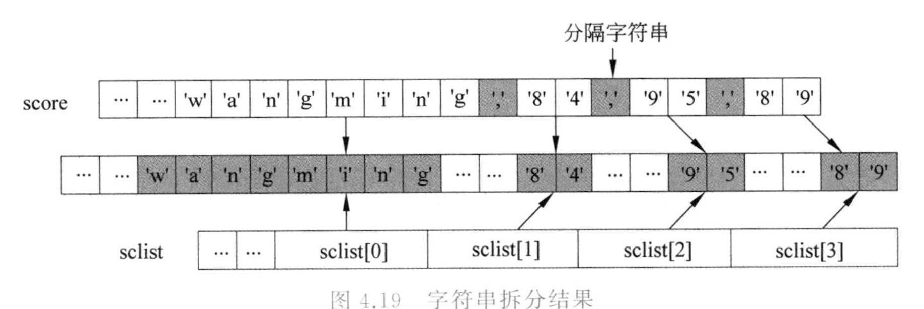

图 4.19　字符串拆分结果

6. count(target)方法

count()方法返回子串 target 在字符串中出现的次数。例如，"down,down away".

count("down")的结果为 2。

4.2 元　　组

列表适用于存储在程序运行期间可能变化的数据集，列表元素是可以修改的。在需要创建一系列不可修改的元素时，可以使用元组。Python 将不能修改的、不可变的序列称为元组。元组像一个常量列表，不能进行增加、删除和修改操作。

4.2.1 创建元组

元组看起来犹如列表，但使用圆括号而不是方括号来标识。

1. 使用()创建元组

在 Python 中，元组由零个或多个元素组成，元素之间用逗号分开，整个元组用圆括号括起来。

为了与列表相对应，创建元组可读性最好的方式是使用()。

```
>>> empty_tuple = ()
>>> empty_tuple
()
>>> digits=(1,2,3,4,5)
>>> digits
(1, 2, 3, 4, 5)
```

实际上，Python 在创建元组时，圆括号是可以省略的，但是每一个元素后面都需要跟着一个逗号，即使只包含一个元素也不能省略。当创建的元组元素数量大于 1 时，最后一个元素后面的逗号可以省略。

```
>>> digits=1,2,3,4,5
>>> digits
(1, 2, 3, 4, 5)
```

2. 使用 tuple()创建元组

使用元组构造函数 tuple()可以通过其他类型的数据来创建元组，其他类型的数据可以是字符串、列表、range()函数产生的数列等。

```
>>> pet='cat'
>>> alphas=tuple(pet)
>>> alphas
('c', 'a', 't')
>>> digits=tuple(range(1,6))
```

```
>>> digits
(1, 2, 3, 4, 5)
>>> words=["one","two","three","four","five"]
>>> twords=tuple(words)
>>> twords
('one', 'two', 'three', 'four', 'five')
```

4.2.2 使用元组

定义元组后，可以使用下标访问元组元素，就像访问列表元素一样，格式为

元组名[下标]

下标为整数或整型表达式。

例 4.6 遍历元组。

```
alphs=('a','b','c','d','e','f')
length=len(alphs)
for i in range(0,length):
  print(alphs[i],end=' ')
for a in alphs:
  print(a, end=' ')
```

元组包含的多个数据可以同时赋值给对应的多个变量。

```
>>> ds=(1,2)
>>> x,y=ds
>>> print(x,y)
1 2
```

由于创建元组也可以由 ds=1,2 语句实现，因此同时赋值语句 x,y=1,2 实际上是使用元组的多变量赋值。

在许多地方都可以用元组代替列表，但元组的方法与列表相比要少一些。因为一旦创建元组便无法修改，所以元组没有 append()、insert()、pop()等方法。虽然列表更加灵活，但是在 Python 中很多情况仍然需要使用元组，主要原因包括元组占用的空间较小、元组的值不会被意外修改、函数的参数是以元组形式传递的等。

4.2.3 复数

复数由一个实数和一个虚数组合构成，表示为 $x+yj$。在 Python 中，除了整数和浮点数类型外，还可以定义复数类型。复数实际上是一对有序浮点数(x,y)，其中 x 是实数部分，y 是虚数部分。例如

```
>>>cp=2.0+3.0j
```

```
>>>cp
(2+3j)
```

其中,2.0 为实部,3.0 为虚部(由 j 或 J 定义)。

复数对象的 real 和 imag 属性可以分别获取实部与虚部数值。

```
>>> cp.real
2.0
>>> cp.imag
3.0
```

复数也可以使用函数 complex(real, imag)创建。

```
>>> cp=complex(2,4)
>>> cp
(2+4j)
```

复数支持常见的算术运算。

```
>>> a=3+4j
>>> b=2+3j
>>> a+b          #复数加法:实部与实部相加,虚部与虚部相加
(5+7j)
>>> a-b          #复数减法:实部与实部相减,虚部与虚部相减
(1+1j)
>>> a*b          #复数乘法:实部=a.real*b.real-a.imag*b.imag, 虚部= a.real*b.
                 #imag+a.imag*b.real
(-6+17j)
>>> a/b
(1.3846153846153848-0.07692307692307697j)
```

4.3 字　典

字典与列表、字符串和元组一样,是 Python 使用的一种数据类型。字典是用哈希技术实现的一种数组,在使用时类似于其他高级语言的结构或记录。

4.3.1 记录

在实际应用中,常常需要将相互关联的一组数据组合成一个整体,以便于引用。例如,一个学生的成绩单可能包含学号(no)、姓名(name)以及语文(Chinese)、数学(Math)、英语(English)三门课程成绩,如图 4.20 所示。

成绩表的每一行描述的是一个学生的成绩,行中各项数据都是与某个学生相关的。大部分高级语言允许用户自己定义一种数据类型,把这些数据有机地结合起来用一个量

no	name	Chinese	Math	English
210201	wangming	82	95	88
210202	liping	90	92	98
210203	zhangling	95	89	94

记录→（指向第一行）

班级成绩表

no	"210201"
name	"wangming"
Chinese	82
Math	95
English	88

student

图 4.20　记录

来描述，称为记录。

记录中的元素可以是相同数据类型，也可以是不同数据类型，但记录中的所有元素必须是关联的，都与一个对象相关。记录中的各个元素都是记录的一部分，称为域，有时也叫作字段。整个记录有一个名称，各个域也有名称。在图 4.20 的 student 记录中，记录的名字是 student，域的名字是 student.no、student.name 和 student.Chinese 等。student.no 和 student.name 是字符串类型，student.Chinese 是整数类型。大多数编程语言使用点(.)来分隔结构(记录)名和它的成员(域)的名字。在 Python 中，使用字典实现记录时，域的名字是 student["no"]、student["name"]等。

4.3.2　创建字典

字典与列表类似，可以存储一组不同类型的数据。在使用列表时，下标(索引)必须是整数。而字典的索引通常是字符串，也可以是 Python 中的其他不可变(常量)数据类型，如布尔型、整型、浮点型、元组、字符串等。字典每个元素的索引是唯一的。字典与列表的实现方式不同，字典是使用哈希表实现的。在哈希表中，索引称为键(key)，字典通过键来访问元素，元素数据称为值(value)。

字典是一系列"键：值"对。每个键都与一个值相关联，键和值之间用冒号分隔。Python 使用键来访问与之相关联的值，与键相关联的值可以是数字、字符串、列表乃至字典。

1. 使用{}创建字典

字典用放在花括号{}中的一系列键值对表示，各个键值对之间用逗号分隔。

最简单的字典是空字典，它不包含任何键值对。

```
>>> empty_dict = {}
>>> empty_dict
{}
```

创建图 4.20 中的 student。

```
>>> student = {"no":"210201","name":"wangming","Chinese": 82,"Math": 95,"
English":88}
>>> student
{'no': '210201', 'name': 'wangming', 'Chinese': 82, 'Math': 95, 'English': 88}
```

字典变量 student 定义了 no、name、Chinese、Math 和 English 共 5 个键，分别取值为"210201""wangming"、82、95 和 88。

2. 使用 dict()转换为字典

可以用字典构造函数 dict()将包含双值子序列的序列转换成字典。每个子序列的第一个元素作为键，第二个元素作为值。

```
>>> student=[['no','210201'], ['name','wangming'], ['Chinese',82], ['Math',
95], ['English',88]]
>>> student_dict=dict(student)
>>> student_dict
{'no': '210201', 'name': 'wangming', 'Chinese': 82, 'Math': 95, 'English': 88}
```

双值子序列既可以是列表，也可以是元组或双字符的字符串。

```
>>> tos=('ab','cd','ef')
>>> dict(tos)
{'a': 'b', 'c': 'd', 'e': 'f'}
```

dict()函数不带任何参数时生成空字典，不含任何元素。

3. 字典模型

字典元素和它的键之间具有确定的对应关系（映射函数），每个键和一个地址唯一对应，这个映射函数称为哈希函数。在列表中，每个元素对象的地址是按序存在列表中的，而在字典中，每个元素对象的地址是使用哈希函数以键为参数计算出来的，如图 4.21 所示。

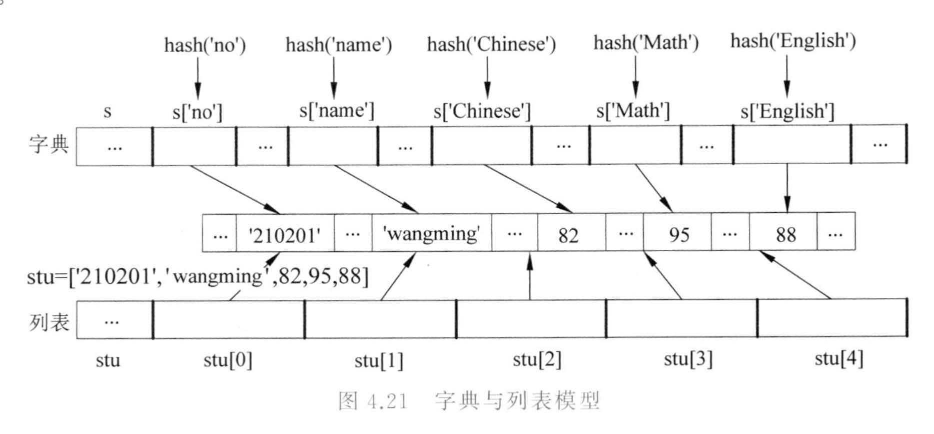

图 4.21 字典与列表模型

在图 4.21 中，字典使用哈希函数将一组键映射到一个有限的连续的地址空间上，任意两个键的哈希地址不一定是相邻的，因此字典使用的地址空间通常比列表使用的大。字典是通过对键进行哈希计算查找元素的，因此在定义字典时，定义每个键的先后顺序对以后的使用不会有任何影响。

4.3.3 增加字典元素

字典变量或空字典创建后，增加字典元素包括添加和合并两种情况。

1. 添加与修改

字典元素的添加与修改操作是一样的，格式为

字典变量名[键]=值

如果键已经存在，那么将修改该键对应的值；如果键在字典中不存在，则会将该键加入字典。

```
>>> student={"no":"210201","name":"wangming","Chinese":82,"Math":95}
>>> student
{'no': '210201', 'name': 'wangming', 'Chinese': 82, 'Math': 95}
>>> student["English"]=88                          #添加新元素
>>> student
{'no': '210201', 'name': 'wangming', 'Chinese': 82, 'Math': 95, 'English': 88}
>>> student["Chinese"]=85                          #修改元素
>>> student
{'no': '210201', 'name': 'wangming', 'Chinese': 85, 'Math': 95, 'English': 88}
```

2. 合并字典

字典不属于序列，字符串、列表和元组等序列对象常用的加操作不能用于字典。

字典对象提供了一个 update( )方法，可以将一个字典的键值对复制到另一个字典中。

```
>>> student={"no":"210201","name":"wangming"}
>>> grade={"Chinese":82,"Math":95,"English":88}
>>> student.update(grade)                          #将 grade 合并到 student 中
>>> student
{'no': '210201', 'name': 'wangming', 'Chinese': 82, 'Math': 95, 'English': 88}
```

4.3.4 删除字典元素

与删除列表元素一样，可以使用 del 语句删除指定键的字典元素。由于字典元素是使用键而不是下标作为索引，因此删除操作不会影响剩余其他元素的访问方式。

```
>>> student={"no":"210201","name":"wangming","Chinese":82,"Math":95,"
English":88}
>>> del student["English"]
>>> student
```

```
{'no': '210201', 'name': 'wangming', 'Chinese': 82, 'Math': 95}
```

使用字典对象的 clear()方法或者给字典变量重新赋值一个空字典,都可以将字典中的所有元素删除。

```
>>> student={"no":"210201","name":"wangming","Chinese":82,"Math":95,"English":88}
>>> student.clear()                    #使用 clear()方法删除所有元素
>>> student
{}
>>> student={"no":"210201","name":"wangming","Chinese":82,"Math":95,"English":88}
>>> student={}                         #字典变量重新赋值一个空字典,删除所有元素
>>> student
{}
```

4.3.5 使用字典元素

字典创建完成后,既可以获取也可以设置字典元素。

1. 使用[key]获取元素

最常用的方式是使用字典变量名称和键获取对应的值,格式为

字典变量名[键]

```
>>> student={"no":"210201","name":"wangming","Chinese":82,"Math":95,"English":88}
>>> student["English"]
88
```

如果字典中不包含指定的键,会产生一个错误。

```
>>> student["Englisth"]                #将 English 键错拼成 Englisth
Traceback (most recent call last):
 File "<stdin>", line 1, in <module>
KeyError: 'Englisth'
```

为避免找不到指定的键而产生错误,可以在访问前通过 in 测试键是否存在,格式为

键名 in 字典名称

如果字典中包含键,结果为真,否则为假。

```
if "Englisth" in student:
  print(student["Englisth"])   #由于 Englisth 键不存在,本语句不会执行,也就不会产
                               #生错误
```

2. 使用 get()方法获取元素

get()方法的格式为

字典名称.get(键名,默认值)

其中,默认值为可选项。如果键存在,会得到与之对应的值;若键不存在,如果未指定默认值,会得到 None,如果指定了默认值,那么 get()方法将返回这个默认值。

```
>>> student={"no":"210201","name":"wangming","Chinese":82,"Math":95,"
English":88}
>>> print(student.get("English"))
88
>>> print(student.get("Englisth"))
None
>>> print(student.get("Englisth",60))
60
```

3. 遍历字典元素

字典是一组元素的集合,可以使用 for 遍历集合中的元素。

```
student={"no":"210201","name":"wangming","Chinese":82}
for i in student:
  print(i)
```

程序的输出结果为

```
no
name
Chinese
```

与列表不同,for 语句每次取到的对象并不是元素的值,而是元素的键。如果想获取元素值,需要使用键作为索引。

```
for i in student:
  print(student[i])
```

字典对象提供了 items()、keys()和 values()方法,分别用于获取键值对的集合、键的集合和值的集合。

```
>>> student={"no":"210201","name":"wangming","Chinese":82}
>>> student.items()
dict_items([('no', '210201'), ('name', 'wangming'), ('Chinese', 82)])
>>> student.keys()
dict_keys(['no', 'name', 'Chinese'])
>>> student.values()
dict_values(['210201', 'wangming', 82])
```

在 Python 3 中，这三种方法返回的不是列表，而是键值对、键和值的迭代形式。对返回值可以直接使用 for 语句，如果想获取列表，可以使用 list( )函数将集合转换为列表。

```
>>> list(student.keys())
['no', 'name', 'Chinese']
```

例 4.7　遍历字典。

```
student={"no":"210201","name":"wangming","Chinese":82,"Math":95,"English":
88}
for k in student.keys():
  print(k,end="\t")
print()
for v in student.values():
  print(v,end="\t")
print()
for key,value in student.items():
  print(key,value,end="\t")
```

items()方法取到字典中键值对的集合，在循环中分别赋值给 key 变量和 value 变量。程序运行结果为

```
no    name   Chinese Math   English
210201 wangming     82    95    88
no 210201     name wangming   Chinese 82    Math 95 English 88
```

4. 利用字典实现结构(记录)

例 4.8　从键盘输入学生成绩，计算每名学生学总成绩及各科平均成绩并输出。

```
#coding=UTF-8
scores=[]                      #使用列表存储多个学生的成绩
while True:
  info=input("please input no,name and Chinese,Math,English grades(input n to
exit):")
  if info=='n':
    break
  gs=info.split(",")           #输入时用逗号分隔各项数据, split()方法返回逗号分隔的各
                               #项数据列表
  if len(gs)!=5:               #如果输入数据不是五项，输入错误
    print("input data error")
    continue
  student={"no":gs[0],"name":gs[1],"Chinese":int(gs[2]),"Math":int(gs[3]),
"English":int(gs[4])}
  scores.append(student)   #将 student 字典变量添加到列表中
#输入结束
```

```
sum_Chinese=sum_Math=sum_English=0
for stu in scores:          #scores 的每个元素为字典对象,stu 为字典变量,为学生成绩
  sum_stu=stu["Chinese"]+stu["Math"]+stu["English"]
  print(stu,sum_stu)
  sum_Chinese+=stu["Chinese"]
  sum_Math+=stu["Math"]
  sum_English+=stu["English"]
n=len(scores)
print("average score:","Chinese=",sum_Chinese/n,"Math=",sum_Math/n,"English=",
sum_English/n)
```

程序使用字典存储每个学生的成绩,使用列表存储多个学生的成绩,每个字典变量作为列表的一个元素。运行结果如图 4.22 所示。

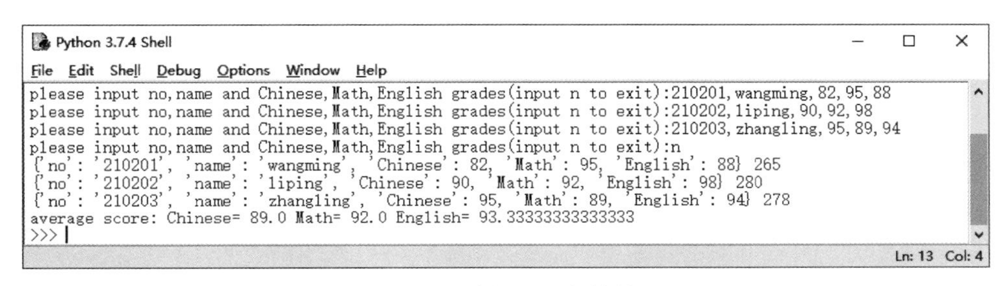

图 4.22　例 4.8 运行结果

4.3.6　集合

集合(set 类)具有数学集合的所有属性。set 对象用于存储无序的项集合,不允许有重复项。集合中的项必须是不可变对象。set 类型支持用于实现经典集合运算的运算符:集合成员、交集、并集、差集等。集合适用于把一个项目集合建模为数学集合,也适用于删除重复项。

1. 使用{}创建集合

集合是由{}定义并由逗号分隔的项序列。例如,将三个电话号码组成的集合赋值给变量 phonebook1 的方法为

```
>>> phonebook1={"0123-23456789","1234-34567890","2345-45678901"}
```

检查 phonebook1 的值和类型。

```
>>> phonebook1
{'0123-23456789', '1234-34567890', '2345-45678901'}
>>> type(phonebook1)
<class 'set'>
```

如果在定义集合时包含重复项,则忽略重复项。

```
>>> phonebook1={"0123-23456789","1234-34567890","2345-45678901","1234-34567890"}
>>> phonebook1
{'0123-23456789', '2345-45678901', '1234-34567890'}
```

2. 使用 set()创建集合

set 类的构造函数 set()可以将列表或元组转换成集合。

```
>>> lst=["0123-23456789","1234-34567890","2345-45678901"]
>>> phonebook2=set(lst)
>>> phonebook2
{'0123-23456789', '1234-34567890', '2345-45678901'}
>>> tpl=("0123-23456789","1234-34567890","2345-45678901")
>>> phonebook3=set(tpl)
>>> phonebook3
{'0123-23456789', '1234-34567890', '2345-45678901'}
```

在将列表或元组转换成集合的过程中，会删除重复项。这种方法可以从列表中删除重复项。例如有一个包含重复项的列表，存储的是一个班级学生的年龄，转换后的结果如下。

```
>>> ages=[23,19,18,22,20,19,20,21,22,18]
>>> ages=list(set(ages))
>>> ages
[18, 19, 20, 21, 22, 23]
```

3. 创建空集合

由于{}用于定义空字典，因此定义空集合时不能使用{}，而是使用 set 类的构造函数 set( )。

```
>>> phonebook2=set()
set()
>>> type(phonebook2)
<class 'set'>
```

4. 集合常用方法

集合对象支持 add()、remove()、clear()等方法。

add()方法用于将一个项添加到集合中。

```
>>> ages={18,19,20,21}
>>> ages.add(22)
>>> ages
{18, 19, 20, 21, 22}
```

remove()方法用于从集合中删除一个项。

```
>>> ages.remove(18)
>>> ages
{19, 20, 21, 22}
```

clear()方法将集合清空。

```
>>> ages.clear()
>>> ages
set()
```

5. 集合运算

集合与列表和元组不同，不支持下标访问，但支持 for 语句遍历。

集合支持与通常的数学集合运算相对应的运算符。

① in、not in、len()与在列表和字符串中使用时含义相同。

```
>>> ages={18,19,20,21,22}
>>> 18 in ages                #18 属于 ages 集合，返回真，否则返回假
True
>>> 23 not in ages            #23 不属于 ages 集合，返回真，否则返回假
True
>>> len(ages)                 #求 ages 集合的长度
5
```

② 比较操作符==、!=、<、<=、>、>=。

两个集合仅当其元素相同时才"相等"。

```
>>> ages1={18,19,20,21,22}
>>> ages2={19,20,21,22}
>>> ages1==ages2
False
>>> ages3={18,19,20,21,22}
>>> ages1==ages3
True
```

如果集合 A 是集合 B 的子集，则集合 A"小于或等于"集合 B；如果集合 A 是集合 B 的真子集，则集合 A"小于"集合 B。

```
>>> ages3<=ages1
True
>>> ages2<ages1
True
```

③ 并集、交集、差集、对称差运算符，运算操作如图 4.23 所示。

```
>>> A={18,19,20,21}
```

```
>>> B={20,21,22,23}
>>> A|B
{18, 19, 20, 21, 22, 23}
>>> A&B
{20, 21}
>>> A-B
{18, 19}
>>> A^B
{18, 19, 22, 23}
```

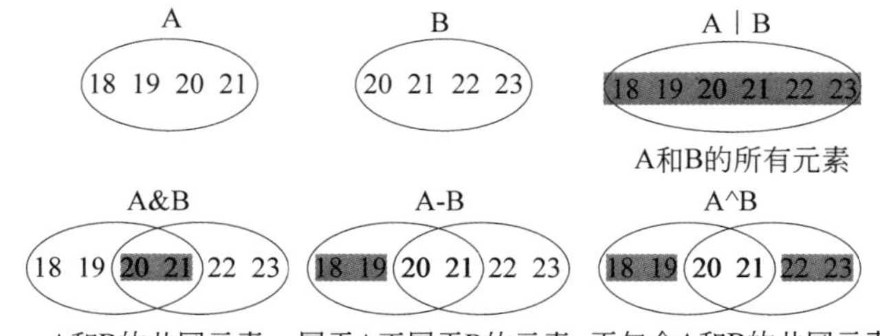

图 4.23 集合的并、交、差、对称差运算

习 题 4

一、选择题

1. Python 的序列类型不包括(　　)。
   A. 字符串　　B. 列表　　C. 元组　　D. 字典
2. Python 不支持的数据类型是(　　)。
   A. char　　B. int　　C. float　　D. list
3. 以下代码的输出结果为(　　)。

```
for i in [1, 0]:
  print(i+1)
```

   A. 2 1　　B. [2, 1]　　C. 2　　D. 0
4. 迭代输出序列(如列表)时,使用 for 比 while 更好。这样的说法(　　)。
   A. 错误,while 比 for 更好
   B. 正确
   C. 错误,while 不能用于迭代系列
   D. 错误,for 和 while 都不能用于迭代系列
5. 以下代码的输出结果为(　　)。

```
for char in 'PYTHON STRING':
```

```
 if char==' ':
  break
print(char,end='')
 if char=='O':
  continue
```

A. PYTHON　　B. PYTHONSTRING

C. PYTHN　　D. STRING

6. 以下代码的输出结果是(　　)。

```
CLis=list(range(5))
print(5 in CLis)
```

A. True　　B. False　　C. 0　　D. -1

7. 下列关于 Python 的描述正确的是(　　)。

A. 字典中不可以嵌套字典

B. 单分支结构的格式为 if-elif

C. Python 中整数的默认书写格式是二进制

D. Python 中采用“#”表示一行注释的开始

8. 下面(　　)不是 Python 的数据类型。

A. 列表　　B. 字典　　C. 元组　　D. 类

9. L=[1, 23, "runoob", 1]的数据类型是(　　)。

A. List　　B. Dictionary　　C. Tuple　　D. Array

10. 代码 a=[1,2,3,4,5],以下输出结果正确的是(　　)。

A. print(a[:])输出[1,2,3,4]　　B. print(a[0:])输出[2,3,4,5]

C. print(a[: 100])输出[1,2,3,4,5]　　D. print(a[-1:])输出[1,2]

11. 将字符串"example"中的字母 a 替换为字母 b,以下代码正确的是(　　)。

A. example.swap('b', 'a')　　B. example.replace('a','b')

C. example.match('b','a')　　D. example.replace('b','a')

12. 在 Python 中,以下(　　)是正确的元组。

A. sample = {1,2,3,4,5}　　B. sample = (1,2,3,4,5)

C. sample = /1,2,3,4,5/　　D. sample = [1,2,3,4,5]

13. 在 Python 中,以下(　　)是正确的字典。

A. myExample = {'someItem'=>2, 'otherItem'=>20}

B. myExample = {'someItem': 2, 'otherItem': 20}

C. myExample = ('someItem'=>2, 'otherItem'=>20)

D. myExample = ('someItem': 2, 'otherItem': 20)

14. 代码 print(type([1,2]))的输出结果为(　　)。

A. <class 'tuple'>　　B. <class 'int'>

C. <class 'set'>　　D. <class 'list'>

15. 以下代码的输出结果为(　　)。

```
a = [1,2,3,None,(),[],]
print(len(a))
```

A. syntax error　　B. 4　　C. 5　　D. 6

16. 在 Python 中,(　　)可输出列表中的第 2 个元素。

A. print(example[2])　　B. echo(example[2])

C. print(example[1])　　D. print(example(2))

17. 以下关于 Python 字符串的描述中错误的是(　　)。

A. 字符串是字符的序列,可以按照单个字符或字符片段进行索引

B. 字符串包括两种序号体系:正向递增和反向递减

C. 字符串提供区间访问方式,采用[N:M]格式,表示字符串中从 N 到 M 的索引子字符串(包含 N 和 M)

D. 字符串是用一对双引号" "或单引号' '括起来的零个或多个字符

18. 关于 Python 序列类型的通用操作符和函数,以下选项中描述错误的是(　　)。

A. 如果 x 不是 s 的元素,x not in s 返回 True

B. 如果 s 是一个序列,s = [1,"kate",True],s[3]返回 True

C. 如果 s 是一个序列,s = [1,"kate",True],s[-1]返回 True

D. 如果 x 是 s 的元素,x in s 返回 True

19. 访问字符串中的单个字符称为(　　)。

A. 切片　　B. 连接　　C. 赋值　　D. 索引

20. 以下(　　)与 s[0:−1]相同。

A. s[−1]　　B. s[:]　　C. s[:len(s)−1]　　D. s[0:]

21. 设 DictColor={"seashell":"海贝色","gold":"金色","pink":"粉红色","brown":"棕色","purple":"紫色","tomato":"西红柿色"},以下选项中能输出“海贝色”的是(　　)。

A. print(DictColor.keys())　　B. print(DictColor["海贝色"])

C. print(DictColor.values())　　D. print(DictColor["seashell"])

22. 下面代码的输出结果是(　　)。

```
d={"大海":"蓝色","天空":"灰色","大地":"黑色"}
print(d["大地"], d.get("大地", "黄色"))
```

A. 黑的 灰色　　B. 黑色 黑色　　C. 黑色 蓝色　　D. 黑色 黄色

23. 关于 Python 的复数类型,以下选项中描述错误的是(　　)。

A. 复数的虚数部分通过后缀 J 或 j 来表示

B. 对于复数 z,可以用 z.real 获得它的实数部分

C. 对于复数 z,可以用 z.imag 获得它的实数部分

D. 复数类型表示数学中的复数

24. Python 语言提供的 3 个基本数字类型是(　　)。

A. 整数类型、浮点数类型、复数类型　　B. 整数类型、二进制类型、复点数类型

C. 整数类型、二进制类型、复数类型　　D. 整数类型、二进制类型、浮点数类型

25. 以下关于列表和字符串的描述错误的是(　　)。

A. 列表使用正向递增序号和反向递减序号的索引体系

B. 列表是一个可以修改数据项的序列类型

C. 字符和列表均支持成员关系操作符(in)和长度计算函数(len())

D. 字符串是单一字符的无序组合

26. 以下关于字符串类型的操作描述错误的是(　　)。

A. str.replace(x,y)方法把字符串 str 中所有的 x 子串都替换成 y

B. 想把一个字符串 str 中所有的字符都大写,用 str.upper()

C. 想获取字符串 str 的长度,用字符串处理函数 str.len()

D. 设 x='aa',则执行 x * 3 的结果是'aaaaaa'

二、操作题

1. 在 Python 解释器中运行如下语句。

```
s='abcdefghijklmnopqrstuvwxyz'
```

编写表达式,使用字符串 s 和索引运算符,表达式的运算结果分别为'a'、'c'、'z'、'y'、'q'。

2. 一个数值列表的范围是列表中任意两个值的最大差。编写一个 Python 表达式,计算一个数值列表 lst 的范围。例如,lst 为[3,7,-2,12],则表达式的计算结果为 14(12 和-2 的差)。

3. 在 Python 解释器中运行如下语句。

```
a=[1,2,3,4,5,6]
```

编写程序,实现如下功能。

(1) 向列表末尾添加整数 7

(2) 将整数 2 从列表中删除

(3) 向列表第 2 个元素位置插入整数 8(下标从 0 开始)

(4) 删除第 3 个元素

4. 给定初始化语句。

```
s1="spam"
s2="ni!"
```

写出以下每个字符串表达式求值的结果并在 Python 解释器中验证。

(1) "The Knights who say,"+s2　　(2) 3 * s1+2 * s2

(3) s1[1]　　(4) s1[1:3]

(5) s1[2]+ s2[:2]　　(6) s1+s2[-1]

(7) s1.upper()

5. 在 Python 解释器中创建如下对象。

(1) 空元组　　(2) 只有一个整数元素 1 的元组

(3) 创建包含 1～10 自然数的列表　　　　　　　(4) 创建包含 1～10 自然数的元组

(5) 对 1～5 的每个数，以与字母 d 组成的字符串(如"d1")为键名，以该数的平方为值，创建字典

6. 分析下列代码的输出结果，在程序中添加语句，输出每次循环中 c 的取值。

```
a=[[1,2,3],[4,5,6],[7,8,9]]
s=0
for c in a:
  for j in range(3):
    s+=c[j]
print(s)
```

7. 有字典 dic={"k1":"v1","k2":"v2","k3":"v3"}，编写程序遍历字典中的所有键。

三、编程题

1. 编写程序检查一个整数列表，如果这些整数构成一个等差数列(如果一个整数序列中连续两个项的差相同，则这个整数数列称为等差数列)，则输出 True，否则输出 False。

```
>>> a=[3,6,9,12,15]
```

2. 输出字符串 s='hello world'中所有元音的索引。元音是指'aeiouAEIOU'中的字符之一。

3. 将两个长度相同的整数列表对应项相加。

```
a=[1,2,3,4,5]
b=[6,7,8,9,10]
```

4. 输出列表中是 3 的倍数的那些值，每个值占一行。

```
M=[3,1,6,2,3,9,7,9,5,4,5]
```

5. 在如下整数列表中，输出列表中正好是前一个数的两倍的整数，每个数占一行。

```
lst=[1,2,3,4,8,10,20,15,30]
```

6. 输出如下列表中所有由 4 个字母组成的列表元素。

```
lst=["bed","better","best"]
```

7. 编写程序，计算用户输入的句子中的单词数，各单词间用空格分隔。

8. 编写程序，计算用户输入的句子中的平均单词长度。

9. n 的因子包含 1 和 n 以及 1～n 能整除的数。编写程序，将用户输入整数的所有因子存储到列表中并输出。

10. 输出 1～20 每个自然数的所有因子。

11. 比较两个列表，如果两个列表包含至少一项相同元素，输出 True，否则输出

False。

12. 编写程序，输入两个列表(各列表不包含重复项)，输出两个列表都包含的共同元素构成的列表(即两个输入列表的交集)。

例如输入列表[3,5,1,7,9]和[4,2,6,3,9]时，输出

```
[3,9]
```

13. 现有一个值不重复的整数列表 lst 和一个整数 n，输出列表中所有和为 n 的整数对的索引。例如 lst=[7,8,5,3,4,6]，n=11，和为 11 的整数对为 7 和 4、8 和 3、5 和 6，输出

```
0  4
1  3
2  5
```

14. 编写程序，判断一个列表元素是否是等比数列，如果是输出 True，否则输出 False。设有一个序列 $a_0, a_1, a_2, a_3, \cdots, a_{n-2}, a_{n-1}$，当 $a_1/a_0, a_2/a_1, a_3/a_2, \cdots, a_{n-1}/a_{n-2}$ 都相等时，该序列为等比数列。例如，[2,4,8,16,32,64,128,256]是等比序列。

15. 在列表中保存 3 个学生的信息。

```
students = [{'name':'张三','age':23,'score':88,'tel':'23423532','gender':'男'},
{'name':'李四','age':26,'score':80,'tel':'12533453','gender':'女'},
{'name':'王五','age':15,'score':58,'tel':'56453453','gender':'男'}]
```

编写程序，统计不及格人数。

16. 编写程序，已知成绩列表 s={'小李': [77,54,57], '小张': [89,66,78], '小陈': [90,93,80], '小杨': [69,58,93]}，输出结果为{'小李': 62, '小张': 77, '小陈': 87, '小杨': 73}。

17. 有一个字典，存放学生的学号和成绩，列表中的三个数据分别是学生的语文、数学和英语成绩。

```
dict={'01':[67,88,45],'02':[97,68,85],'03':[97,98,95],'04':[67,48,45],'05':
[82,58,75],'06':[96,49,65]}
```

编写程序，完成以下操作。

(1) 输出每门成绩均大于等于 85 的学生的学号

(2) 输出每一个学号对应的平均分(sum/len)和总分(sum)

18. 编写程序，实现将列表 ls=[23,45,78,87,11,67,89,13,243,56,67,311,431,111,141]中的素数去除，并且输出去除素数后列表 ls 的元素个数。

第5章

用函数实现模块化程序设计

前面已经介绍了数值、赋值语句、输入/输出、选择结构、循环结构以及列表等内容，这些编程方法只适合于解决简单的问题。在解决比较复杂的问题时，经常需要在程序中多次执行同一项任务。显然，反复编写或复制多份完成同一任务的代码并不是好的方法，这会使程序变得冗长且难以维护。各种高级语言都提供了代码复用的机制，Python 可以使用函数和类实现代码复用，本章学习函数。

5.1 函数调用

函数是一个“子程序”，也就是程序中的一段代码。函数实现代码复用的基本思想是给一个语句序列（代码块）取一个名称（函数名），然后在程序的任何位置可以通过引用函数名称来执行这些语句。也可以说，函数是有名称的代码块。

Python 提供了很多内置函数，如前面程序中一直在使用的 print()、input()、len()等，也允许用户自己定义函数。通过函数名执行内置函数或自定义函数的语句序列称为“调用”函数。

5.1.1 函数调用格式

函数调用的一般格式为

函数名(实参列表)

例如，内置函数 pow(x,y)的功能是计算 x^y，即 x 的 y 次方。调用 pow()函数如下。

```
>>> pow(2,5)
32
```

其中，pow 是函数名，x 和 y 是形参（形式参数），2 和 5 是传递给 pow 的实参（实际参数）。各个形参或实参间用逗号分隔。32 是函数计算以后得到的结果，称为返回值，因此说 pow(2,5)返回 32，如图 5.1 所示。

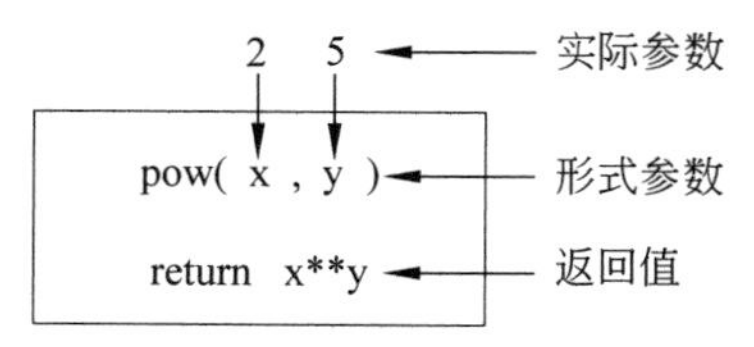

图 5.1 形参、实参与返回值

如果在表达式中调用函数时 Python 将函数调用替换为其返回值,例如表达式 pow(2,5)+8 与 32+8 等价,则结果为 40。

即使函数不接受任何参数,也要在函数名后使用()。()让 Python 调用指定的函数,如果不使用(),将输出错误。例如,只输入 print 时,Python 并不执行函数和输出空行,而是提示 print 指向一个函数。

```
>>> print
<built-in function print>
```

有些函数的部分形参会使用默认值。在函数调用时,这些参数既可以传实参,也可以不传实参而使用默认值。前面章节使用 print()函数中的 end 参数既设置了默认参数值,end 表示结束字符串,默认值为换行符'\n'。在输出时,print()函数将要输出的字符串(或其他类型对象转换的字符串)与 end 参数连接在一起,然后输出。例如: print('hello')实际输出的是'hello'+end,也就是输出'hello\n';print('hello',end='\t')实际输出的是'hello\t'。

有默认值的形参在传实参时一般要使用参数名,并且应该放在没有默认值的参数后面,如 print('hello',end='\t')。

函数参数表可以包含任意数量的参数,参数数量与函数定义有关,例如

```
>>> abs(-4)                #abs()函数用于计算一个数的绝对值
4
>>> max(6,-2)              #max()函数和 min()函数分别用于求一组数的最大值和最小值
6
>>> min(2,-4,6,26.5)
-4
```

5.1.2 不返回值的函数

有些函数无返回值(如 print()),Python 在执行无返回值的函数时返回一个特殊值 None,表示无返回值。

```
>>> print('hello')
hello
>>> x=print('hello')
hello
>>> print(x)
None
```

None 既不是字符串,也不是数字,不能用它进行任何有意义的计算。

5.2 定义函数

在 Python 中,定义一个函数时,需要指定函数的名称和语句序列。

5.2.1 函数定义的一般形式

在 Python 中，函数定义的一般形式为

```
def 函数名([形式参数 1,形式参数 2,……]):
  语句块
```

例 5.1 定义 maxVal()函数求两个数的最大值。

```
def maxVal(x,y):
  if x>y:
    return x
  else:
    return y
```

函数定义以 def 关键词开头，后接函数名称和圆括号()。括号里面是函数的参数，参数可以是零个或多个，各个参数间用逗号分隔，冒号后面对应缩进的代码块是函数体。函数体可以是任何一段 Python 代码。函数如果需要有返回的计算结果，可利用 return 关键字进行返回。return 关键字后面可以是数值或其他类型的数据(如字符串、列表、元组等)，也可以是变量或表达式。在执行到 return 语句时会结束对函数的调用，一个函数可能会有多个 return 语句。

函数定义时并不会执行，函数定义中的语句只有在被调用时才会执行。例如下面这个函数调用。

```
maxVal(3, 4)
```

执行时，将 3 传给 x，4 传给 y。在执行 if 语句时，条件为假，转 else 部分，返回 4，函数结束。

当函数被调用时，会执行如下过程。

① 求实参表达式的值，将求值结果传给函数的形参。例如，调用 maxVal(3+4,z)会在解释器求值后将 7 传给形参 x，将变量 z 的值传给形参 y。

② 执行函数体的第一条语句。

③ 执行函数体中的代码，直至遇到 return 语句。return 后面的表达式的值就是函数调用的值；如果没有语句可以继续执行，函数返回的值为 None；如果 return 后面没有表达式，函数返回的值也为 None。

例 5.2 定义函数，根据半径计算圆面积。

```
def calCircleArea(r):
  return 3.14159*r*r
r=float(input("please input radius:"))
area=calCircleArea(r)
print("area=",area)
```

由于函数定义时并不会执行，因此程序执行的第一条语句是输入语句，获得半径 r。然后将 r 作为参数调用函数 calCircleArea()，函数执行完成后，返回值赋值给 area 变量，最后输出。

例 5.3　定义函数，对列表求和。

```
def add_list(list):
  sum=0
  for i in list:
    sum=sum+i
  return sum
array=[1,2,3,4,5,6]
s=add_list(array)
print("sum=",s)
```

函数 add_list()的参数是列表。在函数体中，利用 for 语句遍历列表元素求和，最后将和作为返回值。add_list()函数的功能与 sum()相同。

如果实参不是列表，在执行 for 语句时会产生错误。为避免产生这样的错误，可以在函数中添加参数类型判断。使用 type()函数求列表变量的类型为<class 'list'>。使用 str()函数将其转换为字符串后，如果字符串中包含'list'，则为列表，否则直接进行 return。修改后的函数 add_list()在参数为非列表类型时，返回 None。

```
def add_list(list):
  if not 'list' in str(type(list)):                #list 不是列表时为真
    return                                         #结束函数调用，返回 None
  sum=0
  for i in list:
    sum=sum+i
  return sum
```

5.2.2　参数传递方式

Python 处理参数的方式要比其他语言更加灵活，有多种参数传递方式。

1. 按位置传参数

最常用的参数传递方法是按位置传参数，传入参数的值是按照顺序依次复制的。例如，函数定义为 maxVal(x,y)，调用时 maxVal(3, 4)的第 1 个实参 3 传给第 1 个形参 x，第 2 个实参 4 传给第 2 个形参 y。

按位置传参数必须熟记每个位置参数的含义，这在参数个数很多时并不容易。

2. 指定参数名称

为避免按位置传参数带来的难以记忆问题，调用函数时可以指定对应形式参数的名称，甚至可以采用与函数定义不同的顺序传递参数。

例 5.4　使用函数将十进制数转换成其他进制数。

将十进制转换为其他进制时使用除基取余法，流程如图 5.2 所示。第一个余数为最低位。

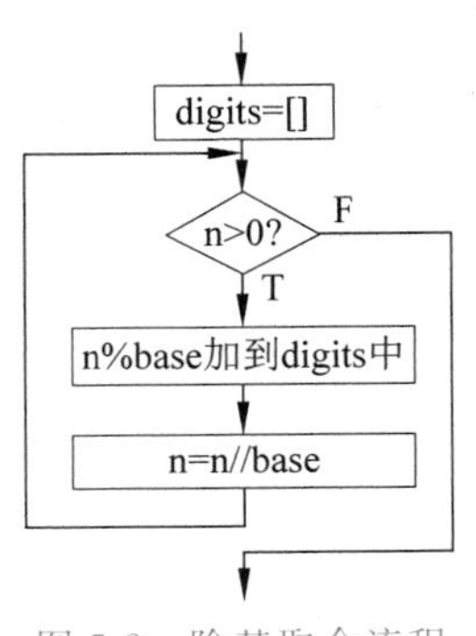

图 5.2　除基取余流程

```
def convert(n,base):
  digits=[]
  while n>0:
    digits.append(n%base)
    n=n//base
  return digits
def printConvert(digits):
  p=len(digits)-1                                    #逆序输出
  while p>=0:
    print(digits[p],end=" ")
    p=p-1
printConvert(convert(base=2,n=24))
```

3. 指定默认参数值

定义函数时，可以为参数指定默认的参数值。调用函数时，如果参数表中没有该参数，那么该参数使用默认值。

例 5.5　使用默认参数值。

```
Def greet(name,greeting='hello',end="!"):
  print(greeting,name+end)
greet("wangming")
greet("wangming","Good morning")
greet("wangming",greeting="Hi")
```

程序运行结果为

```
hello wangming!
Good morning wangming!
Hi wangming!
```

函数可以根据需要使用任意数量的默认参数，但是带默认值的参数不能位于没有默认值的参数的前面。

4. 可变数量参数

函数形参变量名前加 * 表示不限定参数数量，实参以元组形式传递给形参。

例 5.6　按位置传不限数量参数。

```
def greet(*name,greeting='hello',end="!"):
  print(name)
```

```
  names=""
  for n in name:                              #将 name(元组形式)元素连接成一个字符串
    names=names+n+" "
  print(greeting,names+end)
greet("wangming")                             #name=('wangming',)
greet("wangming","liping","Good morning")
                                    #name=('wangming', 'liping', 'Good morning')
greet("wangming","liping","zhangling",greeting="Hi")
                          #name=('wangming', 'liping', 'zhangling'),greeting="Hi"
```

程序运行结果为

```
('wangming',)
hello wangming !
('wangming', 'liping', 'Good morning')
hello wangming liping Good morning !
('wangming', 'liping', 'zhangling')
Hi wangming liping zhangling !
```

函数形参变量名前加**表示不限定参数数量,参数名称和参数值以字典形式传递给形参。参数的名称是字典的键,对应参数的值是字典的值。

例 5.7 编写函数,求矩形、圆和梯形面积。

```
def calArea(type,**args):
  print(args)                                 #args 是一个字典,包含参数数量不定
  if type=="rectangle":                       #矩形
    return args["width"] * args["height"]
  elif type=="circle":                        #圆
    return 3.14159 * args["radius"] * args["radius"]
  elif type=="trapezoid":                     #梯形
    return (args["top"]+args["bottom"]) * args["height"]/2
print("rectangle area=",calArea("rectangle",width=2,height=3))
print("circle area=",calArea("circle",radius=2))
print("trapezoid area=",calArea("trapezoid",top=2,bottom=5,height=3))
```

程序运行结果为

```
{'width': 2, 'height': 3}
rectangle area= 6
{'radius': 2}
circle area= 12.56636
{'top': 2, 'bottom': 5, 'height': 3}
trapezoid area= 10.5
```

5.2.3 参数类型

从变量指向地址的内容是否可以变化的角度看,数值、字符串、元组是不可变类型,而

列表和字典则是可变类型(如图 5.3 所示)。

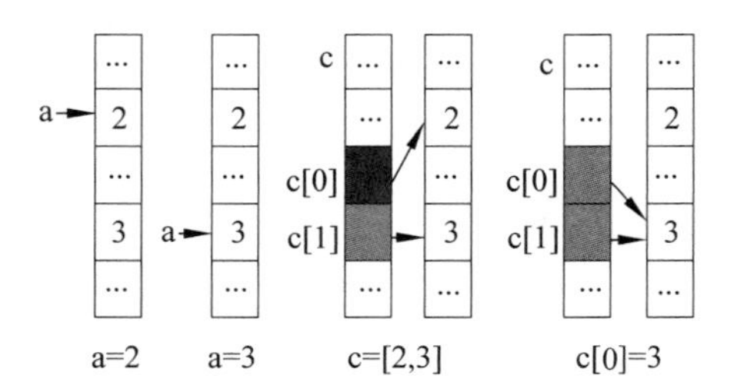

图 5.3 不可变类型与可变类型

在数值、字符串、元组变量作为函数参数时,如果在函数中修改形参变量的值,不会影响实参变量本身。

在列表、字典变量作为函数参数时,如果在函数中修改列表或字典内容,函数调用结束后的实参值也会发生变化。

例 5.8 交换函数对不同类型参数的影响。

```
def swap(x,y):
  x,y=y,x                                     #修改形式参数 x、y,将 x 和 y 的值互换
def swaplist(list):
  list[0],list[1]=list[1],list[0]             #修改形式参数列表的值,将列表第 0 项元素和第
                                              #1 项元素的值互换
a=2
b=3
c=[2,3]
swap(a,b)
swaplist(c)
print("after call swap:","a=",a,"b=",b)
print("after call swaplist:","c=",c)
```

程序运行结果为

```
after call swap: a= 2 b= 3
after call swaplist: c= [3, 2]
```

程序执行过程如图 5.4 所示。数值对象 2 和 3 存储在内存中,变量 a 是存储 2 的地址的名称,b 是存储 3 的地址的名称,或者说 a 指向 2,b 指向 3。在调用函数 swap()时,实

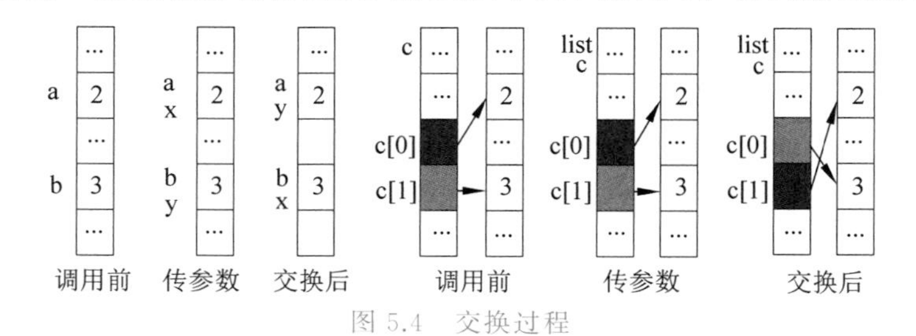

图 5.4 交换过程

际参数 a 传递给 x,变量 x 取值为 2,也就是存储 2 的地址又有了一个名称 x,或者说 x 也指向 2。x 和 y 的值交换后,x 指向 3,y 指向 2,a 和 b 的值不变。列表 c 的 c[0]位置存储的是 2 的地址,访问 c[0]时可以通过地址找到 2。调用函数 swaplist()时,实际参数 c 传递给形式参数 list,list 是列表 c 的另一个名称,在交换列表 list[0]和 list[1]时,也是修改 c[0]和 c[1]的值。因此,在列表 c 作为参数时,在函数中修改 list 就是修改 c。函数调用结束后,c 的内容也发生了变化。

例 5.9　输入一串字符,编写一个函数,统计字符串中小写字母的个数。

```
def staLower(inputStr):
  count=0
  for ch in inputStr:
    if ch>='a' and ch<='z':           #小写字符大于或等于'a',并且小于或等于'z'
      count+=1
  return count
inputStr=input("please input a string:")
print("count=",staLower(inputStr))
```

程序运行后,输入一串字符,输出小写字母个数。例如

```
please input a string:abcdEFG12340xy; *
count= 6
```

5.2.4　lambda()函数

lambda()函数是一种匿名函数,可接受任意数量的参数,但只能有一个表达式。定义 lambda()函数的一般格式为

lambda 参数表 : 表达式

其功能是执行表达式并返回结果。

```
>>> x=lambda a:a+10
>>> print(x(5))
15
```

等效于

```
def x(a):
  return a+10
>>> p = lambda x,y:x+y
>>> print(p(4,6))
10
```

5.2.5　pass 语句

在 Python 中,def 语句、if 语句、for 语句和 while 循环语句必须有一个语句体,即非

空缩进代码块。如果遗漏了代码块，则解析程序时会发生语法错误。有些情况下，块中的代码实际上不需要做任何事情，这时仍然需要在语句体中添加代码。出于这个原因，Python 提供了 pass 语句，它不执行任何操作，但仍然是一个有效的语句。例如

```
if n%2==0:
  pass                                    #n 为偶数时，不执行任何操作
else:
  print(n)                                #n 为奇数时，输出 n
```

在编写函数时，当代码体还没有实现时，可以用 pass 语句作为代码体。

5.3 变量的作用域

使用函数涉及的一个重要问题是变量的作用域。变量的作用域是指变量在程序的哪些地方可以访问。在语句中如果使用在该位置无效的变量，运行时将会产生错误。

例 5.10 在程序中使用函数中使用的变量。

```
def calRectangle(w,h):
  area=w*h
  return area
print("Rectangle area=",calRectangle(2,3))
print(area)
```

程序的执行结果如图 5.5 所示。

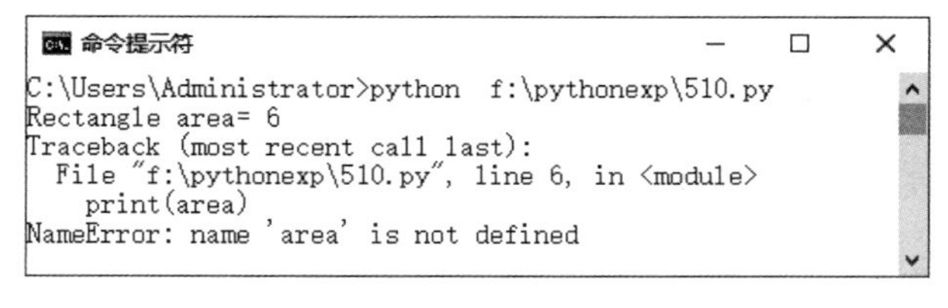

图 5.5 变量未定义错误

虽然在执行 print(area)语句之前在函数中已经使用了 area 变量，但是在 print 语句位置仍然找不到 area 变量，说明 area 变量在此处已经失效。

5.3.1 局部变量

在一个函数内部使用的变量是内部变量，它只在本函数范围内有效，也就是说只有在本函数内才能使用它们，在此函数之外是不能使用这些变量的。这称为局部变量。

图 5.6 中的 area 是在函数 calRectangle()函数中使用的变量，只在函数中有效，在主流程中是无效的，因此在执行 print(area)语句时找不到该变量。

在程序中添加一条赋值语句 area=0，运行时就不会出现错误了。程序中使用的各个

变量的作用域如图 5.6 所示。

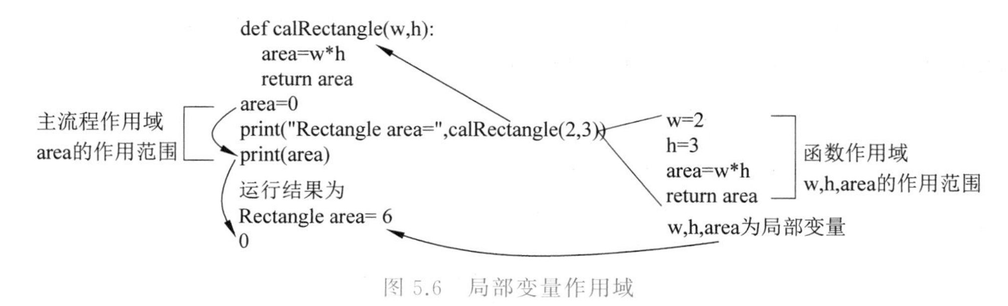

图 5.6 局部变量作用域

形式参数也是局部变量,例如形参 w 和 h 也只在函数中有效。

不同作用域中可以使用相同名称的变量,它们代表不同的对象,互不干扰。例如,在主流程作用域中使用的 area 和在 calRectangle()函数中使用的 area 是同名变量。print(area)语句使用的 area 的值为 0,return area 语句使用的 area 的值为 6,这两个 area 是不同的变量。这表明在设计函数时对变量的命名可以是任意的,不会对其他程序产生影响。同样,在调用函数时,也不需要考虑函数中使用了哪些变量名。

5.3.2 全局变量

在函数外面声明的变量称为全局变量,程序中的任何函数或代码都可以读取全局变量。然而,在函数中给全局变量赋值时需要特别小心。

例 5.11 在函数中使用程序中声明的变量。

```
def say_hello():
  print('hello',name+'!')
def change_name(new_name):
  name=new_name
  print("function name:",name)
name="wangming"
say_hello()
change_name("wangmingli")
print(name)
```

程序运行结果为

```
hello wangming!
function name: wangmingli
wangming
```

程序中的 name 变量是一个全局变量,因为它是在函数外面声明的。在调用 say_hello()函数时,name 变量已经存在,say_hello()读取 name 的值并输出。在调用 change_name()时,将 name 修改为"wangmingli",然而全局变量 name 的值并没有改变,在输出时仍然是"wangming"。实际上 Python 将 change_name()函数中的 name 变量看成局部变量，而不是全局变量 name。

如果在函数内使用与全局变量同名的变量，仅做读取操作时所操作的变量是全局变量，做赋值操作时所操作的变量是函数新创建的局部变量，如图 5.7 所示。

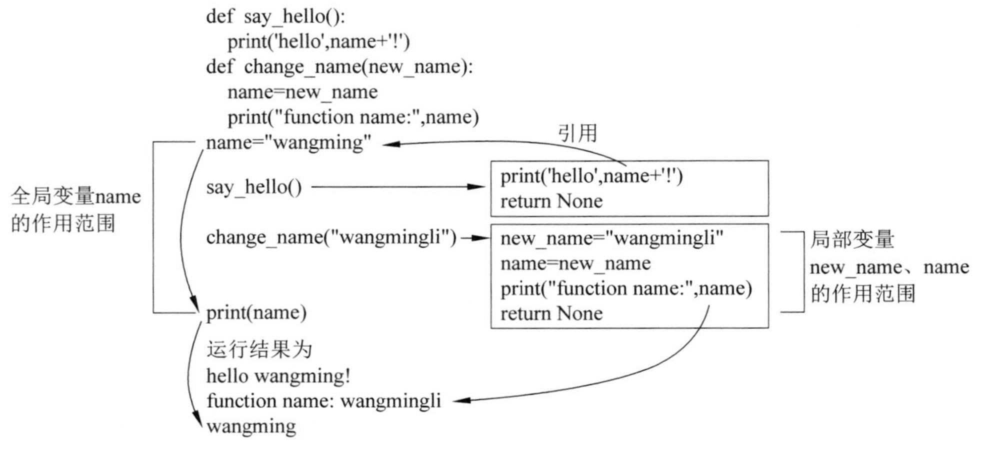

图 5.7　全局变量与局部变量作用域

在函数中，如果想访问并修改全局变量，必须使用 global 对变量进行说明，说明使用的变量是函数外部已经创建的全局变量。修改例 5.11 的 change_name()函数。

```
def change_name(new_name):
  global name
  name=new_name
  print("function name:",name)
```

程序运行结果为

```
hello wangming!
function name: wangmingli
wangmingli
```

5.4　Python 模块

在 Python 中，可以将一组相关的函数、数据放在一个以.py 作为扩展名的 Python 文件中，这种文件称为模块。Python 模块为函数和数据创建了一个以模块名称命名的作用域。利用模块可以定义变量、函数和类，模块中也可以包含可执行的代码。

模块定义好后，需要先引入模块后才能使用其中的变量、函数和类等。

5.4.1　引入模块

Python 引入模块的方法如下。

1. 使用 import 语句引入模块

语法为

```
import 模块 1 [as 名称 1][, 模块 2 [as 名称 2]][,……]
```

解释器遇到 import 语句时，如果模块位于当前的搜索路径，该模块就会被自动导入。如果使用 as 关键字，可以为模块起另一个名字。

调用模块中的函数时，格式为

```
模块名.函数名
```

在调用模块中的函数时之所以要加上模块名，是因为在多个模块中，可能存在名称相同的函数，如果只通过函数名来调用，解释器无法知道到底要调用哪个函数。

Python 提供的标准库和第三方库也是模块，在调用库中的函数时也需要先使用 import 语句引入。库是具有相关功能的模块的集合。标准库是安装 Python 时那些自带的模块，第三方库是由其他的第三方机构发布的具有特定功能的模块。例如，Python 将很多数学函数放在 math 标准库中。与调用内置函数 pow()方法不同，使用 math 中的函数需要先用 import 语句引入。

例 5.12　使用 math 库中的 sqrt()函数求解一元二次方程。

```
import math
a=float(input("please input a:"))
b=float(input("please input b:"))
c=float(input("please input c:"))
deta=b**2-4 * a * c
if deta>=0:
  print ("x1=",(-b+math.sqrt(deta))/2/a)
  print ("x2=",(-b-math.sqrt(deta))/2/a)
else:
  print ("no result")
```

一元二次方程 $ax^2+bx+c=0$ 的解为

$$x=\frac{-b\pm\sqrt{b^2-4ac}}{2a}$$

开平方函数 sqrt()不是 Python 的内置函数，而是数学函数库 math 提供的一个函数，因此在调用该函数前需要导入 math 模块。

下例在程序中调用自定义模块 geoArea。

例 5.13　自定义模块 geoArea(geoArea.py)包括常用几何图形面积计算函数。

```
#coding=UTF-8
import math
#返回圆面积，参数为半径
def circle(r):
```

```
  return 3.14159 * r * r
#返回三角形面积,参数为三角形三条边的边长
def triangle(a,b,c):
  p=(a+b+c)/2
  return math.sqrt(p * (p-a) * (p-b) * (p-c))
#返回矩形面积,参数为矩形的宽和高
def rectangle(w,h):
  return w * h
#返回梯形面积,参数为梯形上底边长、下底边长和高度
def trapezoid(top,bottom,height):
  return (top+bottom) * height/2
```

geoArea 模块中定义了 circle()、triangle()、rectangle()和 trapezoid()函数,分别用于计算圆、三角形、矩形和梯形面积。

例 5.14　输入三角形三条边长,使用自定义模块 geoArea 计算三角形面积。

```
import geoArea as ga
a,b,c=eval(input("please input triangle's three edge:"))
area=ga.triangle(a,b,c)
print("area=",area)
```

将例 5.14 程序文件与 geoArea.py 模块文件存储在同一目录下。

运行程序,在提示后输入三条边长,三个数值用逗号分隔,运行结果为

```
please input triangle's three edge:3,4,5
area= 6.0
```

2. 使用 from 语句导入指定函数

有时只需要用到模块中的某个函数,from 语句可从模块中导入指定的部分。格式为

from 模块名 import 函数 1[, 函数 2[, …… [,函数 *n*]]

```
>>> from math import sqrt
>>> sqrt(2)
1.4142135623730951
```

如果想把一个模块的所有内容全都导入,格式为

from 模块名 import *

3. 从包模块导入指定函数

当模块数量很多时,可以将多个模块组织成包的形式。简单来说,包就是文件夹,但该文件夹下必须有一个__init__.py 文件,最简单的__init__.py 文件可以是一个空文件。包可以包括子包。

包中模块的导入仍使用 import、from...import 语句,模块命名使用“包名.模块名”

形式。

例如，matplotlib 是一个绘图库，在 matplotlib 文件夹下有一个 pyplot.py 模块文件，模块中的 plot()函数是绘图函数。导入 plot()函数的方法为

```
from matplotlib.pyplot import plot
```

导入 pyplot 模块的方法为

```
import matplotlib.pyplot as plt
```

5.4.2 模块化程序设计

1. 主函数 main()

在其他语言中，使用 main()函数的做法非常普遍，像在 C、C++ 和 Java 中，还要求必须使用 main()函数。但是在 Python 中，任何一个.py 文件都是可解释执行的文件，可以作为整个程序的入口文件，这意味着程序的入口是灵活的，不必遵循任何约定。在 Python 程序中，使用 main()函数完全是可选的。如果使用了 main()函数，根据约定，main()函数被视为程序的起点。

例 5.15 使用 main()函数实现例 5.14。

```
#main.py
import geoArea as ga
def main():
  a,b,c=eval(input("please input triangle's three edge:"))
  area=ga.triangle(a,b,c)
  print("area=",area)
main()
```

2. 模块化程序设计方法

人们在求解一个复杂问题时，通常采用的是逐步分解、分而治之的方法，也就是把一个大问题分解成若干个比较容易求解的小问题，然后分别求解。设计一个复杂的程序时，往往也把整个程序划分为若干功能较为单一的程序模块，然后分别予以实现。这种方法称为模块化程序设计方法。

在具体实现上，就是把一个较大的程序分成若干个程序模块，每个模块包括一个或多个函数，每个函数实现一个特定的功能。一个程序可以由一个主函数和若干个其他函数构成。由主函数调用其他函数，其他函数也可以相互调用。同一个函数可以被一个或多个函数调用任意多次。图 5.8 是一个程序中函数调用的示意图。

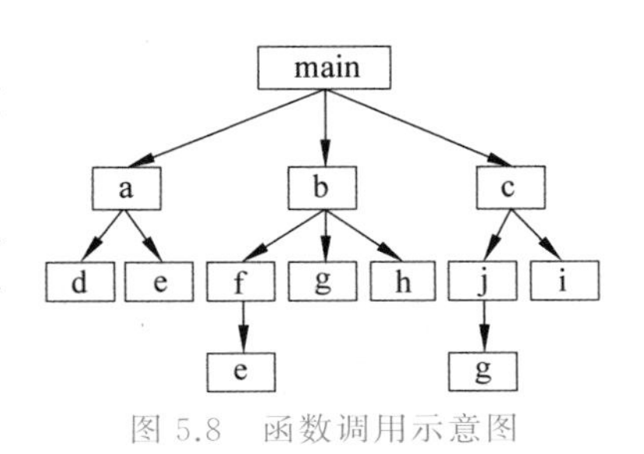

图 5.8 函数调用示意图

3. 模块测试

函数功能测试代码可以放在模块文件中，也可以放在单独的测试文件中。如果放在模块中，在其他程序导入模块时，测试代码不应该运行。

__name__变量(前后各有两个下画线)是 Python 的内置变量，是每个 Python 模块都有的属性。__name__变量值取决于如何执行模块：直接执行一个模块时，模块的__name__变量等于'__main__'；模块被导入其他程序时，__name__变量等于模块的名称。

例 5.16　应用内置变量__name__进行模块函数功能测试。

自定义模块 circleArea(circleArea.py)包括圆面积计算函数和测试示例。

```
def circle(r):
  return 3.14159 * r * r
print("circleArea __name__:",__name__)        #输出__name__变量取值，正常模块中不包
                                              #含此语句
if __name__=='__main__':
  print("circle area:",circle(2))             #函数功能测试
```

运行 circleArea.py，由于是直接执行模块，if 条件为真，因此输出结果为

```
circleArea __name__: __main__
circle area: 12.56636
```

编写 Python 程序(calCircleArea.py)，应用 circleArea 模块的圆面积函数计算圆面积。

```
import circleArea as ca
r=float(input("please input radius:"))
print("area=",ca.circle(r))
```

运行 calCircleArea.py，结果为

```
circleArea __name__: circleArea
please input radius:2
area= 12.56636
```

由于 circleArea 模块是被导入 calCircleArea 中，该模块的__name__变量取值为模块名，而 circleArea 模块中的 if 条件为假，因此测试代码不会执行，如图 5.9 所示。

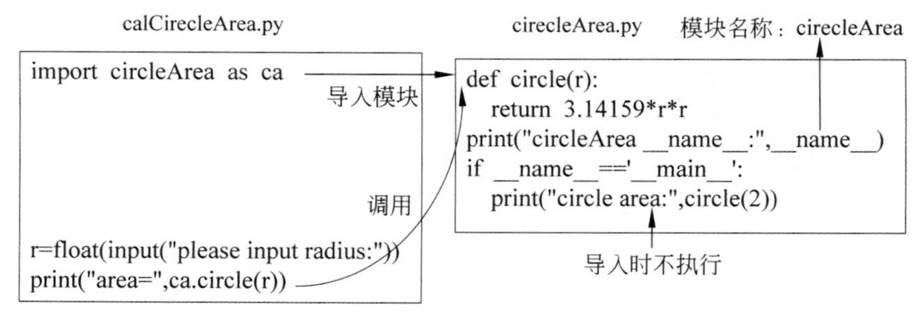

图 5.9　模块测试代码

5.5 Python 标准库模块

Python 程序设计语言包括一些函数和类，例如 print()、max()、sum()等函数和 int、list 等类。为保证高效性和易用性，并不是所有的函数和类都是 Python 内置的。除了核心函数和类以外，Python 标准库中还定义了数以千计的函数和类，它们都需要用模块的方式进行调用。标准模块库中包含的模块支持如下应用：网络编程、Web 应用程序编程、图形用户界面开发、数据库程序设计、数学函数、伪随机数发生器等。

5.5.1 math 模块

Python 语言核心仅支持基本的数学运算，如求绝对值 abs()、幂运算 power()、四舍五入取整 round()等，如果要使用其他的数学函数(例如平方根函数)和三角函数，则需要使用数学模块 math。数学模块是包含数学常量和函数的库，要使用数学模块中的函数或常量，必须先导入该模块。

```
import math
```

部分常用的数学函数和常量如表 5-1 所示。

表 5-1 常用数学函数和常量(部分)

函数、常量	说　明	示　例
sqrt(x)	对 x 求开平方	math.sqrt(2)的值为 1.4142135623730951
ceil(x)	求大于或等于 x 的最小整数	math.ceil(2.1)和 math.ceil(2.7)的值都为 3
floor(x)	小于或等于 x 的最大整数	math.floor(2.1)和 math.floor(2.7)的值都为 2
sin(x)	求 x 的正弦函数值	math.sin(math.pi/2)的值为 1.0
cos(x)	求 x 的余弦函数值	math.cos(math.pi)的值为−1.0
log(x,base)	求以 base 为底的 x 的对数	math.log(4,2)的值为 2.0
pi	3.141592653589793	area=math.pi * 3.0**2
e	2.718281828459045	math.e**2 的值为 7.3890560989306495

例 5.17 输出 0～2π 间弧度为 π/4 倍数的正弦函数值。

```
import math
for i in range(0,9):
  sin=math.sin(math.pi/4 * i)
  print(round(sin,4),end=" ")   #round( )为内置求整函数,指定保留 4 位小数,不指定时
                                #四舍五入取整
```

程序输出结果为

```
0.0 0.7071 1.0 0.7071 0.0 -0.7071 -1.0 -0.7071 -0.0
```

5.5.2 random 模块

不是所有程序的运行结果都是确定的，例如一个掷硬币的游戏，结果可能是正面，也可能是反面。虽然总体上出现正面和反面的比例大约为 1∶1，但是每一次的结果是随机的。很多计算机仿真、游戏等程序都需要使用随机数。各种编程语言生成的随机数一般都是伪随机数，以一个真随机数（种子）作为初始值，然后用一定的算法不停迭代产生伪随机数。伪随机数可以满足需要随机数的大多数应用程序的需求。

在 Python 中，random 模块提供了一组生成伪随机数的函数。在使用这些函数前，首先需要导入模块。

```
import random
```

1. 初始化随机数生成器

```
random.seed(a=None)
```

因为每次运行初始化语句的时间是完全随机的，所以可以将其作为生成随机数算法的初值（种子）。如果 a 被省略或为 None，则使用当前系统时间作为种子。a 也可以取 int、float、str、bytes 或 bytearray 等类型数值。

2. random.random()

该函数返回[0.0,1.0)范围内的一个随机浮点数。

例 5.18　生成 10 个 0～1.0 的随机数。

```
import random
random.seed()
for i in range(0,10):
  print(random.random(),end=" ")
```

程序输出结果为 10 个随机数，某次运行输出结果为

```
0.09763999776398025 0.673382757398394 0.588438723386831 0.9485874843142704
0.9571463269530399 0.9776894057632256 0.9313361450023364 0.8402000733455114
0.24079450659300417 0.9464984195096122
```

3. random.uniform(a, b)

该函数返回[a,b)范围内的一个随机浮点数，生成每个浮点数的概率相同。

其中，a 和 b 为生成随机数的范围。对方法返回一个随机浮点数 N，当 a <b 时 a≤N<b，当 b<a 时 b≤N<a。uniform(a,b)与 a+(b-a) * random()是等效的。

例 5.19　利用随机模拟方法估算 π。

随机模拟方法估算 π 时假定在一定范围内生成每个随机数的概率是相同的。假设在墙上有一个 2×2 的正方形，其中有一个半径为 1 的飞镖靶。现在随机投掷飞镖，假设在击中正方形的 n 个飞镖中有 k 个击中飞镖靶，如图 5.10 所示。

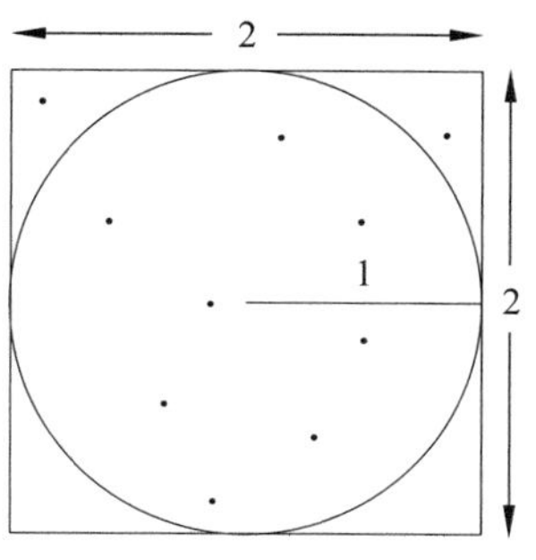

图 5.10　正方形中的飞镖靶

因为随机投掷飞镖，飞镖击中正方形中的任何一个点的概率是相同的，所以 k/n 大约与飞镖靶面积（$\pi\times1^2$）和正方形面积（2^2）之比相同。

$$\frac{k}{n}\approx\frac{\pi\times1^2}{2^2}=\frac{\pi}{4}$$

```
import random
import math
def  approxpi(n):
  random.seed()
  k=0
  for i in range(0,n):
    x=random.uniform(-1,1)
    y=random.uniform(-1,1)
    if math.sqrt(x * x+y * y)<=1.0:              #随机点在圆内
      k+=1
  return 4 * k/n
n=1000000
print("pi=",approxpi(n))
```

程序的某次运行输出结果为

```
pi= 3.141264
```

4. random.randrange(a,b)

该函数返回[a,b)范围内的一个随机整数，生成每个整数的概率相同。

例 5.20　模拟掷骰子。

骰子有 6 个面，掷骰子时 6 个面出现的概率相同，可以随机生成 1～6 的数。

```
>>> import random
>>> random.seed()
>>> random.randrange(1,7)
6
>>> random.randrange(1,7)
2
>>> random.randrange(1,7)
2
```

与 random.randrange(a,b)功能类似的函数是 random.randint(a,b)，它返回[a,b]范

围内的一个随机整数，生成的随机数包含 b，生成每个整数的概率相同。

5. random.choice(list)

函数 choice()从一个列表中均匀随机选择一个项。例如

```
>>> import random
>>> random.seed()
>>> lst=["mouse","bat","cat","bed","face"]
>>> random.choice(lst)
'cat'
>>> random.choice(lst)
'bed'
```

习　题　5

一、选择题

1. 使用(　　)关键字可创建 Python 自定义函数。

   A. function　　B. class　　C. procedure　　D. def

2. 下面程序的运行结果是(　　)。

```
a=10
def setNumber():
    a=100
setNumber()
print(a)
```

   A. 10　　B. 100　　C. 10 100　　D. 100 10

3. a=round(3.49)，则 a 的值为(　　)。

   A. 4　　B. 3.49　　C. 4.0　　D. 3

4. 以下关于函数的描述正确的是(　　)。

   A. 函数用于创建对象　　B. 函数可以让程序执行得更快

   C. 函数是一段用于执行特定任务的代码　　D. 以上说法都正确

5. 以下关于 pass 的描述正确的是(　　)。

   A. Python 会忽略 pass 语句，就像忽略注释一样

   B. pass 语句会终止当前循环

   C. pass 不做任何事情，一般用作占位语句

   D. 以上说法都正确

6. 以下代码的输出结果为(　　)。

```
def printLine(text):
```

```
  print(text, 'hello')
printLine('Python')
```

A. Python　B. Python hello　C. text hello　D. hello

7. 如果函数没有使用 return 语句,则返回的是(　　)。

A. 0　B. None

C. 任意的整数　D. 错误，函数必须要有返回值

8. 以下代码的输出结果为(　　)。

```
result =lambda x: x * x
print(result(5))
```

A. lambda x：x * x　B. 10　C. 25　D. 5 * 5

9. 以下代码的输出结果为(　　)。

```
def greetPerson( * name):
  print('Hello', name)
greetPerson('Runoob', 'Google')
```

A. Hello Runoob　Hello Google　B. Hello ('Runoob', 'Google')

C. Hello Runoob　D. 错误,函数只能接收一个参数

10. 以下(　　)符号用于将一个模块的所有内容全都导入。

A. .　B. *　C. ->　D. ,

11. 如果需要从 math 模块中输出 pi 常量,以下代码正确的是(　　)。

A. print(math.pi)　B. print(pi)

C. from math import pi
　print(pi)

D. from math import pi
　print(math.pi)

12. 关于函数参数传递中形参与实参的描述错误的是(　　)。

A. Python 可以按值传递参数。值传递指调用函数时将常量或变量值(实参)传递给函数参数(形参)

B. 实参与形参存储在各自的内存空间中,是两个不相关的独立变量

C. 在参数内部改变形参的值,实参的值一般是不会改变的

D. 实参与形参的名称必须相同

13. 关于 import 引用,以下选项中描述错误的是(　　)。

A. 使用 import math 引入 math 库

B. 可以使用 from math import sin 引入 math 库

C. 使用 import math as m 引入 math 库,取别名为 m

D. import 保留字用于导入模块或模块中的对象

14. 关于 Python 的全局变量和局部变量,以下选项中描述错误的是(　　)。

A. 局部变量指在函数内部使用的变量,当函数退出时,变量依然存在,下次函数调用可以继续使用

B. 使用 global 保留字声明简单数据类型变量后,该变量作为全局变量使用

C. 简单数据类型变量无论是否与全局变量重名,仅在函数内部创建和使用,函数退出后变量被释放

D. 全局变量指在函数之外定义的变量,一般没有缩进,在程序执行的全过程中有效

15. 以下不是 Python 语言关键字的选项是(　　)。

A. return　　B. def　　C. in　　D. define

16. 以下关于 random 库的描述正确的是(　　)。

A. 设定相同种子,每次调用随机函数生成的随机数不相同

B. 通过 from random import * 引入 random 随机库的部分函数

C. uniform(0,1)与 uniform(0.0,1.0)的输出结果不同,前者输出随机整数,后者输出随机小数

D. randint(a,b)是生成一个[a,b]的整数

17. 关于 Python 函数对变量的作用,以下描述错误的是(　　)。

A. 简单数据类型在函数内部用 global 保留字声明后,函数退出后该变量保留

B. 全局变量指在函数之外定义的变量,在程序执行的全过程中有效

C. 简单数据类型变量仅在函数内部创建和使用,函数退出后变量被释放

D. 对于组合数据类型的全局变量,如果在函数内部没有被真实创建的同名变量,则函数内部不可以直接使用并修改全局变量的值

18. 关于函数,以下选项中描述错误的是(　　)。

A. 函数能完成特定功能,对函数的使用不需要了解函数内部实现原理,了解函数的输入输出方式即可

B. 使用函数的主要目的是降低编程难度和实现代码重用

C. Python 使用 del 保留字定义函数

D. 函数是一段具有特定功能的、可重用的语句组

19. 执行以下代码,将 1 传递给 x,2 传递给 y,3 传递给 z,或者 x、y 或 z 取默认值,错误的是(　　)。

```
def fun(x,y='Name',z = 'No'):
  pass
```

A. fun(1,2,3)　　B. fun(1,3)　　C. fun(1)　　D. fun(1,2)

20. 关于函数的可变参数,可变参数 *args 传入函数时存储的类型是(　　)。

A. list　　B. set　　C. dict　　D. tuple

二、编程题

1. 设计函数 swapFL(),带一个列表作为输入参数,要求交换列表的第一个和最后一个元素。假定列表非空,函数不返回任何值。

2. 设计函数 test(),带一个整数参数,根据参数的值输出正数、零、负数。

```
>>> test(0)
```

```
零
>>> test(-5)
负数
>>> test(3)
正数
```

3. 编写函数,参数为复数,函数返回值为复数的模(实部与虚部平方根)。

4. 编写函数 prime(),带一个正整数参数,如果参数是素数,则返回 True,否则返回 False。

5. 系数为 $a_0,a_1,a_2,a_3,\cdots,a_n$ 的 n 次多项式是如下的一个函数。

$$p(x)=a_0+a_1x+a_2x^2+a_3x^3+\cdots+a_nx^n$$

例如,如果 $p(x)=1+2x+3x^2$,则 $p(2)=1+2\times2+3\times2^2=1+4+12=17$。

编写函数 poly(lst,x),其中 lst 为多项式系数列表,返回值为 $p(x)$。

```
>>> poly([1,2,3],2)
17
```

6. 编写函数 area(r),该函数可以根据半径 r 求出一个圆的面积。调用 area(r)求半径分别为 3.5 和 2.9 的圆的面积并求出外圆半径为 6.2、内圆半径为 3.3 的圆环的面积,结果保留两位小数。

7. 编写函数 showMsg(n, name),它可以输出 n 行的字符串'Happy Birthday ***',如果 str 为'小明',就是 n 行的'Happy Birthday 小明'。

8. 有一个字典存放学生的学号和成绩,列表中的三个数据分别是学生的语文、数学和英语成绩。

```
dict={'01':[67,88,45],'02':[97,68,85],'03':[97,98,95],'04':[67,48,45],'05':
[82,58,75],'06':[96,49,65]}
```

完成以下操作。

(1) 编写函数,返回每门成绩均大于或等于 85 的学生的学号

(2) 编写函数,返回每一个学号对应的平均分(sum/len)和总分(sum),结果保留两位小数

9. 编写函数 calculate(),它可以接收任意多个数,返回所有参数的平均值和总和(以元组形式返回)。

10. 编写函数 genintlist(k),k 为整数,返回长度为 k 的列表(包含 1~100 的随机整数)。

11. 编写函数 gendistintlist(k),k 为整数,返回长度为 k 的列表(包含 1~100 不重复的随机整数)。

12. 对于一个十进制的正整数,定义 f(n)为其各位数字的平方和,例如: f(13)=1**2+3**2=10、f(207)=2**2+ 0**2+7**2=53。

13. 编写函数,计算字符串参数中的数字、字母、空格和其他字符的个数(可以按 ASCII 码取值范围比较)。

14. 编写函数,输出参数字符串中的所有元音字母(aeiouAEIOU)。

15. 编写函数 output(k)，其中 k 为 4 位整数，输出 4 个数字字符，但每两个数字间空一个空格。例如参数为 2021，输出 2　0　2　1。

16. 编写函数 maxlengthword(str)，输出字符串中最长的单词。例如 str='Tom is a student'，输出'student'。

17. 编写函数 statword(str)，输出字符串中每个单词出现的次数。

18. 编写函数 reverse(lst)，lst 为整数列表，将列表元素的前后对应次序互换。例如

```
>>> lst=[1,2,3,4,5,6,7,8,9]
>>> reverse(lst)
>>> lst
[9, 8, 7, 6, 5, 4, 3, 2, 1]
```

19. 编写函数，使给定的一个 2×3 的二维整型列表的行和列互换。

第6章

用类实现面向对象程序设计

面向对象编程(简称 OOP)是一种组织程序的方法,大多数现代计算机程序都是用面向对象方法构建的。从本质上说,对象是一组数据及操作这些数据的函数。前面使用的整数、字符串、列表、字典等都是 Python 对象。本章介绍面向对象程序设计的基本方法。

6.1 定义类

要创建新型的对象,必须先创建类。从本质上说,类就是模板,用于创建特定类型的对象。例如,Python 的字符串对象包含了很多操作字符串的功能,覆盖了使用字符串的所有情形,如 lower()方法和 upper()方法等,而整型等其他类型的对象则没有这两种方法。所有的字符串对象都是从同一个字符串模板产生的,这种模板用于描述字符串对象的共同特征,与整数等其他类型的模板是不同的。

大多数情况下,我们自己定义的类不需要像 Python 字符串类那样复杂,它只要满足特定应用即可。看似非常复杂的对象(例如人),可能用一个很简单的类 Person 就能满足需要。例如,假设只想建一个通讯录,Person 对象可能只包含姓名、地址和电话号码。在一个学生管理信息系统中,需要使用更多的属性来描述 Person,如出生日期、学号、所学专业等。具体使用哪些属性取决于你用类对象进行什么操作。

类定义是非常简单的,它只需要包含两部分内容。

- 变量,即存储数据项的变量,也称为字段、属性或数据成员。
- 函数,定义可以在类中执行的操作,在类中也称为方法。通常方法是对字段(也就是类的变量)进行操作。

6.1.1 类的定义与使用

使用类可以描述任何事物,下面编写一个表示人的简单类。

1. 定义 Person 类

```
#person.py
```

```
class Person:
  def __init__(self):
    self.name=""
    self.age=0
```

上面的代码定义了一个名为 Person 的类。在 Python 中,使用 class 关键字定义类。根据约定,类名的首字母是大写的。Person 类很简单,它包含数据 name 和 age;当前唯一的一个方法(函数)是__init__,这是用于初始化对象值的标准方法,在创建 Person 对象时,Python 将自动调用__init__。

在有些 OOP 语言中,__init__被称为构造方法。每次创建新对象时,都将调用构造方法。在 Java 和 C++ 等语言中,创建对象时需要使用关键字 new。

2. 使用 Person 类创建对象

Person 类定义后,就可以使用它创建对象(有些高级语言也称其为实例化)。

```
p=Person()
p.name="wangming"
p.age=20
print(p.name,p.age)
```

要创建 Person 对象,只需要调用 Person()。Python 将自动调用 Person 类的__init__方法并返回一个新的 Person 对象。

变量 name 和 age 包含在对象中,因此每个新创建的 Person 对象都有自己的 name 和 age。要访问 name 和 age 或类定义的方法,必须使用点操作符(.)指定存储它们的对象。

3. 参数 self

所有的类都有构造方法__init__,Python 在创建对象时会自动调用构造方法(仅调用一次)。构造方法一般用来初始化,如 Person 对象将 name 和 age 变量分别初始化为空字符串和 0。构造方法__init__(self)中有一个参数 self,self 是一个指向对象本身的变量。在使用 Person()生成对象的过程中,调用__init__方法时并不需要提供 self 参数(如图 6.1 所示)。

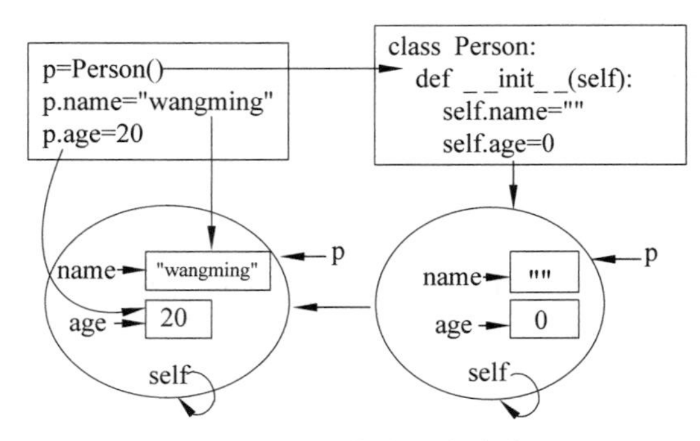

图 6.1 self 指向对象自身

与__init__一样,类的每个方法的第一个参数都是 self,表示对象本身。在创建对象时,Python 自动为每个对象添加一个特殊变量 self,指向对象本身。类中的方法能够通过 self 明确地引用自身的数据和方法。在类的外部,通过对象名称引用对象的数据和方法;在类的内部,通过 self 引用数据和方法。例如 p.name 和 self.name 分别是在类的外部和内部引用 name 变量。

6.1.2 定义方法

方法是类中定义的函数,向类中添加方法与定义普通函数的做法相同,但是方法的第一个参数通常是 self。

1. 为 Person 类添加输出方法

```
#person.py
class Person:
  def __init__(self):
    self.name=""
    self.age=0
  def print(self):
    print(f"Person('{self.name}',{self.age})")        #格式化字符串输出
p=Person()                                            #由 Person 类创建对象
p.name="wangming"                                     #设置对象属性值
p.age=20                                              #设置对象属性值
p.print()                                             #调用对象方法
```

程序运行结果为

```
Person('wangming',20)
```

程序向类中添加了一个 print()方法,该方法只有一个 self 参数,没有其他参数。在调用该方法时,由于 self 指向对象本身,因此不需要出现在 p.print()的参数列表中。

在 print()方法中,使用了格式化字符串输出(Python 3.6 以上版本支持)。

格式化字符串是在字符串前面加上 f,直接把变量、表达式等用{}括起来放在字符串中。例如

```
>>> digit=97
>>> str=f"a's ASCII is {digit}"
>>> str
"a's ASCII is 97"
```

2. 在方法中使用参数

与定义函数参数一样,类的方法中除了必须使用 self 参数外,还可以根据需要设置参数。在前面的 Person 类中,构造方法只是创建了两个变量 name 和 age,并没有赋有意义

的值。如果将 name 和 age 作为参数，可以直接在构造方法中为类变量赋值，在创建对象时类的参数会传递给构造方法。

```
class Person:
  def __init__(self,name,age):
    self.name=name
    self.age=age
  def print(self):
    print(f"Person('{self.name}',{self.age})")
p=Person("wangming",20)
p.print()
```

使用 Person 类生成对象的过程如图 6.2 所示。

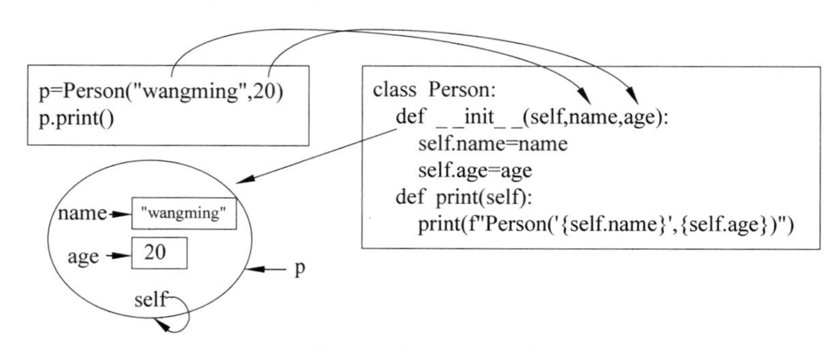

图 6.2　构造方法参数

在构造方法中使用默认参数会使类在创建对象时更灵活。

```
class Person:
  def __init__(self,name="",age=0):              #在构造方法中使用默认参数
    self.name=name
    self.age=age
  def print(self):
    print(f"Person('{self.name}',{self.age})")
p1=Person("wangming",20)
p1.print()
p2=Person()                                      #先使用默认参数创建对象
p2.name="liping"                                 #后设置属性值
p2.age=19
p2.print()
```

3. 查看 Person 类的属性和方法

使用 dir()函数可以查看 Person 对象的属性和方法。在 person.py 程序最后添加一行语句。

```
print(dir(p))
```

输出 Person 对象 p 的属性和方法。

```
['__class__', '__delattr__', '__dict__', '__dir__', '__doc__', '__eq__', '__
format__', '__ge__', '__getattribute__', '__gt__', '__hash__', '__init__', '__
init_subclass__', '__le__', '__lt__', '__module__', '__ne__', '__new__', '__
reduce__', '__reduce_ex__', '__repr__', '__setattr__', '__sizeof__', '__str__',
'__subclasshook__', '__weakref__', 'age', 'name', 'print']
```

在 Person 对象的属性和方法列表中包括自定义的 name 和 age 属性以及 print()方法,也包括类本身支持的一些属性(__class__、__dict__等)和方法(__init__、__str__、__getattribute__等)。有些方法像__init__方法一样在执行某些语句时被自动调用。例如,__str__方法的功能是将对象转换成字符串,在执行 Python 函数 str()时会自动调用该方法。

```
>>> str(p)
'<__main__.Person object at 0x000001A95986C448>'
```

与__init__方法一样,类本身支持的其他方法也可以进行修改。

例 6.1　修改__str__方法的默认输出。

```
class Person:
  def __init__(self,name,age):
    self.name=name
    self.age=age
  def print(self):
    print(f"Person('{self.name}',{self.age})")
  def __str__(self):
    return f"Person('{self.name}',{self.age})"
p=Person("wangming",20)
print(str(p))                              #str(p)自动调用 p 对象的__str__方法
```

程序运行结果为

```
Person('wangming',20)
```

例 6.2　定义一个学生类,包括学号和姓名属性,输入学号和姓名,将学生信息保存到列表中。

```
class Student:
  def __init__(self,no,name):
    self.no=no
    self.name=name
  def print(self):
    print(f"Student('{self.no}','{self.name}')")
students=[]
while True:
  no=input("please input no:(n to exit)")
```

```
    if no=='n':
      break
    name=input("please input name:")
    stu=Student(no,name)
    students.append(stu)
for stu in students:
    stu.print()
```

6.2　类的继承

类的继承是一种重用类的机制，使用继承可以在原有类的基础上添加属性和方法，设计新类。

6.2.1　派生新类

继承概念源于分类概念，如对学生的分类可用图 6.3 所示的分类树表示。

在图 6.3 中，下面的每一层都比它上面的各层更具体。在某个分类中如果定义了一个属性，则其以下各层分类都自动含有该属性。例如，学生有姓名、学号属性，其以下各层的各类学生也都有姓名、学号属性。

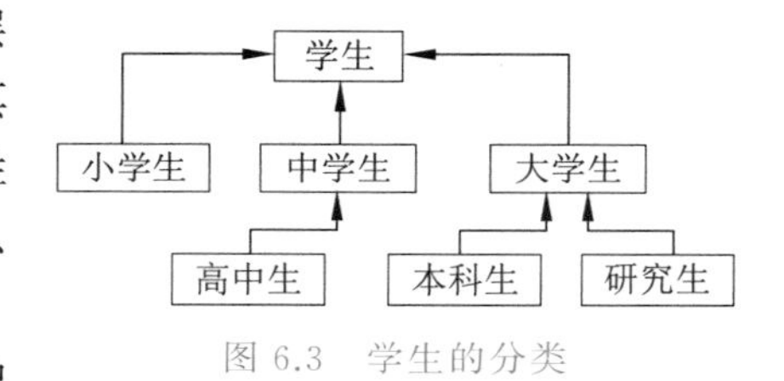

图 6.3　学生的分类

在程序设计语言中，类的继承关系类似于这种分类层次关系。编写类时，并非总是要从空白开始。如果编写的类以另一个已有类为基础，就可以使用类的继承。一个类继承另一个类时，它将自动获得另一个类的所有属性和方法；原有的类称为父类（或基类），而新类称为子类（或派生类）。子类继承父类的所有属性和方法，同时还可以定义自己的属性和方法。

假设学生类（Student）为父类，小学生类（Pupil）为子类。说明小学生类和学生类之间的继承关系可以有多种描述，例如 Pupil 扩展了 Student；Pupil 从 Student 派生而来；Pupil 是 Student 的子类，Student 是 Pupil 的父类（或超类）；Pupil 是一个 Student。

从父类派生子类的格式为

```
class 子类名(父类名):
    语句序列
```

其中，父类名必须与子类名在同一个模块（命名空间）中，如果不在同一个模块，需要使用模块名。

```
class 子类名(模块名.父类名):
    语句序列
```

例 6.3　编写一个小学生类 Pupil，将 Student 类作为 Pupil 的父类。

① 父类与子类在同一模块中。

```
#Student.py
class Student:                    #Student 没有定义父类，默认父类是 Python 的 object 类
  def __init__(self,name,no):
    self.name=name
    self.no =no
  def print(self):
    print(f"Student('{self.name}', '{self.no}')")
class Pupil(Student):
  pass
p=Pupil("liming","210201")
p.print()
```

在 Python 中，pass 表示什么都不做。对 Pupil 类来说，虽然在类的定义中没有定义其他内容，但是它继承了 Student 类的所有变量和方法，Pupil 类仍然是一个完整的定义。

程序运行后的输出结果为

```
Student('liming', '210201')
```

② 父类与子类不在同一模块，Student.py 和 Pupil.py 在同一个目录下。

```
#Student.py
class Student:
  def __init__(self,name,no):
    self.name=name
    self.no =no
  def print(self):
    print(f"Student('{self.name}', '{self.no}')")
#Pupil.py
import Student
class Pupil(Student.Student):
  pass
p=Pupil("liming","210201")
p.print()
```

Python 有两个与继承相关的布尔类型的内置函数。

- isinstance()函数的功能是检查对象的类型。例如，isinstance(obj,int)在 obj 的类型是 int 或从 int 派生的某个类型时，结果为 True。isinstance(p,Student)和 isinstance(p,Pupil)的结果为 True，isinstance(p,int)的结果为 False。
- issubclass()函数的功能是检查类的继承关系。例如，issubclass(bool,int)为 True，因为 bool 是 int 的子类；issubclass(float,int)为 False，因为 float 不是 int 的子类。

6.2.2 增强子类

设计子类通常包括添加变量和添加或重写方法。

1. 重写方法

如果父类的方法不适合于子类,可以对方法进行修改。例如在输出 Pupil 对象时,使用父类的输出方法输出的是 Student('liming', '210201'),原输出方法为

```
def print(self):
  print(f"Student('{self.name}', '{self.no}')")
```

如果想修改输出方法,类可以修改为

```
class Pupil(Student):
  def print(self):
    print(f"Pupil('{self.name}', '{self.no}')")
```

在子类中,修改父类同名方法后,调用时使用的是子类的方法。

2. 调用父类方法

在设计子类过程中,通常需要在父类方法功能基础上扩展新功能。在子类中调用父类方法时,可以使用 super()函数引用父类,再通过点操作符调用父类方法。

例 6.4 以 Student 为父类,设计 Pupil 类,属性包括学号、姓名以及语文、数学、英语成绩。

```
class Student:
  def __init__(self,name,no):
    self.name=name
    self.no=no
  def print(self):
    print(f"Student('{self.name}','{self.no}')")
class Pupil(Student):
  def __init__(self,name,no,Chinese,Math,English):  #子类构造方法
    super().__init__(name,no)                #调用父类构造方法为 name 和 age 赋值
    self.Chinese=Chinese                         #子类中新增加属性
    self.Math=Math
    self.English=English
  def printgrade(self):                          #子类输出方法
    super().print()                              #调用父类输出方法
    print(f"Chinese:{self.Chinese},Math:{self.Math},English:{self.
English}")
p1=Pupil("liping","210201",85,90,92)
p2=Pupil("zhangfang","210202",92,95,98)
```

```
p1.printgrade()
p2.printgrade()
```

在上面的程序中,Pupil 类除了使用继承的 Student 类变量外,又添加了语文、数学、英语三科成绩。对这 5 个变量的初始化仍然使用构造方法完成。在 Pupil 类中重写构造方法后,创建对象时,将调用 Pupil 的构造方法。为实现父类代码的复用,在 Pupil 的构造方法使用 super( ).__init__(name,no)调用父类的构造方法,而不是将父类的构造方法的代码复制一遍。

程序输出结果为

```
Student('liping','210201')
Chinese:85,Math:90,English:92
Student('zhangfang','210202')
Chinese:92,Math:95,English:98
```

子类调用父类方法的过程如图 6.4 所示。

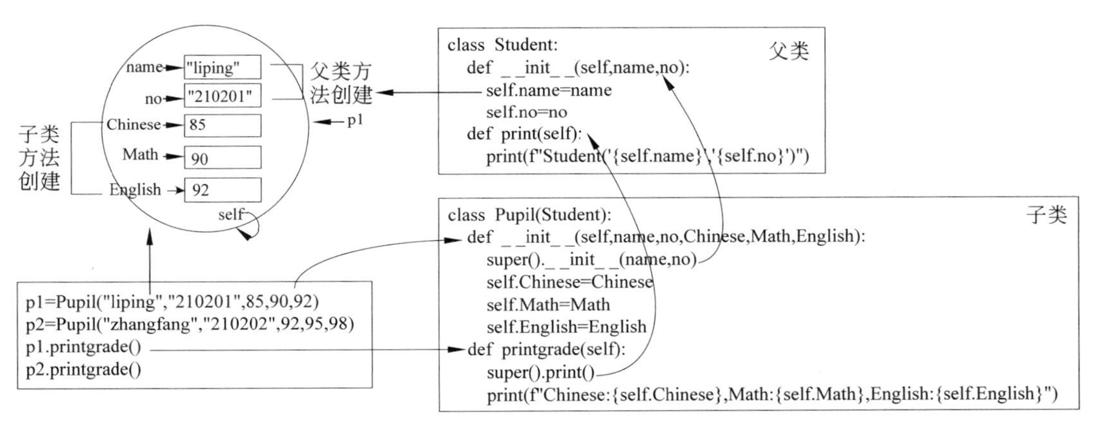

图 6.4 子类调用父类方法

6.3 变量访问控制

类中存储数据使用的变量可根据访问范围,分为类变量、对象变量、私有变量。

6.3.1 对象变量

对象变量即由对象使用的变量,由类创建的每一个独立的对象所使用。每个对象都拥有属于它自己的变量,也就是说,它们不会被共享,如图 6.5 所示。

图 6.5 中的 name、no 等变量都是对象变量,每个对象(如 p1 和 p2)都有自己的 name、no、Chinese、Math 和 English 等变量。

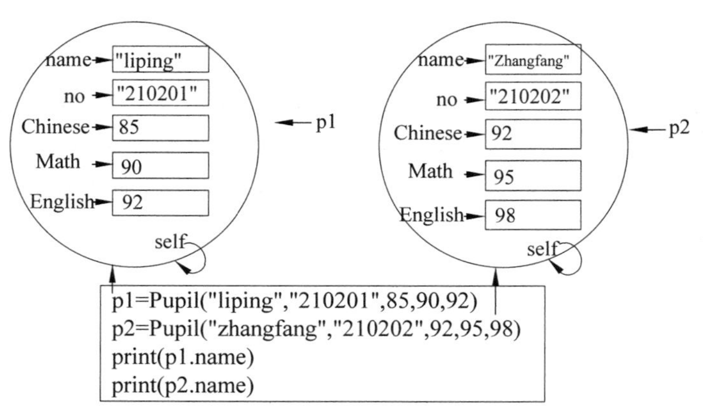

图 6.5　对象变量

在程序中，使用对象变量的格式为

对象名.变量名

例如 p1.name 引用的是 p1 对象的 name 变量，p2.name 引用的是 p2 对象的 name 变量。

对象变量通过赋值语句创建。

（1）在类的方法中创建对象变量

self.变量名=表达式

例如，在 Student 类的构造方法中由 self.name=name 创建的 name 变量。

（2）创建对象后创建对象变量

对象名.变量名=表达式

在语句 p1=Pupil("liping","210201",85,90,92)创建 p1 对象后，如果想新添加体育课成绩，可以用如下语句创建 Sports 对象变量。

```
p1.Sports=90
```

例 6.5　设计一个类，实现记录功能。

记录是将一组相关的数据绑定在一起，用同一个记录变量名称表示，在引用记录的各个字段时，使用变量名称而不是下标。使用类实现记录比前面章节使用字典实现记录还要方便。

```
class StudentRecord:
  pass
sr=StudentRecord()
sr.name="wangming"
sr.no="210201"
sr.Chinese=85
sr.Math=90
```

```
sr.English=92
print(f"Record:'{sr.name}','{sr.no}',{sr.Chinese},{sr.Math},{sr.English}")
```

6.3.2 类变量

类变量是可以被该类的所有对象访问的变量。类变量是所有对象共享的,当任两个对象读写某个类变量时,实际读写的是同一个变量。

类变量的创建方式是将变量放在类中,而不是放在方法中,格式为

```
class 类名:
  类变量赋值
  语句序列
```

例 6.6 使用类变量存储学号。

```
class Student:
  ….                                           #参见例 6.4
class Pupil(Student):
  no_list=[]                                   #类变量
  def __init__(self,name,no,Chinese,Math,English):
    ….                                         #参见例 6.4
  def printgrade(self):
    ….                                         #参见例 6.4
p1=Pupil("liping","210201",85,90,92)
p1.no_list.append(p1.no)                       #在 p1 对象中向类变量添加元素
p2=Pupil("zhangfang","210202",92,95,98)
p2.no_list.append(p2.no)                       #在 p2 对象中向类变量添加元素
print(p1.no_list)                              #在 p1 对象中访问类变量
print(p2.no_list)                              #在 p2 对象中访问类变量
```

程序运行后,输出结果为

```
['210201', '210202']
['210201', '210202']
```

从输出结果可知,对象 p1 和对象 p2 操作的类变量 no_list 实际是同一变量。

6.3.3 私有变量

封装是面向对象程序设计方法的一个重要原则。封装把数据隐藏起来,即尽可能隐蔽对象的内部细节,对数据的访问只能通过已定义的方法。

前面例子中定义的如 Chinese、Math 等对象变量并不符合封装思想,因为我们可以在程序中使用 p1.Chinese=90 这类语句对数据直接修改。对类的数据不进行封装而允许在类的外部直接修改数据确实存在一定的缺陷,例如如果不小心将赋值的常数输错。

```
p1.Chinese=900
```

对于常规的 Python 变量,无法对赋给它的值加以限制。如果通过类的方法访问数据,就可以在方法中用程序对异常数据加以限制。

实现数据封装需要将变量设置为私有变量,然后再设计函数(方法),为外部访问私有变量提供接口。

1. 私有变量

私有变量是只能在对象内部访问的变量。在 Python 中,并不存在私有变量,但是根据变量的命名约定,可以近似实现私有变量。

在 Python 中,访问以双下画线开头的对象变量(如__age)有特殊的约定。

- 在类的内部,通过 self. __age 访问变量。
- 在类的外部,通过加类名前缀访问变量,如 p1._Person__age。

例 6.7 使用含双下画线的对象变量名。

```
class Person:
  def __init__(self,name='',age=0):
    self.name=name
    self.__age=age          #对象变量名为双下画线开头
  def print(self):
    print(f"Person('{self.name}',{self.__age})")
                            #类内部对双下画线开头变量正常访问
p1=Person("wangming",20)
p1.print()
print(p1._Person__age)      #使用对象访问变量时,需要加类名前缀,p1.__age 找不到变量
print(p1.name)
```

用双下画线命名的变量模拟私有变量虽然不能禁止直接修改内部变量,但是无意间写的对象变量赋值语句是找不到变量的,这样就避免了可能产生的赋值错误。

2. 使用装饰器修改 getter 和 setter 方法

读和写对象变量分别称为获取和设置。例如

```
print(p1.name)              #获取对象 p1 的 name 变量值并输出
p1.name="wangming"          #设置对象 p1 的 name 变量的值为"wangming"
```

在大部分程序设计语言中,将获取对象变量的方法称为 getter,将设置对象变量的方法称为 setter。getter 方法返回的是对象变量的取值,setter 方法是用参数设置对象变量的值。

例 6.8 为类设计方法访问私有变量。

```
class Person:
  def __init__(self,name='',age=0):
    self.name=name
```

```
    self.__age=age          #私有变量
  def print(self):
    print(f"Person('{self.name}',{self.__age})")
  def getAge(self):         #getter 方法,获取私有变量取值
    return self.__age
  def setAge(self,age):     #setter 方法,设置私有变量取值
    if age>0 and age<150:   #不合理的数值禁止赋值
      self.__age=age
p1=Person("wangming",20)
p1.print()
p1.setAge(19)               #调用 setter 方法,设置__age 变量值
print(p1.getAge())          #调用 getter 方法,获取__age 变量值
```

程序运行后输出结果为

```
Person('wangming',20)
19
```

使用 p1.setAge(19)和 p1.getAge()与使用 p1.age=19 和 p1.age 相比显得很烦琐。为消除这种使用上的差异,可以使用属性装饰器修改 getter 和 setter 方法。

装饰器是 Python 中的一种通用结构,用于系统地修改既有函数。装饰器通常放在函数开头,以@字符开始。装饰器处理的函数 Python 在解释时不再按普通的函数解释。

```
@property
def age(self):
  return self.__age
```

这个 age()方法实现的是 getter 功能。在 age()方法前面加上@property,出了这是一个不带参数的 getter 方法,方法名称将被用于获取变量。使用时把方法当成属性来用,也就是用方法名 age 就可获取调用 age()的返回值。例如,print(p1.age)等效于 print(p1.age())。

```
@age.setter
def age(self,age):
  if age>0 and age<150:
    self.__age=age
```

这个 age()方法实现的是 setter 功能。在 age()方法前面加上@age.setter 指出了 age 是一个带参数的 setter 方法,方法名称将被用于设置变量。例如,p1.age=19 等效于 p1.age(19)。

例 **6.9** 具有数据检查功能的 Person 类。

```
class Person:
  def __init__(self,name='',age=0):
    self.__name=name        #__name 为私有变量
    self.__age=age          #__age 为私有变量
```

```
    def print(self):
      print(f"Person('{self.__name}',{self.__age})")
    @property
    def age(self):
      return self.__age
    @age.setter
    def age(self,age):
      if age>0 and age<150:
        self.__age=age
    @property
    def name(self):
      return self.__name
    @name.setter
    def name(self,name):
      if len(name)>0:
        self.__name=name
p1=Person("wangming",20)
p1.print()
p1.name=""                  #调用 setter 方法 name,空串不符合条件,不设置私有变量
p1.age=190                  #调用 setter 方法 age,190 不符合条件,不设置私有变量
print(p1.name,p1.age)       #调用 name 和 age 两个 getter 方法,得到私有变量值
```

该程序与前面介绍的 Person 类在使用上没有差别,但是这个 Person 类能够检查数据是否合理,程序执行流程如图 6.6 所示。

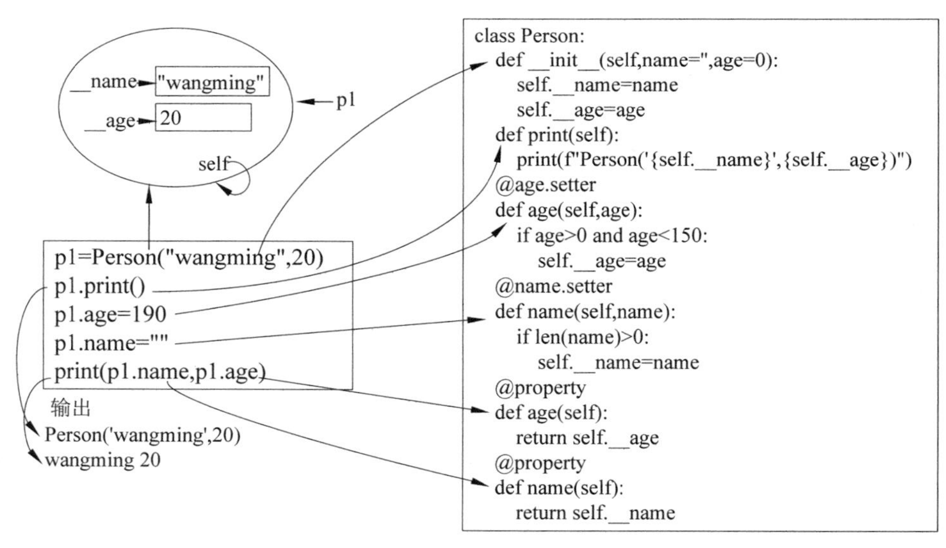

图 6.6　程序执行过程

习 题 6

一、选择题

1. Python 定义类的保留字是(　　)。

   A. def　　B. class　　C. object　　D. init

2. 关于 Python 类的说法错误的是(　　)。

   A. 类的方法必须创建对象后才可以调用

   B. 类的方法必须创建对象前才可以调用

   C. 类的方法可以用对象名来调用

   D. 类的属性可以用对象名来调用

3. 定义类如下。

```
class hello():
  def showInfo(self):
    print(self.x)
```

下面描述正确的是(　　)。

   A. 该类不可以实例化

   B. 该类可以实例化

   C. 出现语法错误,self 没有定义

   D. 该类可以实例化,并且能正常通过对象调用 showInfo()

4. 定义类如下。

```
class Hello():
  def __init__(self,name)
    self.name=name
  def showInfo(self)
    print(self.name)
```

下面代码能正常执行的是(　　)。

   A. h=Hello
      h.showInfo()

   B. h=Hello()
      h.showInfo('张三')

   C. h = Hello('张三')
      h.showInfo()

   D. h=Hello(' admin')
      showInfo

5. 关于继承,以下选项中描述正确的是(　　)。

   A. 继承是指一组对象所具有的相似性质

   B. 继承是指类之间共享属性和操作的机制

   C. 继承是指各对象之间的共同性质

   D. 继承是指一个对象具有另一个对象的性质

6. 在类的定义中，具有四个形式参数的方法定义通常在调用时有(　　)个实际参数。

A. 2　　B. 3　　C. 4　　D. 5

7. 类的方法定义类似于(　　)。

A. 循环　　B. 模块　　C. 导入语句　　D. 函数定义

8. 在一个类的方法定义中，可以通过表达式(　　)访问对象变量 x。

A. x　　B. self.x　　C. self[x]　　D. self.getX()

9. 定义一个类的“私有”变量时，Python 的惯例是变量名称以(　　)开始。

A. private　　B. 井号(#)　　C. 下画线(_)　　D. 连字符(-)

10. 定义类如下。

```
class Car():
  def __init__(self,color):
    self.__color = color
car=Car("red")
```

在类的外部程序中使用 car 的对象变量__color 的方法是(　　)。

A. car.__color　　B. car.color

C. self. __color　　D. car._Car__color

二、编程题

1. 定义一个表示矩形的类 Rectangle。类支持的方法如下。

- __init__(self,width,length)：输入参数 width 和 length，用于设置矩形的宽度和长度。
- perimeter(self)：返回矩形的周长。
- area(self)：返回矩形的面积。

```
>>> rectangle=Rectangle(3,4)
>>> rectangle.perimeter()
14
>>> rectangle.area()
12
```

2. 修改上题的矩形类 Rectangle，使类创建对象时也支持不带宽度和长度的参数。添加类方法如下。

```
setSize(self,width,length):设置矩形的宽度和长度。
>>> rect1=Rectangle(3,4)
>>> rect1.area()
12
>>> rect2=Rectangle()
>>> rect2.setSize(3,4)
>>> rect2.area()
```

```
12
```

3. 定义一个 Point 类，表示平面上的一个点。如图 6.7 所示，一个点由其 x 坐标和 y 坐标来定义。为类 Point 定义如下方法。

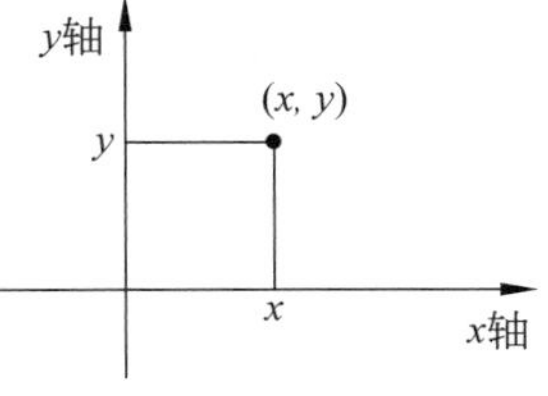

图 6.7 平面上的一个点

- setx(self,xcoord)：把 x 坐标设置为 xcoord。
- sety(self,ycoord)：把 y 坐标设置为 ycoord。
- get(self)：返回 x 坐标和 y 坐标，结果为一个元组 (x,y)。

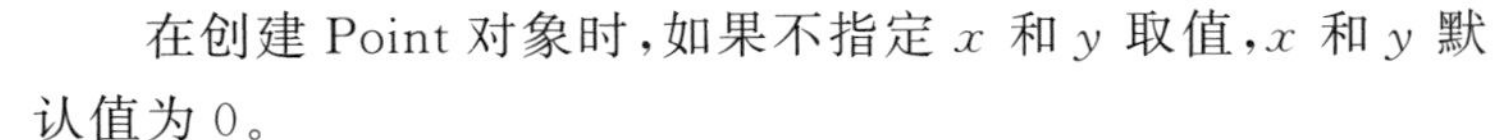

在创建 Point 对象时，如果不指定 x 和 y 取值，x 和 y 默认值为 0。

```
>>> point=Point()
>>> point.get()
(0,0)
>>> point.setx(3)
>>> point.sety(4)
>>> point.get()
(3,4)
```

4. 在类 Point 中添加一个方法 distance( )，带一个输入参数(另一个 Point 对象)。方法返回两个点间的距离。

```
>>> p1=Point(3,4)
>>> p2=Point(0,4)
>>> p1.distance(p2)
3.0
```

5. 创建一个 Segment 类，表示平面上的一个线段，支持下列方法。

- __init__( )：构造函数，带两个输入参数(一对表示线段端点的 Point 对象)。
- length( )：返回线段的长度。
- slope( )：返回线段的斜率。

6. 实现一个 Person 类，支持如下方法。

- __init__( )：构造函数，带两个输入参数——姓名(字符串)和出生年份(整数)。
- age( )：返回年龄。
- name( )：返回姓名。

使用标准库模块 time 中的 localtime()方法可以获取当前时间，用 time.localtime().tm_year 获取当前年份。

7. 以 Person 类为父类，设计 BMI 类，用于计算身体质量指数。该指数等于体重(千克)除以身高(米)的平方。体重过轻：BMI＜18；体重正常：BMI ＝18～25；体重过重：BMI＞25。要求类方法中包含如下方法。

- getStatus( )：返回包括姓名、年龄、身份状况等的信息。
- getBMI( )：返回 BMI 值。

8. 设计一个立方体类 Box，定义三个属性，分别是长、宽、高。定义两个方法，分别计算并输出立方体的体积和表面积。

9. 设计一个 Student 类，这个类包括姓名(name)、性别(sex)和成绩(score)三个对象变量。类支持如下方法。

- 以 name、sex、score 为参数的构造方法。
- 三个对象数据的 get()方法。
- 将字符串(各数据项间用逗号分隔)转换成 Student 类的实例的函数 makestudent (studentstring)。

编写测试程序，生成一组 Student 对象，打印成绩最高分的信息及不及格的名单。

10. 编写出一个通用的人员类(Person)，该类具有姓名(name)、年龄(age)、性别(sex)等属性。然后通过对 Person 类的继承得到一个学生类(Student)，该类能够存放学生的 5 门课的成绩并能求出平均成绩。最后在测试函数中对 Student 类的功能进行验证。

11. 线性同余法从一个给定的种子数 x 开始产生一个数字序列。序列中的每个数将通过在前一个序列数 x 上应用函数 $f(x)$ 而求得。$f(x)=(ax+c)\bmod m$，其中，a 称为乘子，c 称为增量，m 称为模数。

例如，如果 $m=31$、$a=17$ 和 $c=7$，则从种子 $x=12$ 开始，线性同余法生成下列数值序列。

12,25,29,4,13,11,8,19,20,…

也就是 $f(12)=25$，$f(25)=29$，$f(29)=4$。

实现类 Pseudorandom，使用线性同余发生器生成一系列伪随机数。要求类支持下列方法。

- __init__( )：构造函数，带 4 个输入参数(a、x、c 和 m)并初始化 Pseudorandom 对象。
- next( )：产生并返回伪随机序列中的下一个值。

第7章

输入和输出

在计算机系统中，程序和数据以文件的形式存储在磁盘上。很多标准输入/输出设备（如显示器、键盘）的输入/输出数据方式类似于文件。本章介绍输入/输出中的格式设置及文件读写方法。

7.1 设置字符串格式

将数据输出到显示器或存储到文件时通常需要指定某种输出格式。Python 提供了很多设置字符串格式的方法，这些方法中既有 Python 所有版本都支持的方法，也有比较新的需要 Python 高版本支持的方法。

7.1.1 字符串插入

字符串插入是一种设置字符串格式的简单方法，是从 C 语言的格式输出借鉴过来的。字符串插入就是将变量以某种格式插入字符串中。例如

```
>>> x=1/7
>>> print(x)
0.14285714285714285
>>> "1/7=%.2f" % x
'1/7=0.14'
```

在"1/7=%.2f" % x 中，子串%.2f 是一个格式声明，Python 获取后面提供的第一个变量值(x)，将 x 转换成包含两位小数的浮点数格式，插到格式声明的%.2f 位置。

字符串插入的一般形式为

```
格式控制字符串 % 变量或变量元组
```

格式控制字符串是用双引号括起来的字符串，用于指定字符串格式，包含两类信息。

- 格式声明。格式声明由%和格式字符组成，如%d、%f 等。格式声明用来说明变量的格式，如类型、长度、小数位数等。Python 在解释时，按照声明的格式将变量

插到字符串中。

• 普通字符。包括普通字符和转义符,在生成的新字符串中内容保持不变。

变量或变量元组中给出要插入的各个变量,数量和类型要与格式声明一一对应。

格式字符如表 7-1 所示。

表 7-1 格式字符

格式字符	表示含义	格式字符	表示含义
d	整数	e	小写科学记数法表示的浮点数
o	八进制数	E	大写科学记数法表示的浮点数
x	小写十六进制数	f	浮点数
X	大写十六进制数	s	字符串
%	%字符		

在有多个格式声明时,多个变量以元组形式提供给格式控制字符串。

```
>>> y=57
>>> "y=%dD=%oO=%xH" % (y,y,y)
'y=57D=71O=39H'
>>> a,b,c='cat',3.50,6
>>> s="There's %d %ss older than %.1f years" % (c,a,b)
>>> s
"There's 6 cats older than 3.5 years"
```

格式声明与变量的对应关系如图 7.1 所示。

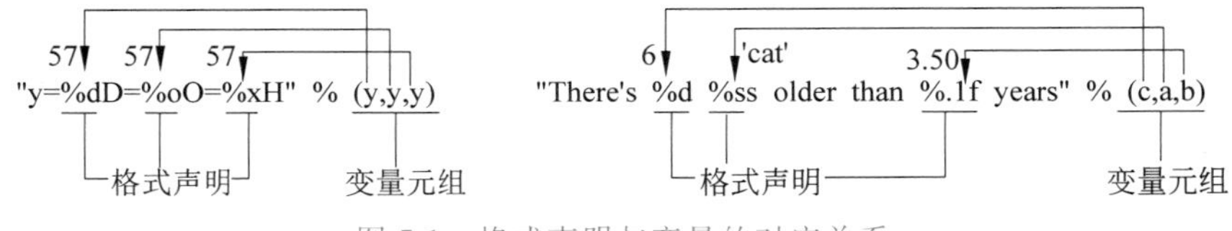

图 7.1 格式声明与变量的对应关系

在格式声明中,除了使用格式字符指明数据类型外,在格式字符前也可以加入一些可选项,指明对齐方式、宽度、小数位数等。格式声明的一般表示形式为

```
% [align][width][.precision] 格式字符
```

其中 align 表示对齐方式,可以取+、-、' '或 0。+表示右对齐(默认);-表示左对齐;' '为一个空格,表示在正数的左侧填充一个空格,从而与负数对齐;0 表示左侧使用 0 填充。

另外,width 表示显示宽度;precision 表示小数位数。

例 7.1 输出 1~100 间的所有数,每行 10 列,每列占 8 个字符宽度(含数字)。

```
for i in range(1,101):
```

```
if (i-1)%10==0:                      #10 列输出一个换行
  print()
print("%8d" % i,end="")              #数字按十进制输出,宽度为 8
```

程序输出结果如图 7.2 所示。

1	2	3	4	5	6	7	8	9	10
11	12	13	14	15	16	17	18	19	20
21	22	23	24	25	26	27	28	29	30
31	32	33	34	35	36	37	38	39	40
41	42	43	44	45	46	47	48	49	50
51	52	53	54	55	56	57	58	59	60
61	62	63	64	65	66	67	68	69	70
71	72	73	74	75	76	77	78	79	80
81	82	83	84	85	86	87	88	89	90
91	92	93	94	95	96	97	98	99	100

图 7.2　列宽为 8 的输出

7.1.2　使用 format()方法格式化字符串

在 Python 中,另一种创建格式字符串的方法是结合使用格式字符串和字符串对象的 format()方法,Python 2.6 及更高版本都支持 format()方法。

1. 替换占位符

format()方法可以格式化指定的值并将其插入格式字符串的占位符内。

```
>>> txt="My pet is a {pet}"
>>> txt.format(pet="dog")
'My pet is a dog'
```

占位符使用大括号{}定义。在格式字符串中,{}括起来的内容在执行 format()方法时都会被替换。在"My pet is a {pet}"字符串中,{}中的 pet 是一个变量名,执行 format 时用变量的取值替换{pet}。

在占位符内容为变量名时,format()方法的参数列表中需要指定变量名称。在格式字符串包括多个占位符时,参数列表中变量的次序可以与格式字符串中的次序不一致。

```
>>> txt="{name},good {time}"
>>> txt.format(time="afternoon",name="wangming")
'wangming,good afternoon'
```

除了可以使用变量作为占位符的索引外,也可以使用位置作为占位符的序号,如{0}、{1}等。

```
>>> "{0},good {1}".format("wangming","afternoon")
'wangming,good afternoon'
>>> "{} {}".format("hello", "world")          #不设置指定位置,按默认顺序
'hello world'
```

2. 使用格式声明

在格式字符串中，格式声明放在{}中，一般形式为

{变量或位置序号:格式声明}

变量或位置序号(从 0 开始)与格式声明间用冒号分隔。format()方法执行时将以指定的格式替换占位符内容。

```
>>> "The book sells for {price:.2f} yuan.".format(price=20.5)
                                              #小数点后保留 2 位的浮点数
'The book sells for 20.50 yuan.'
>>> "1/7={x:.3f}".format(x=1/7)               #表达式求值后赋值给 x,小数点后保留 3 位
'1/7=0.143'
```

与字符串插入相比，格式字符串更灵活、更强大，支持的格式更丰富。例如

- 增加了二进制数格式字符 b 和百分数格式字符%。
- 增加了数值的千分位分隔符(,)。
- 增强了对齐方式，用>、<、^表示右对齐、左对齐和居中对齐。

```
>>> s='PYTHON'
>>> "{lang:30s}".format(lang=s)
'PYTHON                        '
>>> "{lang:>30s}".format(lang=s)     #字符串宽度为 30,右对齐
'                        PYTHON'
>>> "{lang:*^30s}".format(lang=s)    #*表示空位填充*,字符串宽度为 30,居中对齐
'************PYTHON************'
>>> digit=1234567.23423522342
>>> "{d:20,.6f}".format(d=digit)     #数据宽度为 20,千分位分隔,6 位小数
'    1,234,567.234235'
```

格式声明的参数可以用{}括起来放在占位符中，通过 format 参数为格式参数赋值。

```
>>> "1/7={x:.{d}f}".format(x=1/7,d=3)
'1/7=0.143'
```

在格式字符串中，有可能会使用字符"{"和"}"。由于"{"和"}"表示的是占位符，有特殊含义，因此在使用字符"{"和"}"时需要进行转义。用{{表示字符{，用}}表示字符}。

7.1.3 使用 f-string 格式字符串

Python 3.6 及以后版本支持一种更简便的创建格式字符串的方法 f-string。

```
>>> name = "Eric"
>>> age = 74
>>> f"Hello, {name}. You are {age}."
```

```
'Hello, Eric. You are 74.'
```

f-string 方法是在格式字符串开头加上一个字母 f 或 F，形成 f"" 的格式。格式字符串中的"{变量}"可以直接用变量替换。

{}中除了放置变量外，也可以是任意的表达式或函数。

```
>>> f"{2 * 37}"
'74'
>>> name="Eric"
>>> f"{name.lower()}"
'eric'
```

在 f-string 中，{}中添加格式控制的格式为

```
{表达式:格式声明}
```

格式声明支持的格式与 format()方法相同。

例 7.2　输出 1～15 的二、八、十、十六进制数值表。

```
bases ={"b": "bin","o": "oct","x": "hex","X": "HEX","d": "decimal"}
for i in range(1,16):
  for base in bases.keys():
    print(f"{i:5{base}}",end="")
  print()
```

7.2　文　　件

程序和数据都存放在内存(RAM)中，例如前面学习的从键盘输入学生成绩并用列表保存，这些输入的数据都存储在内存中。RAM 中的内容不会长久保存，断电后会自动消失。如果想长久保存程序或数据，必须将它们保存在非易失性介质(硬盘、U 盘等)上。在计算机系统中，硬盘是长期保存程序和数据(持久化存储)的辅助存储设备，如操作系统的系统程序、Python 的安装程序、编写的程序文件都存储在硬盘上。与键盘、显示器只能完成输入或输出不同，硬盘既可以进行输入(从硬盘读)，也可以进行输出(向硬盘写)。

7.2.1　磁盘

我们以常用的磁介质硬盘(磁盘)为例说明文件存储方式。磁盘结构如图 7.3 所示。

- 磁盘：磁盘由一个或多个圆盘组成，它们围绕一根中心主轴旋转，一般磁盘转速为 5400 或 7200 转/分钟。圆盘的上下表面涂抹了一层磁性材料，二进制位被存储在这些磁性材料上。其中，0 和 1 在磁材料中表现为不同的模式。
- 磁头：每个盘面有一个磁头，用于读写磁盘上存储的二进制数据。磁头使用机械

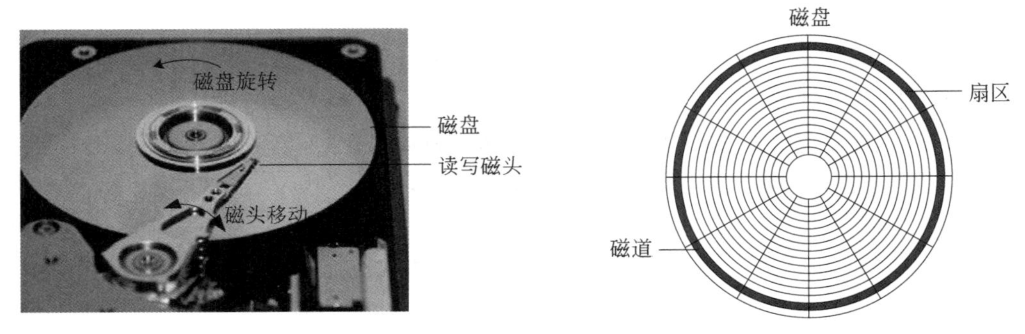

图 7.3　磁盘结构

结构沿磁盘的径向移动，移动速度比较慢，远低于磁盘的转速。移动磁头并旋转磁盘，定位到指定位置，每秒钟只能完成几千次。因此，为提高读写效率，读写一次不是读写 1 字节，而是连续的数千个字节。

- 磁道：磁道是单个盘面上的同心圆。当磁盘旋转时，磁头若保持在一个位置上，则会在磁盘表面划出一个圆形轨迹，这些圆形轨迹就称作磁道。一个盘面上的磁道可以有成千上万个。
- 扇区：磁盘上的每个磁道被等分为若干个弧段，这些弧段便是硬盘的扇区。扇区是读写磁盘的最基本单位。扇区的大小与内存一样，以字节为单位。在 Windows 系统中，在进行磁盘格式化时可以指定扇区大小，如 4096 字节、8192 字节等。

例 7.3　假设一个扇区的大小为 4096 字节，1TB 的磁盘有多少个扇区？

1TByte＝1024 * 1GByte＝1024 * 1024 * 1MByte＝1024 * 1024 * 1024 * 1KByte＝2^{40}Byte

4096Byte＝2^{12}Byte

因此，1TB 磁盘包含的扇区数量为 $2^{40}/2^{12}=2^{28}$。

7.2.2　文件读写过程

1. 关于文件

文件一般是指存储在外部介质上的数据的集合。一批数据存储在磁盘上会占用若干个扇区。这些扇区可能是一个磁道上连续的几个扇区，也可能是不连续的扇区，甚至在不同磁道上。操作系统以文件为单位对数据进行管理，每个文件都有一个文件名作为自己唯一的标识。

2. 文件系统读文件的过程

每一种操作系统都有负责管理和存储文件的软件，称为文件系统，如 Windows 系统的 NTFS。文件系统在其专用磁盘扇区中存储了每个文件的信息，如名称、存储位置、大小、修改时间等。利用这些信息，给定一个文件名，文件系统就可以找到文件存储位置，然后从磁盘的特定扇区读取数据。

例如，在图 7.4 中，Person.py 和 Pupil.py 文件存储在磁盘上（未考虑目录）。Person.py 文件内容存储在 111 扇区，Pupil.py 文件内容存储在 110 和 112 扇区，文件名及文件相关信息存储在文件系统专用扇区中。扇区大小为 4096 字节。

- 读 Person.py 文件。首先到文件系统数据区查找文件名 Person.py，找到文件存储在 111 扇区，大小为 326 字节；然后将磁头定位到 111 扇区所在磁道，当磁盘旋转到 111 扇区起始位置时，读整个扇区内容到文件缓冲区（大小一般与扇区相同）中；最后程序再从文件缓冲区中读 326 字节内容。
- 读 Pupil.py 文件。首先到文件系统数据区查找文件名 Pupil.py，找到文件存储在 110 和 112 扇区，大小为 5028 字节；将磁头定位到 110 扇区所在磁道，当磁盘旋转到 110 扇区起始位置时，读整个扇区内容到文件缓冲区中；程序从文件缓冲区读取全部内容后，再通知磁盘驱动器读 112 扇区内容；将 112 扇区内容全部读到缓冲区中；程序从文件缓冲区中读 932 字节内容。

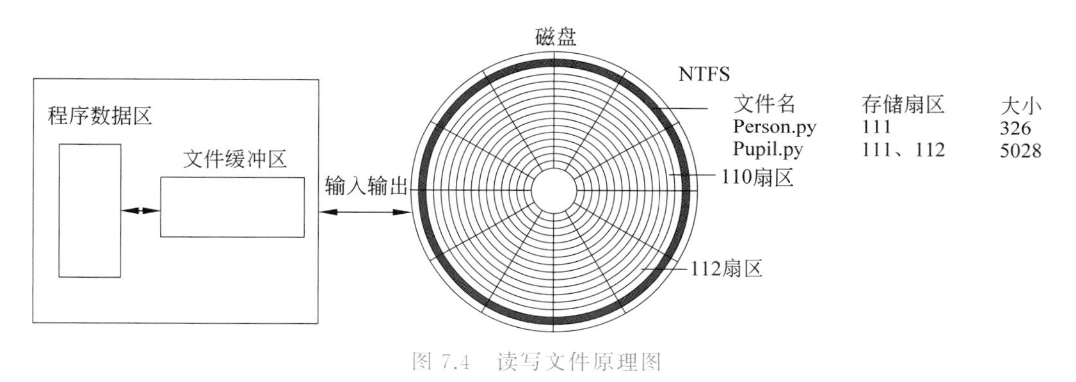

图 7.4　读写文件原理图

3. 文件缓冲区

在读写文件时，操作系统自动地在内存中为程序中每一个正在使用的文件开辟一个文件缓冲区。读文件时，当前读的扇区内容全部读到文件缓冲区中，再由程序从文件缓冲区中读数据。写文件时，从内存向磁盘输出的数据必须先送到文件缓冲区中，装满缓冲区后才一起写到磁盘上。因此，在写操作（向文件进行输出）结束时，必须保证写的内容能够写到磁盘上，具体实现方法后面介绍。

7.2.3　文件名

为方便文件管理和分类，所有的操作系统都使用文件夹来存储文件和其他文件夹。文件夹也称为目录。大多数文件系统的文件夹结构都庞大而复杂，是一种树形的结构，如图 7.5 所示。在文件系统的目录树中，最顶层的是根目录。从根目录向下，每个目录可能包含若干个子目录或文件。

1. 路径

在目录树中，即使有同名文件，只要两个文件所在目录不同，从根目录到文件的路径也是不同的。Windows 使用反斜杠(\)来分隔路径中的文件名或目录名并以盘符(这里是 C:)开头。例如，在图 7.5 所示的 Windows 目录树中，Python 安装目录的完整路径名为 c:\Python37，记事本程序目录的完整路径名为 c:\Windows\System32。

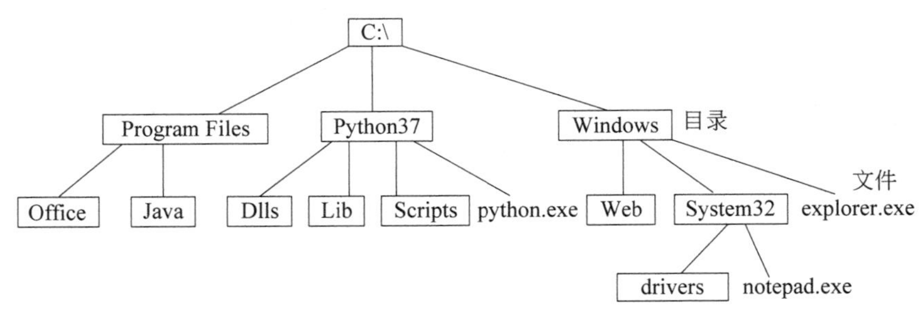

图 7.5　目录树

在 Linux 系统中，使用斜杠(/)来分隔名称，且不以盘符开头。例如，Linux 系统的桌面文件夹路径名可以为/home/wdd/Desktop。

2. 文件命名

各个操作系统的文件命名规则有所不同，文件名的格式和长度因系统而异。常见的文件名由两部分组成。

文件名.扩展名

文件名与扩展名都是由字母或数字组成的字符串。文件名由用户自由定义，而文件的扩展名则是代表了不同的文件类型。例如，在 Windows 下，可执行文件的扩展名为.exe，Python 程序文件的扩展名为.py，Word 文档的扩展名为.doc 或.docx。

在一个目录下，不能有同名的文件。

一个文件要有一个唯一的文件标识，由于不同目录下可以有同名文件，因此一个文件的标识应该为

路径名+文件名

例如 notepad.exe 的完整名称为 c:\Windows\System32\notepad.exe。

在 Python 中，目录名和文件名的表示方法是一样的，都用字符串表示。

7.2.4　检查文件和文件夹

Python 提供了很多函数，用于获取文件和文件夹的相关信息。这些函数不是内置函数，而是位于 os 模块下，使用时需要先用 import 进行导入。

1. os.path.isfile(p)

功能：当路径 p 表示的是一个文件名时，返回 True，否则返回 False。

```
>>> import os
>>> p1="c:\\Python37"
>>> os.path.isfile(p1)
False
>>> p2="c:\\Python37\\python.exe"
>>> os.path.isfile(p2)
True
```

因为文件夹路径或文件路径中包括反斜杠\，\是转义字符，所以在字符串中必须使用“\\”。为避免使用两个反斜杠，也可以使用原始字符串，在原始字符串前加 r；或者像 Linux 那样使用斜杠(/)分隔路径中的各个文件夹名称。

```
>>> import os
>>> p3=r"c:\Windows\System32\notepad.exe"
>>> os.path.isfile(p3)
True
>>> p4="c:/Windows/System32/notepad.exe"
>>> os.path.isfile(p4)
True
```

2. os.path.isdir(p)

功能：当路径 p 表示的是一个文件夹名时，返回 True，否则返回 False。

```
>>> import os
>>> p=r"c:\Windows\System32"
>>> os.path.isdir(p)
True
```

3. os.listdir(p)

功能：返回一个字符串列表，包含 p 文件夹中所有的文件和子文件夹名称。

```
>>> import os
>>> p="c:\\Python37"
>>> os.listdir(p)
['DLLs', 'Doc', 'include', 'Lib', 'libs', 'LICENSE.txt', 'NEWS.txt', 'python.
exe', 'python3.dll', 'python37.dll', 'pythonw.exe', 'Scripts', 'tcl', 'Tools',
'vcruntime140.dll']
```

Python 文件夹下的子文件夹和文件如图 7.6 所示，listdir()函数返回的是按字母升序排列的 Python 文件夹下的文件和子文件夹名称列表。

名称	修改日期	类型	大小
DLLs	2020-06-19 21:37	文件夹	
Doc	2020-06-19 21:37	文件夹	
include	2020-06-19 21:37	文件夹	
Lib	2020-06-19 21:37	文件夹	
libs	2020-06-19 21:37	文件夹	
Scripts	2020-06-19 21:37	文件夹	
tcl	2020-06-19 21:37	文件夹	
Tools	2020-06-19 21:37	文件夹	
LICENSE	2019-07-08 20:38	文本文档	30 KB
NEWS	2019-07-08 20:38	文本文档	676 KB
python	2019-07-08 20:36	应用程序	98 KB
python3.dll	2019-07-08 20:35	应用程序扩展	58 KB
python37.dll	2019-07-08 20:35	应用程序扩展	3,661 KB
pythonw	2019-07-08 20:36	应用程序	97 KB
vcruntime140.dll	2019-07-08 19:24	应用程序扩展	88 KB

图 7.6 Python 文件夹

4. 相对路径

路径可以分为两类，即绝对路径和相对路径。

绝对路径是指从根向下直到具体文件的完整路径。如前面用的 c:\Windows\System32\notepad.exe 就是绝对路径。但是，绝对路径有可能特别长；更麻烦的是，在一个操作系统下写的程序要到另一个操作系统上运行，如果使用绝对路径，要求两个操作系统具有相同的目录树结构，这显然是不灵活的。为解决这些问题，在程序中可以使用相对路径。

相对路径是指目标文件的位置与当前所在文件夹的路径关系。它包含两个符号，即“.”和“..”，其中“.”表示当前文件夹，而“..”表示父文件夹。

与当前文件夹相关的函数有两个。

(1) os.getcwd()

功能：返回当前工作文件夹名称。

```
>>> import os
>>> os.getcwd()
'C:\\Users\\Administrator'
```

(2) os.chdir(p)

功能：将当前工作文件夹设置为路径 p。

```
>>> import os
>>> p="c:\\Python37"
>>> os.chdir(p)                        #将当前文件夹设置为 c:\Python37
>>> os.getcwd()
'c:\\Python37'
>>> os.path.isfile("./python.exe")     #.表示当前文件夹，当前文件夹下的 python.exe
                                       #文件
```

```
True
>>> os.path.isfile("python.exe")      #不加任何路径表示当前文件夹下的python.exe
                                        文件
True
>>> os.path.isfile("../Windows/System32/notepad.exe")  #..表示父文件夹,参见
                                                        #图7.5目录树
True
```

5. os.stat(fname)

功能：返回 fname 文件的信息，如文件大小、修改时间等。

```
>>> import os
>>> fname="c:\\Python37\\python.exe"
>>> os.stat(fname)                     #返回文件信息
os.stat_result(st_mode=33279, st_ino=6473924465032014, st_dev=2496342603, st_
nlink=1, st_uid=0, st_gid=0, st_size=99856, st_atime=1592573824, st_mtime=
1562589378, st_ctime=1562589378)
>>> os.stat(fname).st_size             #用点操作符从返回的信息中取文件大小
99856
```

例 7.4　编写函数，获取指定文件夹下的.py 文件列表。

```
import os
def listfile(path=None):
  if path= =None:
    path=os.getcwd()#不设置路径时取当前文件夹
  else:
    os.chdir(path)   #listdir()返回值不包含路径,使用isfile()时需要使用相对路径
  flist=[]
  for p in os.listdir(path):          #p为文件或子文件夹名,不是绝对路径
    if os.path.isfile(p) and p.endswith(".py"):
      flist.append(p)
  return flist
print(listfile("f:\\pythonexp"))      #测试函数功能,f:\\pythonexp为包含.py文件的
                                       #文件夹
```

7.3　读写文本文件

文件本质上就是一组存储在磁盘、U 盘等存储设备上的二进制位。在读写文件时，可将文件分为两类：文本文件和二进制文件。

7.3.1 文本文件与二进制文件

文本文件实质上是存储在磁盘上的字符串，存储的内容中只有 ASCII 字符或汉字。二进制文件可以存储任何类型的数据，如整数、浮点数、字符串或其他类型的数据，可执行程序、图像、音频和视频等都是二进制文件。

Python 程序文件、TXT 文件和 HTML 文件等都属于文本文件，文本文件可以使用任何文本编辑器编辑，且相对容易阅读和修改。例如，使用记事本程序编辑图 7.7 所示内容，当保存到文件中时，每个字符占 1 个字节。'A'、'B'、'1'和'2'的 ASCII 码分别为 41H、42H、31H 和 32H。

在文本文件中，每一行结束会有一个回车字符和一个换行字符，ASCII 码分别为 0DH 和 0AH。

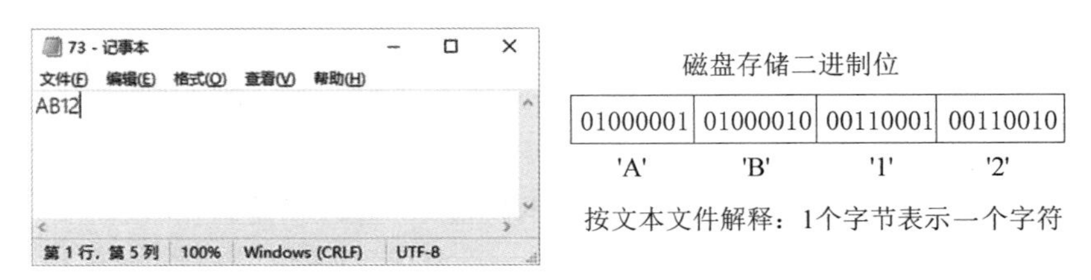

图 7.7 文本文件编辑

在二进制文件中，每个字节可以取任意值。除了字符串外，二进制文件还可以包括其他类型数据，因此文本文件只是二进制文件的一个子集。很多类型的二进制文件(如图片、doc 文档、MP3 音频文件等)都有固定的格式。在这些二进制文件中，很多内容不是 ASCII 字符或汉字，使用文本编辑器打开时显示的是一堆乱码。二进制文件通常需要使用特定的程序才能打开。例如，JPEG、BMP 等格式的图像文件需要使用画图程序或其他的图像程序打开才能显示图像；doc 或 docx 文档文件需要使用 Microsoft Word 等程序打开才能查看文档内容。

对于数值来说，可以用文本形式存储到文件中，也可以用二进制数形式存储到文件中。对于同一个文件，按照文本解释或者按照二进制解释，其结果是不同的。例如，图 7.7 所示文件中保存的 4 个字节既可以解释成'AB12'字符串，也可以解释成两个整数 16706 和 12594，如图 7.8 所示。

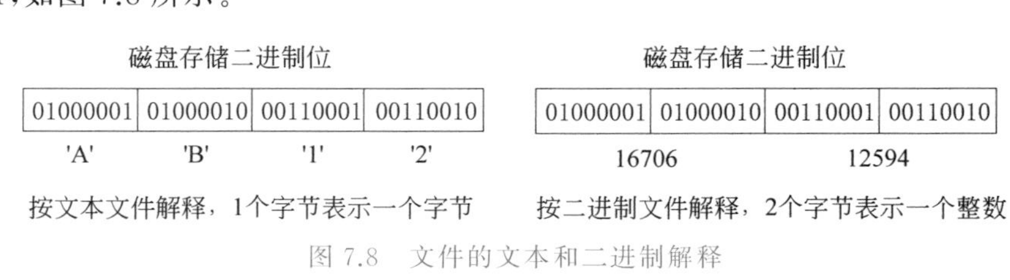

图 7.8 文件的文本和二进制解释

7.3.2 顺序读文本文件

在 Python 中，处理文本文件比较容易，通常采用图 7.9 所示的三个步骤。

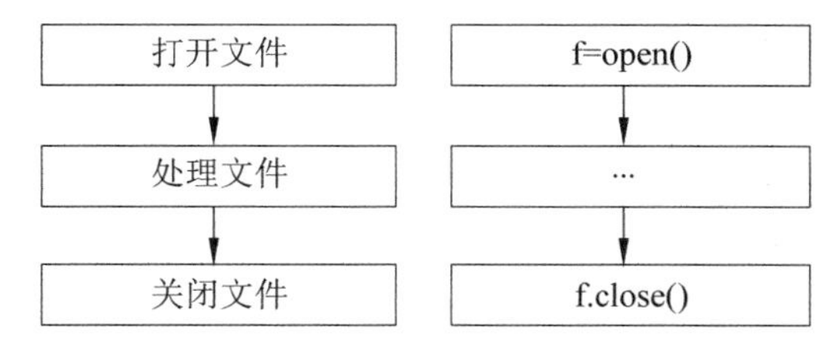

图 7.9 处理文件步骤

① 打开文件。给出一个要读写的文件名，使用 Python 的内置函数 open()就可以打开文件。open()函数返回一个文件对象。

② 处理文件。文件对象提供了很多读写文件的方法，使用这些方法，可以非常方便地读写文件。

③ 关闭文件。使用 open()函数打开文件时会创建一个文件缓冲区，程序读写的是文件缓冲区的内容。只有缓冲区满时，程序写的内容才会自动保存到磁盘上。文件对象的 close()方法在关闭文件前，会将写到缓冲区的内容写磁盘，这样就确保了所有数据都会写到磁盘上。

1. 读整个文本文件

首先创建一个文件，包含精确到小数点后 30 位的圆周率值，且在小数点后每 10 位处都换行。利用文本编辑器编辑文件并存储到在磁盘上(如存在 e：下)，文件名为 pi.txt。

```
3.1415926535
8979323846
2643383279
>>> f=open("e:\\pi.txt")          #open 函数只有一个文件名参数时,功能是读一个文本文件
>>> content=f.read()              #f.read()读整个文本文件内容,包含回车换行符
>>> print(content)
3.1415926535
8979323846
2643383279
                                  #空行是 print()函数的换行
>>> f.close()
```

不管如何读或写文件，都需要先打开文件，这样才能访问它。函数 open()的功能是打开文件，本例中只接收一个参数：要打开的文件名称。如果不指定路径，Python 将在当前工作文件夹中查找文件。函数 open()返回一个文件对象。在这里，open("e:\\pi.txt")返回一个表示文件 pi.txt 的对象，Python 将这个对象存储在变量 f 中。

方法 read()读取文件的全部内容并将其作为一个字符串存储在变量 content 中。在用 print 打印 content 的值时，将文本文件的全部内容显示出来。

为避免因忘写文件关闭语句而引起的错误，Python 提供了一种自动管理文件的打开与关闭的方法，不需要写文件关闭语句，格式为

```
with open() as 文件对象名:
  处理文件语句
```

with 语句在文件对象不再被引用时自动关闭它。

例 7.5　编写程序，输出文本文件 pi.txt 的内容。

```
with open("e:\\pi.txt") as f:
  content=f.read()
  print(content)
```

2. 逐行顺序读取文本文件

除了读整个文件外，更常见的情况是每次读一行文本、一个整数或一条记录，这些情况下主要有两种读写方式。

① 顺序读写：每个数据(一行字符、整数或其他类型数据)必须按顺序从头到尾一个接一个地进行读写。进行顺序读写时，Python 会设置一个变量，存储当前要读写数据的位置。每次读写完成后，变量会自动增加，指向下一个数据位置，如图 7.10 所示。

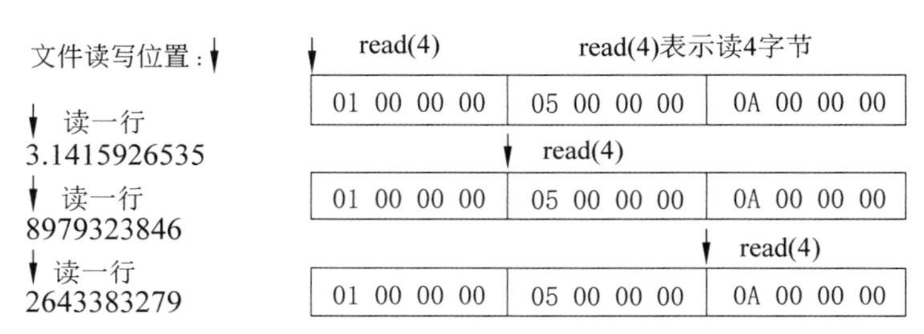

图 7.10　顺序读文本文件与二进制文件

② 随机读写：可以读写文件中任意位置的数据，先使用语句直接定位到该位置，再进行读写。随机读写一般用于二进制文件。

例 7.6　编写程序，逐行读取文本文件 pi.txt 的内容并输出。

```
filename="e:\\pi.txt"
with open(filename) as f:
  for line in f:
    print(line)
```

for 语句在遍历文本文件对象时，每次变量 line 取值为文本文件一行的内容(包括换行符)。与一次性读取文件内容相比，在文件特别大时，逐行读取方式不需要特别大的 RAM。

程序输出结果与上例相比，各行间多出一个空白行。因为在文本文件中，每行的末尾

都有回车符和换行符，而 print 函数也会加上一个换行符，所以每行末尾都有两个换行符：一个来自文件，另一个来自 print 函数。要消除这些多余的空白行，可以使用字符串对象的 rstrip()方法将 line 右端的空白符去掉。

```
print(line.rstrip())
```

除了上面的逐行读实现方法，也可以先使用文件对象的 readlines()方法将所有行读到一个列表中，每行为一个列表元素，再对列表元素进行遍历处理。

例 7.7　编写程序，使用 readlines()方法逐行读取文本文件 pi.txt 的内容并输出。

```
filename="e:\\pi.txt"
with open(filename) as f:
  lines=f.readlines()
pi=""
for line in lines:
  pi=pi+line.rstrip()
print(pi)
```

方法 readlines()从文件中读取每一行并将其存储在列表变量 lines 中；在 with 代码块外，依然可以使用 lines。for 循环取出 lines 中的各行，去掉空白符后连成一个字符串。

程序输出结果为

```
3.1415926535897932384626433832 79
```

例 7.8　records.csv 保存了用逗号分隔的一组学生成绩，分别为学号、姓名以及语文、数学、英语成绩，内容如下。

```
210201,wangming,82,95,88
210202,liping,90,92,98
210203,zhangling,95,89,94
```

编写程序，读取文本文件 records.csv 的内容并存储在列表中。

```
filename="e:\\records.csv"
scores=[]                           #使用列表存储学生成绩
with open(filename) as f:
  for line in f:                    #读取文件的每一行,一行对应一个学生成绩,line 为
                                    #字符串变量
    info=line.rstrip().split(",")   #先去掉右侧的回车换行符,再使用","作为分隔符调
                                    #用 split,返回一个列表
    score={}                        #创建一个空字典
    score["no"]=info[0]             #info[0]为学号
    score["name"]=info[1]
    score["Chinese"]=int(info[2])   #将语文成绩由字符串类型转换为整型
    score["Math"]=int(info[3])
    score["English"]=int(info[4])
    scores.append(score)            #将字典添加到列表中
```

```
for sc in scores:                    #输出列表
  print(sc)
```

程序读取文件，将每一行信息生成一个字典变量并将其添加到列表。输出结果为

```
{'no': '210201', 'name': 'wangming', 'Chinese': 82, 'Math': 95, 'English': 88}
{'no': '210202', 'name': 'liping', 'Chinese': 90, 'Math': 92, 'English': 98}
{'no': '210203', 'name': 'zhangling', 'Chinese': 95, 'Math': 89, 'English': 94}
```

7.3.3 顺序写文本文件

1. Python 文件打开方式

open()函数打开的文件除了可以是进行读操作的文本文件外，还可以是进行其他操作的文本文件或二进制文件。open()函数的一般使用格式为

open(文件名[,文件使用方式])

文件使用方式指定操作文件的类型和操作要求，如表 7-2 所示。

表 7-2 文件使用方式

文件使用方式	含 义	类 型
r	为读取而打开文件(默认)	操作方式
w	为写入而打开文件	操作方式
a	为在文件末尾添加而打开文件	操作方式
b	二进制模式	文件类型
t	文本模式(默认)	文件类型
+	为读写打开文件	附加操作方式

- 用 r 方式打开的文件只能用于读文件，而且文件应该已经存在并存有数据。不能用 r 打开一个不存在的文件，否则出错。
- 用 w 方式打开的文件只能用于写文件，如果原来不存在该文件，则在打开文件前新建立一个文件；如果要打开的文件已经存在，则在打开文件前先将该文件删除，然后新建一个文件并打开。
- 如果希望向文件末尾添加新数据，则应该用 a 方式打开。此时应保证文件已存在，否则将出错。打开文件时，文件读写位置移到文件末尾。
- r+、w+和 a+方式打开的文件既可以读也可以写。
- 如果省略了文件类型，Python 默认的是文本文件。如果操作的是二进制文件，需要使用 rb、wb、ab、rb+、wb+等操作方式。

2. 顺序写文本文件的方法

open()函数打开的文件在不指定文件使用方式时，默认的是读文本文件。在写文本

文件时，文件使用方式采用 w、a、r+或 w+等。文件对象的 write()方法能够将字符串写入文件。由于文本文件是顺序读写模式，因此在顺序写文本文件时，只要将写入的字符串按顺序传递给 write()方法即可。

例 7.9　编写程序，将问候语句写到文本文件 hello.txt。

```
filename="e:\\hello.txt"
with open(filename,"w") as f:
  f.write("hello\n")
  f.write("wangming")
```

连续的两个 write()方法将两个字符串写到文本文件中。在写文本文件的过程中，为写入换行符，在 hello 字符串末尾加入换行符\n。

程序执行后，创建的文件内容为

```
hello
wangming
```

需要注意的是，如果文件 hello.txt 已经存在，调用 open("e:\\hello.txt","w")时将删除原文件内容。如果不想覆盖 hello.txt，应先检查文件是否存在。

例 7.10　编写程序，将问候语句写到文本文件 hello.txt，如果文件存在，不允许覆盖。

```
import os
filename="e:\\hello.txt"
if os.path.isfile(filename):
  print("hello.txt already exists")
else:
  with open(filename,"w") as f:
    f.write("hello\n")
    f.write("wangming")
```

例 7.11　编写程序，将问候语句写到文本文件 hello.txt，如果文件存在，添加到原文件末尾。

```
import os
filename="e:\\hello.txt"
mode="w"
if os.path.isfile(filename):
  mode="a"
with open(filename,mode) as f:
  f.write("hello\n")
  f.write("wangming")
```

例 7.12　编写程序，将问候语句添加到文本文件 hello.txt 的前部。

```
filename="e:\\hello.txt"
with open(filename,"r+") as f:        #r+模式可以读取和写入文件
  temp=f.read()                       #读整个文件内容，读完后文件读写位置在文件末尾
```

```
temp="hello\nliping\n"+temp
f.seek(0)                              #重新将文件读写位置定位到文件头部
f.write(temp)
```

要将新添加的内容添加到文件头部，需要先读取文件的原内容，然后再写文件，因此使用特殊模式 r+来打开文件，这样可读取和写入文件。接下来，将整个文件读取到字符串变量 temp 中并使用字符串连接方法插入要添加的内容。

将新创建的字符串写回文件前，必须先让文件对象 f 重置其内部的读写位置。所有文本文件对象都记录了它当前读写文件的位置。在刚打开文件时，读写位置在文件开头，调用 read 方法后，读写位置指向文件末尾。通过调用 f.seek(0)，让文件读写位置重新指向文件开头，这样写入 f 时，将从文件开头写入。

7.4 读写二进制文件

二进制文件的基本存储单位是字节，不同类型的二进制文件存储一个数据使用的字节数是不同的。例如，音频文件使用 2 个字节存储一个声音数据，BMP 图像文件使用 3 个字节存储一个图像数据，数据文件使用 4 个字节存储的一个整数。

7.4.1 数据格式转换

在其他高级语言中，数据类型种类比 Python 多。例如，在 C 语言中，有 1 字节、2 字节、4 字节、8 字节的整数，而 Python 只有一种整数类型(8 字节)。Python 没有设置太多的数据类型，编程比较容易，但在使用文件存储数据时，占用的空间太多。例如，Python 的一个整数需要占用 8 字节，如果这些整数是声音数据，存到文件中时只用 2 字节就够了。因此，在将数据存储到二进制文件前，先要根据数据取值范围，将 Python 中的数据转换成适当的格式，然后再写入文件。

在 Python 中，利用 struct 模块的 pack()方法对整数等类型数据进行格式转换，转换方法为

```
struct.pack(fmt,values)
```

其中，fmt 的定义如表 7-3 所示。

表 7-3　常用格式定义

fmt	C 类型	Python 类型	fmt	C 类型	Python 类型
c	char(1 字节)	str of length 1	l	long(8 字节)	int
b	signed char	int	L	unsigned long	int
B	unsigned char	int	f	float(4 字节)	float
h	short(2 字节)	int	d	double(8 字节)	float

续表

fmt	C 类型	Python 类型	fmt	C 类型	Python 类型
i	int(4 字节)	int	s	char[]	str
I	unsigned int	int			

其中,signed 表示有符号数,unsigned 表示无符号数。例如,signed char 为 1 字节整数,取值范围为−128～127;unsigned char 为 1 字节无符号整数,取值范围为 0～255。

将数值转换为不同类型的数据如图 7.11 所示。

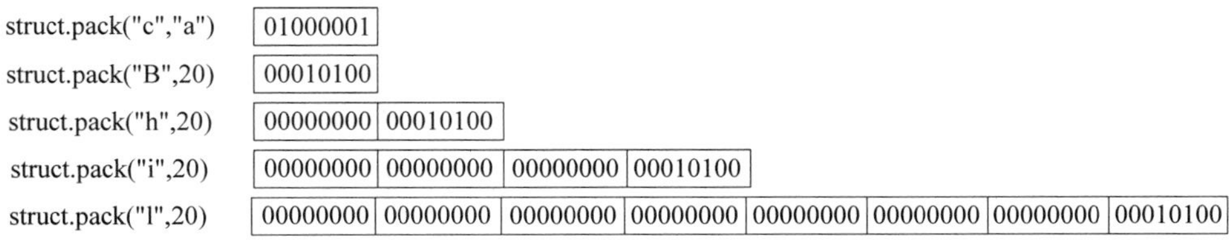

struct.pack("c","a")	01000001							
struct.pack("B",20)	00010100							
struct.pack("h",20)	00000000	00010100						
struct.pack("i",20)	00000000	00000000	00000000	00010100				
struct.pack("l",20)	00000000	00000000	00000000	00000000	00000000	00000000	00000000	00010100

图 7.11　数据转换

7.4.2　顺序写二进制文件

与文本文件的读写一样,在读写二进制格式的文件时也需要先打开文件,再进行文件读写。打开二进制文件时,可指定读取模式 rb、写入模式 wb、附加模式 ab 或者读取和写入的模式 rb+、wb+。

写二进制文件与写文本文件一样,可以使用 write()方法将数据顺序写到二进制文件。

例 7.13　编写程序,将整数列表数据按 4 字节整数存储到二进制文件 digit.dat。

```
import struct
digits=[0,1,2,3,4,5,6,7,8,9]
filename="e:\\digit.dat"
with open(filename,"wb") as f:
  for digit in digits:
    d=struct.pack("i",digit)
    f.write(d)
```

语句 struct.pack("i",digit)将 Python 整数转换成 C 语言的 4 字节整型,列表 digits 的整数都按这种格式写入文件。

7.4.3　顺序读二进制文件

Python 读二进制文件时,文件对象的 read(n)方法可以从文件中读到 n 字节序列数据。根据二进制文件存储数据的格式,可以使用 struct.unpack()方法将读得的字节序列转换成 Python 的数据类型。

例 7.14　编写程序，对上例写的 digit.dat 文件中的数值求和。

```
import struct
filename="e:\\digit.dat"
sum=0
with open(filename,"rb") as fr:
  for i in range(0,10):
    b=fr.read(4)                    #读 4 字节
    d=struct.unpack("i",b)          #返回值为数据列表
    sum=sum+ d[0]
print('sum=',sum)
```

程序读取的二进制文件为上例生成的文件。文件对象的 read()方法不指定参数时，读取的是文件的全部内容；指定数值时，读取指定数量的字节。由于文件中用 4 字节存储一个整数，因此 read()方法指定的参数为 4。unpack()方法将长度为 4 的字符(节)转换成列表，列表的第 1 个元素即为读取的整数。

7.4.4　随机读写二进制文件

1. 文件读写位置

文件对象在执行 read()或 write()方法时，是根据当前的文件读写位置(也称为文件指针)进行读写的，文件读写位置用来指示“接下来要读写的下个数据的位置”。文件读写位置在文件头和文件尾之间。刚打开文件时，文件读写位置位于文件头，读完整个文件后，文件读写位置在文件尾，如图 7.12 所示。例如，当前读写位置在 p2 处，如果执行 f.read(1)语句，从文件中读 1 字节，读取的文件内容为 31H。读完后，当前读写位置指向下一次读数据位置 p3。

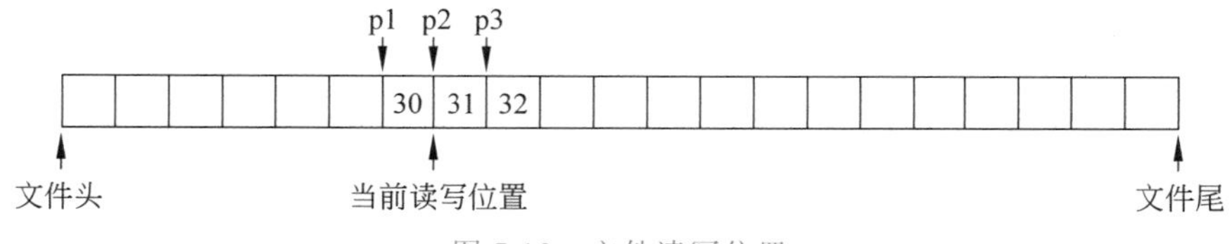

图 7.12　文件读写位置

2. 文件读写位置定位

对文件来说，既可以进行顺序读写，也可以进行随机读写。顺序读写不需要人为地控制读写位置，每读写一个数据后，由 Python 自动修改下一次的读写位置。而随机读写在读写完上一个数据后，不一定要继续读写其后续的数据，而是可以读写文件中任意位置上的数据。

文件对象的 seek()方法实现文件读写位置的定位，一般使用的格式为

文件对象名.seek(偏移量[, 起始位置])

其中,第一个参数"偏移量"表示需要移动偏移的字节数。第二个参数是可选的,默认值为 0,表示要从哪个位置开始偏移(0 代表从文件开头开始算起,1 代表从当前位置开始算起,2 代表从文件末尾算起)。

seek()方法如果操作成功,则返回新的文件位置,如果操作失败,则返回-1。

```
>>> f=open("e:\\digit.dat") #digit.dat 为前面生成的文件,存储 0~9 共 10 个数,每个数值
                            #占 4 字节
>>> print(f.seek(0,2))      #定位到文件尾(从文件尾开始,偏移为 0),返回值为文件长度
40
>>> f.seek(4)               #定位到从文件头开始的 4 字节位置,即存储数值 1 的位置
4
>>> f.read(4)               #读 4 字节
'\x01\x00\x00\x00'          #在文件中,整数的低位字节在前,高位字节在后,读的数据为
                            #整数 1
>>> f.close()
```

7.5 异　　常

对初学者来说,Python 程序运行出错,很多都是语法错误,如缩进不对、关键字拼写错误、语法格式不对等。然而,即使 Python 程序的语法是正确的,在运行它的时候,也有可能发生错误。例如,如果在打开文件时所给的文件名并不存在,open 函数执行时将产生错误。对于这样一类运行时产生的错误,Python 采用的措施是引发异常。异常是一种特殊的错误对象,可以捕获并检查错误类型,然后再决定如何处理错误。

```
>>> f=open("digit.dat")    #文件未找到,触发异常
Traceback (most recent call last):
 File "<stdin>", line 1, in <module>
FileNotFoundError: [Errno 2] No such file or directory: 'digit.dat'
```

出现异常后,如果不捕获或以任何其他方式进行处理,Python 将立即停止运行程序并显示一个 Traceback,其中包含运行时错误的原因和异常类型。在执行 open("digit.dat")语句时,由于文件在当前工作文件夹下不存在而产生错误,异常类型为 FileNotFoundError。

Python 包含大量内置的异常,如除数为 0、变量未定义、输入输出错误、导入模块未找到等,其详细信息请参阅 Python 文档(https://docs.python.org/3/library/exceptions.html)。

虽然异常在程序开发期间能够提供出错信息,对调试程序特别有用,但是普通用户并不想看到程序停止运行并且显示一堆出错信息。因此,程序在产生异常时,都要捕获异常,输出错误提示信息,甚至试图修复错误。如果编写了处理异常的代码,程序将继续

运行。

处理异常的常用方法是使用 try/except 语句、try/except…else 语句和 try/except…finally 语句。

7.5.1 try/except 语句

try/except 语句让 Python 执行指定的操作,同时告诉 Python 发生异常时如何处理。使用 try/except 语句时,即使出现异常,程序也可以继续运行。

1. 语句格式

try/except 语句的一般格式为

```
try:
  执行语句块
except:
  发生异常时执行的语句块
```

try/except 语句的工作原理有点像 if 语句,不同的是,if 语句根据布尔表达式的结果决定如何做,而 try/except 语句根据是否出现异常决定如何做。只要 try 块中的代码出现异常,就将跳过 try 块中未执行的语句,立即跳转到 except 块。如果 try 块中没有异常,将忽略 except 块。

例如,Python 在除数为 0 时会产生错误,可以进行如下异常处理。

```
try:
  print(5/0)
except:
  print("You can't divide by zero !")
```

由于在执行 print(5/0)语句时会产生异常,因此运行时的输出结果为"You can't divide by zero !"。

例 7.15　编写一个函数,输入整数年龄,返回值为整数。

```
def get_age():
  while True:
    try:
      n=int(input("how old are you? "))
      return n
    except ValueError:
      print("please enter an integer value")
age=get_age()
print("age=",age)
```

程序运行结果为

```
how old are you? 20.5
please enter an integer value
how old are you? 2a
please enter an integer value
how old are you? 20
age= 20
```

Python 细分了多种不同类型的异常,如 IOError(输入输出故障)、ZeroDivisionError(除 0 错误)、ValueError(值不正确)、NameError(对未赋值的标识符求值错误,也就是变量未定义)等。如果进一步限定异常情况,在 except 后面可以使用具体的异常类型,如本例使用 except ValueError 更确切。只有 except 时,可以捕获所有的异常;使用 except ValueError 时,只能捕获 ValueError 类型的异常。

如果用户输入的字符串不是有效的整数,函数 int()将引发异常 ValueError,进而跳转到 except ValueError 块并打印错误信息。出现 ValueError 异常时,将跳过 return 语句,立即跳转到 except 块。如果用户输入的是有效整数,就不会引发异常,因此 Python 程序将接着执行 return 语句,从而结束函数。

2. 捕获多种异常

try 代码块中的多条语句有可能引起多种异常,甚至一个函数都有可能产生多种异常。在出现多种异常时,如果不进行各种异常的区分,只用一个 except 即可。如果需要区分多个具体的异常类型,可以写多个 except,每个 except 捕获一种具体的异常;或者由一个 except 子句同时处理多个异常,这些异常以元组形式放在 except 后面。

例 7.16　输入整数年龄和文件名,将年龄保存到文件中。

```
try:
  n=int(input("how old are you? "))
  filename=input("please input a filename:")
  with open(filename,"w") as f:
    f.write(str(n))
except ValueError:
  print("please enter an integer value")
except FileNotFoundError:
  print("No such file:",filename)
except:        #如果异常不是 ValueError 和 FileNotFoundError,由最后一个 except 捕获
  print("error")
```

程序运行后,会根据输入产生的异常给出更准确的错误提示信息。例如,如果输入的文件名所对应的磁盘不存在,在创建文件时将会出错,结果为

```
how old are you? 20
please input a filename:i:\age.txt
No such file: i:\age.txt
```

3. except…as

在 except 中使用 as 的格式为

except 异常类型 as 变量:

as 的作用是将 Traceback 中的出错信息部分取出赋给变量,如图 7.13 所示。

```
>>> f=open("digit.dat")
Traceback (most recent call last):
  File "<stdin>", line 1, in <module>
FileNotFoundError: [Errno 2] No such file or directory: 'digit.dat'

except FileNotFoundError as error
```

图 7.13　as 关键字的作用

使用 as 得到的变量由于包含了出错信息,因此可以直接用于出错时的提示输出。例如

```
except FileNotFoundError as error:
  print(error)
```

7.5.2　else 和 finally 子句

try/except 语句中还可以使用可选的 else 子句和 finally 子句。如果使用 else 子句,必须将其放在所有的 except 子句之后,它将在 try 子句没有发生任何异常时执行。finally 子句放在最后,无论是否发生异常,都将执行该子句的语句块。

完整的 try/excep 语句的一般格式为

```
try:
  执行语句块
except:
  发生异常时执行的语句块
else:
  没有异常时执行的语句块
finally:
  最后执行的语句块
```

finally 子句中的语句块肯定会执行。如果没有异常,它在执行完 else 语句块后执行;如果产生异常,它在执行完 except 语句块后执行。因此,在不管是否发生异常都要执行某些代码时,需要使用 finally 子句。例如,通常将关闭文件的语句放在 finally 块中,这样文件肯定会被关闭,而不管是否发生了文件操作错误。

例 7.17　输出 pi.txt 文件的内容。

```
filename="pi.txt"
```

```
try:
  f=open(filename)
except:                          #打开文件产生异常
  print("can not open "+filename)
else:                            #文件能够打开时,按行读文件并输出
  for line in f:
    print(line)
finally:
  if 'f' in dir():               #f为文件对象,'f'为文件对象名称字符串,检查f是否存在
    f.close()                    #如果文件对象不存在,执行时会产生错误
```

7.6 图像与音频文件

在图像和音频数据文件中,除了图像和音频数据外,通常在文件的头部包含一个特殊定义的文件头部,描述图像或音频的相关参数。图像和音频文件种类繁多,本节介绍未经过压缩处理的两种文件:WAV 文件和 BMP 文件。

7.6.1 WAV 文件

声音是由物体的振动产生的,人靠声带振动发声,鼓靠鼓面振动发声。声音以波(声波)的形式传播。声音传到人的耳道中,引起鼓膜振动,最后形成听觉。

声音通过空气使麦克风振膜振动,利用麦克风内部的电路部件最终形成电信号。麦克风获取的声音信号是模拟、连续的电信号,将这些电信号存储到计算机中需要经过采样、量化和编码三个处理过程。

1. 采样

由于不能记录一段时间音频信号的所有值,因此只能使用采集样本的方法记录其中的一部分。采样是对模拟信号周期性地记录信号大小的方法。图 7.14 显示了从模拟信号上选择 10 个样本来代表实际的声音信号。

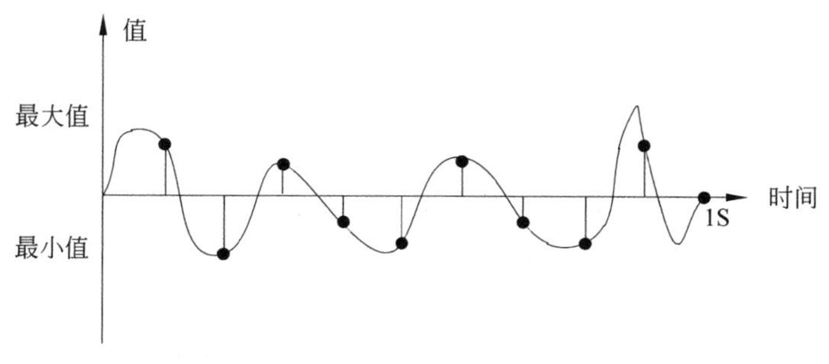

图 7.14 一个音频信号的采样(一秒钟内采集 10 个样本值)

声音信号变化越快时，单位时间中采集的样本数就需要越多，这样才能还原出原始信号。在图 7.14 中，最后一段声音信号变化较快，按照图示的采样频率已经不能有效恢复原始信号。依据采样定理(在一个信号周期中，至少需要采两次样，才能有效恢复原始信号)，采样频率至少是声音最高频率的两倍。采样频率越高，还原的信号越接近于原始信号。

人能听到的声音的最高频率只有 20 000Hz 左右，根据采样定理，计算机的声卡采样频率一般最高为 44 100Hz，也就是一秒钟采样 44 100 次。实际上，人的声音最高只有几千 Hz，很多情况下不需要 44 100Hz 这样高的采样频率。例如，电话系统使用的采样频率为 8000Hz，这并不影响人与人之间的交流表达，只是感觉比面对面说话声音质量稍差一点。

2. 量化

从每次采样得到的测量值是真实的数值。量化指的是将样本的值经过四舍五入取整的过程。例如，实际值为 3.02，量化值为 3；实际值为 1.63，量化值为 2。

3. 编码

量化后的数值需要被编码成位模式。计算机的声音适配器一般使用 16 位二进制数表示这些数字。采样、量化和编码如图 7.15 所示。图中只使用了 4 位二进制数编码。声音适配器使用的二进制数位数越多，复原的声音就越精确。

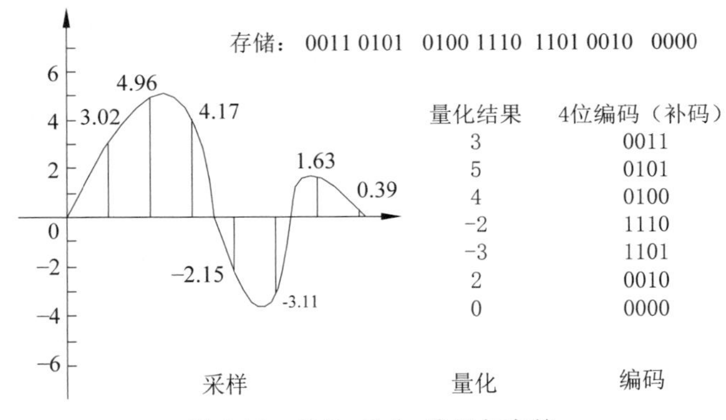

图 7.15 采样、量化、编码与存储

4. 存储

计算机系统录制的声音可以保存为多种不同的格式文件，如 WAV、M4A、MP3 等。其中，WAV 格式保存的声音数据不作其他处理，仅加上一个文件头，文件头中说明采样频率、通道个数、编码长度等信息。WAV 格式文件由于没有压缩数据，占用的存储空间特别大。

例 7.18 设采样频率为 8000Hz，编码位数为 16 位，求双声道录音每分钟产生的数据为多少字节？

采样频率为 8000Hz，单声道每秒钟产生的音频数据为 8000 * 16＝128 000 位＝16 000 字节。

双声道每秒钟产生的音频数据为 16 000 * 2＝32 000 字节。

每分钟产生的音频数据为 32 000 * 60＝19 200 00 字节。

WAV 文件的头部含采样频率、声道、编码位数等信息，共 44 字节，格式如表 7-4 所示。

表 7-4 WAV 文件头部格式

字节	示例值	描 述
1～4(4)	"RIFF"	将文件标记为 RIFF 文件，每字符用 1 个字节表示
5～8(4)	文件大小	4 个字节整数表示总体文件大小，以字节为单位(32 位整数)
9～12(4)	"WAVE"	文件类型标记为 WAVE
13～16(4)	"fmt "	标记格式块，描述数据格式信息
17～20(4)	16	上面列出的格式数据的长度
21～22(2)	1	2 字节整数，描述格式类型(1 是 PCM)
23～24(2)	2	2 字节整数，描述通道数目(1 为单声道，2 为双声道)
25～28(4)	44 100	4 字节整数，描述采样频率。常用的值是 44 100(CD)、48 000 (DAT)
29～32(4)	176 400	4 字节整数，描述比特率＝(采样率 * 编码位数 * 声道数) / 8
33～34(2)	4	(编码位数 * 声道数) / 8，表示所有声道的一次采样所需比特数
35～36(2)	16	编码位数
37～40(4)	"data"	"data"块标记，标记数据节开始
41～44(4)	文件数据大小	描述数据节的大小

播放器软件读取 WAV 文件头部就可以确定播放参数，如每秒钟播放多少字节数据、数据是一个声道的还是两个声道。在 WAV 文件中包含双声道数据时，两个声道的采样数据交错保存，如图 7.16 所示。

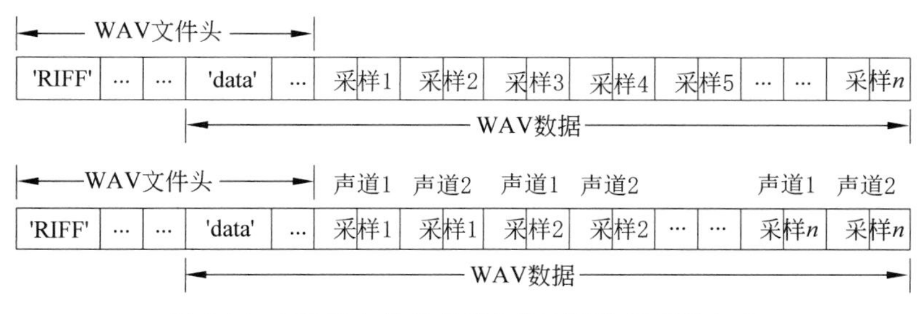

图 7.16 WAV 文件单声道和双声道数据存储方式

例 7.19 生成一个采样频率为 8000Hz，编码位数为 16 位，单声道声波为 1000Hz 正弦波的声音文件。

```
import struct
import math
datalen=48000                          #声音数据长度 48 000 字节
fmt=[b"RIFF",datalen+36,b"WAVEfmt ",16,1,1,8000,16000,2,16,b"data",datalen]
                                       #8000Hz,16 位,单声道
fmttype=["4s","i","8s","i","h","h","i","i","h","h","4s","i"]
with open("e:\\writewave.wav","wb") as f:
  for i in range(0,12):                #写 WAV 文件头部
    d=struct.pack(fmttype[i],fmt[i])
    f.write(d)
  for i in range(0,24000):
    t=(i%8) * 2 * 3.14159/8            #每循环 8 次,t 值完成一个周期(0~2π)
    data=int(math.sin(t) * 32767)      #data 取值范围-32767~32767
    d=struct.pack("h",data)            #d 为 2 字节整数,也就是 16 位的声音数据
    f.write(d)
```

程序按照顺序写二进制文件方式创建文件,先写文件头,再写模拟的声音数据。

struct.pack()转换的字符串在 Python 3 中需要在前面加 b,格式字符 s 前面的数值表示转换的字符串长度。例如,struct.pack("4s", b"RIFF")是将字节流对象"RIFF"转换成 C 语言的字符数组类型,然后再使用 write()方法写到二进制文件中。

程序运行后,生成 WAV 文件,生成的文件数值序列如图 7.17 所示。如果使用音乐播放器播放生成的 WAV 文件,能够听到频率为 1000Hz 的声音。

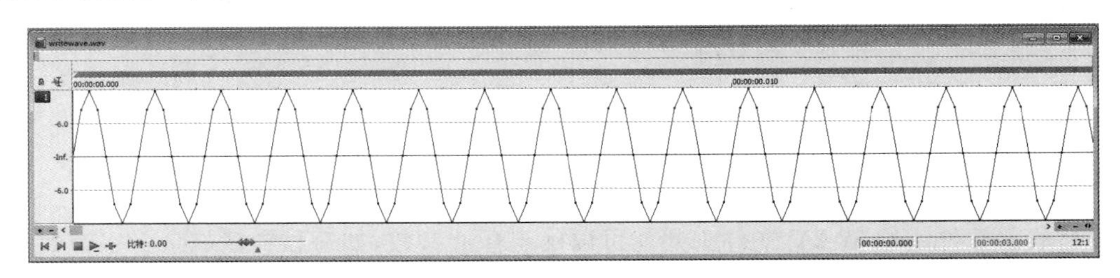

图 7.17 生成文件

7.6.2 BMP 文件

任何一幅图像都可以分割成很多小块图像。例如,电视机屏幕上的图像横向上分为 4 份,纵向上分为 3 份,共 4×3=12 个小块图像。显然,这 12 个小块图像每块里面仍然包括很多图像信息,还可以细分。只有一种颜色且不能再切割成更小单位的小块图像被称为像素(px)。像素是构成图像的基本单位,也是相机中感光元件感应光的最小单位。

像素包括两种属性:位置和颜色。在一幅图像中,实际上只是按行存储各个像素的颜色值。像素的位置信息很容易计算,如图 7.18 所示。

像素的颜色通常用 1~4 个字节的数值表示。在不同的颜色表示方法下,每个字节所表示的含义不同。常用的颜色表示方法有 RGB、YUV 等。

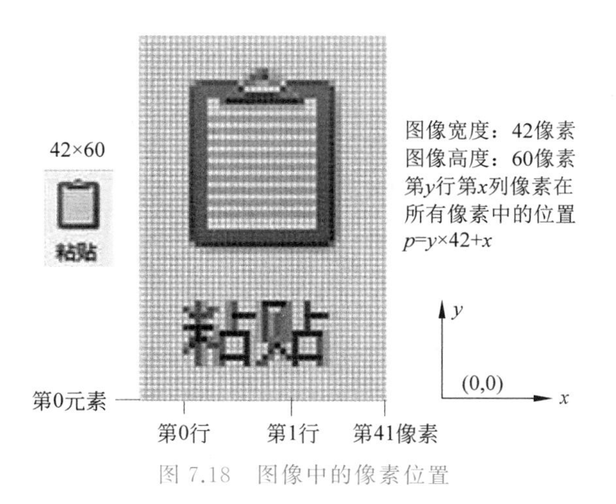

图 7.18　图像中的像素位置

根据三原色原理，任何颜色都可以用红(R)、绿(G)、蓝(B)这 3 种颜色按不同的比例混合而成。在使用 RGB 模式表示像素颜色时，红色、绿色和蓝色的值分别存储在一个字节(范围为 0～255)中。例如(255,0,0)对应的是纯红色，表示红色比例最大，没有绿色和蓝色；(128,0,0)也是红色，但是红色分量数值较小，因此是暗红色；(0,0,0)对应的是黑色，没有任何一种颜色；(255,255,255)是白色。

BMP 格式图像文件存储所有像素的 RGB 颜色值，在 24 位位图模式下，每个像素使用 3 个字节分别存储 R、G 和 B 分量。除了像素数据外，BMP 文件还有一个文件头，说明文件类型、文件大小、图像宽度、图像高度、每个像素存储的位数等信息。文件头结构如表 7-5 所示。

表 7-5　BMP 文件头部格式

字节	示例值	描　　述
1～2(2)	"BM"	位图文件的类型
3～6(4)	文件大小	4 字节整数表示文件大小，以字节为单位(32 位整数)
7～10(4)	0	位图文件保留字
11～14(4)	00000036H(54)	位图数据的起始位置，相对于位图文件头部的偏移量(11～14 字节)
15～18(4)	00000028H(40)	本结构所占用字节数(15～18 字节)
19～22(4)	640	4 字节整数，位图的宽度，以像素为单位
23～26(4)	480	4 字节整数，位图的高度，以像素为单位
27～28(2)	1	必须为 1(27～28)字节
29～30(2)	24	每个像素所需的位数，1(双色)、4(16 色)、8(256 色)或 24(真彩色)之一
31～34(4)	0	位图压缩类型，必须是 0(不压缩)
35～38(4)	921 600	位图的大小，以字节为单位(35～38 字节)

续表

字节	示例值	描　述
39～42(4)	0	位图水平分辨率
43～46(4)	0	位图垂直分辨率
47～50(4)	0	
51～54(4)	0	

BMP 文件存储像素值时，与使用二进制文件存储整数一样，也是数据低位在前，高位在后。RGB 的三个字节在文件中存储时按照 BGR 顺序排列，如图 7.19 所示。

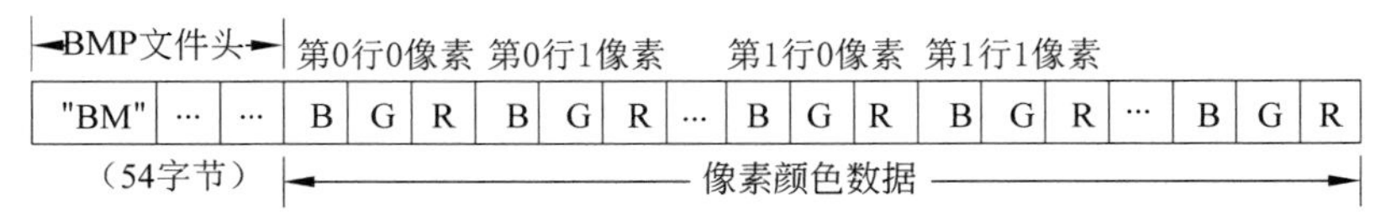

图 7.19　24 位位图数据排列方式

例 7.20　生成一个宽 640 像素、高 480 像素的 24 位 BMP 图像文件，在白色背景下绘制若干个彩色圆。

```
#coding=utf-8
import struct
import math
#pixels:图像数据列表
#p:圆心(是一个字典,x为横坐标,y为纵坐标)
#r:半径
#color:绘制圆的颜色(元组)
def drawcircle(pixels,p,r,color,w,h):
  lefttop={"x":p["x"]-r,"y":p["y"]-r}          #左上角
  rightbottom={"x":p["x"]+r,"y":p["y"]+r}      #右下角
  for x in range(lefttop["x"],rightbottom["x"]):
    for y in range(lefttop["y"],rightbottom["y"]):
      if math.sqrt((x-p["x"]) * (x-p["x"])+(y-p["y"]) * (y-p["y"]))<=r:
                                               #点(x,y)属于圆
        cp=3 * (y * w+x)                       #计算点(x,y)像素在列表中的位置
        pixels[cp]=color[2]                    #修改像素颜色,在文件中低位在前
        pixels[cp+1]=color[1]
        pixels[cp+2]=color[0]
w=640                                          #图像宽度
h=480                                          #图像高度
head=[b"BM",w * h * 3+54,0,54,40,w,h,1,24,0,w * h * 3,0,0,0,0]
headtype=["2s","i","i","i","i","i","i","h","h","i","i","i","i","i","i"]
with open("e:\\circle.bmp","wb") as f:
  for i in range(0,15):                        #写 BMP 文件头
```

```
    d=struct.pack(headtype[i],head[i])
    f.write(d)
  pixels=[255]*w*h*3                              #生成白色背景像素值,每个像素 3 个数值
  drawcircle(pixels,{"x":200,"y":200},100,(255,0,0),w,h)
                                                    #在(200,200)处绘制红色圆
  drawcircle(pixels,{"x":250,"y":250},100,(255,255,0),w,h)
                                                    #在(250,250)处绘制黄色圆
  drawcircle(pixels,{"x":400,"y":150},100,(0,0,255),w,h)
                                                    #在(400,150)处绘制蓝色圆
  for pixel in pixels:                              #写文件,每个 pixel 值转换成 1 字节
    db=struct.pack("B",pixel)
    f.write(db)
```

程序运行后,生成的图像如图 7.20 所示。

图 7.20　生成图像

习　题　7

一、选择题

1. 以下程序的输出结果是(　　)。

```
s1="QQ"
s2="Wechat"
print("{:*<10}{:=>10}".format(s1,s2))
```

A. ********QQWechat====　　B. QQWechat

C. * QQWechat====　　D. QQ********====Wechat

2. 下面(　　)是以添加(追加)模式打开文件进行写入操作。

A. open("f","r")　　B. open("f","w")

C. open("f","a")　　D. open("f","w+")

3. 文件 book.txt 在当前程序所在目录内,其内容是一段文本 book,下列代码的输出结果是(　　)。

```
txt=open("book.txt","r")
print(txt)
```

```
txt.close()
```

A. book.txt　　B. txt
C. book　　D. 以上答案都不对

4. 以下选项中，不是 Python 对文件的读操作方法的是(　　)。

A. readline　　B. readall　　C. readtext　　D. read

5. 设 city.csv 文件的内容如下。

```
巴哈马,巴林,孟加拉,巴巴多斯
白俄罗斯,比利时,伯利兹
```

下列代码的执行结果是(　　)。

```
f=open("city.csv", "r")
ls=f.read().split(",")
f.close()
print(ls)
```

A. ['巴哈马', '巴林', '孟加拉', '巴巴多斯\n 白俄罗斯', '比利时', '伯利兹']
B. ['巴哈马，巴林，孟加拉，巴巴多斯，白俄罗斯，比利时，伯利兹']
C. ['巴哈马', '巴林', '孟加拉', '巴巴多斯', '\n', '白俄罗斯', '比利时', '伯利兹']
D. ['巴哈马', '巴林', '孟加拉', '巴巴多斯', '白俄罗斯', '比利时', '伯利兹']

6. 关于 Python 对文件的处理，以下选项中描述错误的是(　　)。

A. Python 通过 open()函数打开一个文件
B. 当文件以文本方式打开时，读写按照字符方式
C. 文件使用结束后要用 close()方法关闭文件
D. Python 能够以文本和二进制两种方式处理任何文件

7. 以下选项中，不是 Python 对文件的打开模式的是(　　)。

A. 'w'　　B. '+'　　C. 'c'　　D. 'r'

8. 关于 Python 文件打开模式的描述，以下选项中描述错误的是(　　)。

A. 覆盖写模式 w　　B. 追加写模式 a　　C. 创建写模式 n　　D. 只读模式 r

9. 以下选项中，对文件的描述错误的是(　　)。

A. 文件中可以包含任何数据内容
B. 文本文件和二进制文件都是文件
C. 文本文件不能用二进制文件方式读入
D. 文件是一个存储在辅助存储器上的数据序列

10. Python 文件读取方法 read(size)的含义是(　　)。

A. 从头到尾读取文件所有内容
B. 从文件中读取一行数据
C. 从文件中读取多行数据
D. 从文件中读取指定 size 大小的数据，如果 size 为负数或空，则读取到文件结束

11. 以下程序的输出结果是(　　)。

```
fo=open('text.txt','w+')
x,y='this is a test','hello'
fo.write('{}+{}\n'.format(x,y))
print(fo.read())
fo.close()
```

A. this is a test hello　　B. this is a test

C. this is a test,hello　　D. this is a test+hello

12. 文件 dat.txt 中的内容如下。

```
QQ&Wechat
Google & Baidu
```

以下程序的输出结果是(　　)。

```
fo=open('dat.txt','r')
fo.seek(2)
print(fo.read(8))
fo.close()
```

A. Wechat　　B. &WechatG　　C. WechatGo　　D. &Wechat

13. 有一个文件记录了 1000 个人的高考成绩总分,每一行信息长度是 20 个字节,要想只读取最后 10 行的内容,不可能用到的函数是(　　)。

A. seek()　　B. readlines()　　C. open()　　D. read()

14. 以下关于文件的描述错误的选项是(　　)。

A. readlines() 函数读入文件内容后返回一个列表,元素划分依据是文本文件中的换行符

B. read()一次性读入文本文件的全部内容后,返回一个字符串

C. readline()函数读入文本文件的一行,返回一个字符串

D. 二进制文件和文本文件都是可以用文本编辑器编辑的文件

15. 关于以下代码的描述,错误的选项是(　　)。

```
with open('abc.txt', 'r+') as f:
  lines=f.readlines()
  for item in lines:
    print(item)
```

A. 执行代码后,abc.txt 文件未关闭,必须通过 close()函数关闭

B. 打印输出 abc.txt 文件的内容

C. item 是字符串类型

D. lines 是列表类型

16. 用户输入整数时不合规导致程序出错,为了不让程序异常中断,需要用到的语句是(　　)。

A. if 语句　　B. eval 语句　　C. 循环语句　　D. try/except 语句

17. 以下程序的输出结果是(　　)。

```
s=''
try:
  for i in range(1, 10, 2):
    s.append(i)
except:
  print('error')
print(s)
```

A. 1 3 5 7 9　　B. [1, 3, 5, 7, 9]

C. 2, 4, 6, 8, 10　　D. error

18. 以下关于异常处理的描述,错误的选项是(　　)。

A. Python 通过 try、except 等保留字提供异常处理功能

B. NameError 是一种异常类型

C. ZeroDivisionError 是一个变量未命名错误

D. 异常语句可以与 else 和 finally 语句配合使用

19. 一个两分钟双声道、16 位采样位数,22.05kHz 采样频率的 WAV 文件的数据约为(　　)。

A. 5.05MB　　B. 10.58MB　　C. 10.35MB　　D. 10.09MB

20. 下列采集的波形声音质量最好的是(　　)。

A. 单声道 8 位量化 22.05kHz　　B. 双声道 8 位量化 44.1kHz

C. 单声道 16 位量化 22.05kHz　　D. 双声道 16 位量化 44.1kHz

21. 24 位真彩色能表示多达(　　)种颜色。

A. 24　　B. 2400　　C. 2 的 24 次方　　D. 10 的 24 次方

22. (　　)的叙述是正确的。

A. 位图是用一组指令集合来描述图形内容

B. 分辨率为 640×480,即垂直共有 640 个像素,水平有 480 个像素

C. 表示图像的色彩位数越少,同样大小的图像所占的存储空间越小

D. 色彩位图的质量仅由图像的分辨率决定

二、编程题

1. 有两个磁盘文件(test1.txt 和 test2.txt),各存放一行字符,要求把这两个文件中的信息合并,输出到一个新文件 test3.txt 中。

2. 从键盘输入一些字符,逐个把它们写到磁盘文件上,直到输入一个 # 为止。

3. 从键盘输入一个字符串,将小写字母全部转换成大写字母,然后输出到文件 test.txt 中保存。

4. 编写程序,对 $i=1,2,3,\cdots 10$,每行输出 i、i 的平方和 i 的立方,每个数占 10 个字符宽度,右对齐。

5. 实现函数 roster()，带一个包含学生信息的列表作为输入参数，输出如下所示的花名册。学生信息包含学生的姓名、班级和平均课程成绩，按顺序保存在一个列表中。输出时每个字符串值包含 10 个字符位置，成绩包含 8 个字符位置（包括两个小数点位）。

```
>>> students=[]
>>> students.append(['wangming','2102',3.45])
>>> students.append(['liping','2102',4.0])
>>> roster(students)
wangming 2102      3.45
liping   2102      4.00
```

6. 编写函数 stringCount()，带两个字符串作为输入参数（文件名和目标字符串），返回目标字符串在文件中出现的次数。

7. 文件 example.txt 的内容如下。

```
The 3 lines in this file end with the new line character.

There is a blank line above this line.
```

编写函数 numberWord(filename)，参数 filename 为文件名，返回文件中的单词个数并输出单词列表。使用 example.txt 文件进行测试。

8. 编写函数 stats()，带一个参数（文本文件名）。要求函数输出该文件的行数、单词个数和字符个数并且要求函数仅打开文件一次。

9. 编写函数 fcopy()，带两个文件名作为参数，把第一个文件的内容复制到第二个文件中。

10. 编写函数 crypto()，带一个文本文件名作为输入参数。函数将文本文件中的每个字符进行凯撒加密（每个字符用其字母表后的第三个字符替代，如 a 用 d 替代，b 用 e 替代）并在屏幕上输出。

11. 编写程序，生成一个大小为 640×480 像素，背景为白色，中心为边长 100 像素的红色方形的 BMP 图像。

12. 编写一个函数，参数为文件夹名称，返回指定文件夹下所包含的文件的文件名及文件大小。

第8章

算法与数据结构

算法和数据结构是程序设计的重要组成部分。本章首先介绍算法的概念，然后学习程序设计中常用的一些基本算法，最后介绍几种常用的抽象数据类型。

8.1 算　　法

一个程序主要包括以下两方面的内容。

- 对数据的描述。在程序中要使用哪些数据以及这些数据的类型和数据组织方式，也就是程序使用的数据结构。例如，在描述学生的成绩信息时，可以用列表存储多个学生的成绩信息，每个学生的成绩信息可以用字典描述。列表和字典是Python中两种常用的数据结构。
- 对操作的描述。即对计算机进行操作的步骤，也就是算法。

8.1.1 算法概念

简单来说，算法是一种分步骤求解问题或完成任务的方法。

算法完全独立于计算机系统，在计算机出现之前，就已经存在大量的求解特定问题的算法。算法在求解问题过程中，通常会接收一组输入数据，同时产生一组输出数据，如图8.1所示。

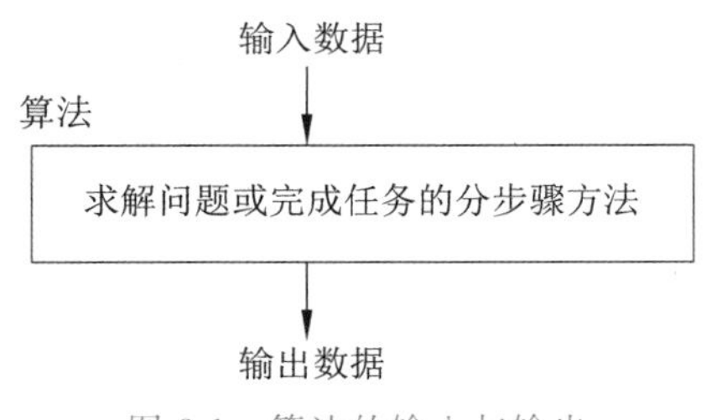

图8.1 算法的输入与输出

下面通过一个例子初步了解算法及其作用。

例8.1 求两个数的最大公约数。

设m和n是两个任意的整数，如果存在一个数a使m能被a整除，则a是m的约数，如果n也能被a整除，则a是m和n的公约数。a是m和n的公约数的条件可以描述为

m%a==0　and　n%a==0

假设m≤n，m和n的最大公约数的最小值为1，最大值不会超过m。依次检查1～m的所有数值，如果满足公约数条件，则记录下来，最后我们就可以得到最大公约数。

```
m,n=eval(input("please input m,n:"))
if m>n:
  m,n=n,m                                    #如果 m>n,交换 m 和 n 取值
for i in range(1,m+1):
  if m%i==0 and n%i==0:
    a=i
print("a=",a)
```

程序运行后,输入两个数值,输出值为最大公约数,结果为

```
please input m,n:24,16
a= 8
```

程序运行过程中循环次数为 16 次。

例 8.2　利用辗转相除法求两个数的最大公约数。

辗转相除法也叫欧几里得(约公元前 330—275 年)除法,是用来求两个数的最大公约数的一种方法。先以两个数中的小数去除大数,然后以所得的余数(若不为 0)去除小数。如果得到的第 2 个余数还不为 0,再以第 2 个余数去除第 1 个余数,这样继续辗转相除,直到余数为 0 为止。在最后一次相除时所用的除数就是所求两个数的最大公约数。

使用辗转相除法求 24 和 16 的最大公约数的步骤如下。

24/16　大数除小数,余数为 8,余数不为 0 继续除;

16/8　小数除余数,余数为 0,除数 8 为最大公约数,否则继续用小数除余数。

```
m,n=eval(input("please input m,n:"))
if m>n:
  m,n=n,m
r=n%m
while r>0:                              #余数不为 0,小数除余数,继续除
  n=m
  m=r
  r=n%m
print("m=",m)                           #r=0 时最后一次除数为最大公约数
```

例 8.1 所用求解方法求解了所有可能的取值,一般称为穷举法。在计算 24 和 16 的最大公约数时,从计算量上看,穷举法做了 16 次循环的求余运算,辗转相除法只做了两次求余运算,辗转相除算法更高效。对程序设计来说,实现一个好的程序,算法设计是关键。

8.1.2　算法的表示方法

表示算法的常用方法有流程图、自然语言、统一建模语言(UML)和伪代码等。

1. 流程图

流程图是用一些图框表示各种操作。常用的流程图符号如图 8.2 所示。

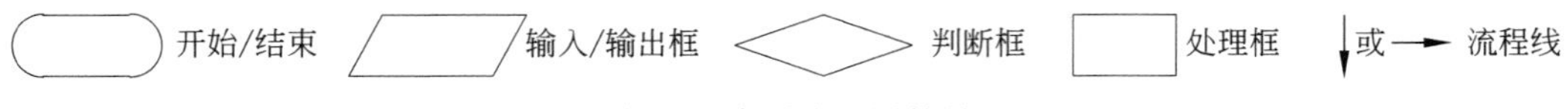

图 8.2　常用流程图符号

菱形框的作用是对一个给定的条件进行判断，根据给定的条件是否成立决定如何执行其后的操作，它有一个入口和两个出口。

使用流程图描述辗转相除法求两个数的最大公约数的算法如图 8.3 所示。

2. 伪代码

伪代码是一种类似于自然语言的代码表示形式，是部分英语和部分结构化代码的组合。英文代码部分支持宽松的语法格式并且很容易读懂。

伪代码的算法类似于 C 语言的函数，由以下几部分组成。

- 算法头。描述算法的名称和参数说明，类似于函数名。
- 目的、条件和返回值。目的用于说明算法的功能；前提条件通常描述算法正常运行的前提，如输入哪些数据；后续条件描述算法产生的影响。返回值是算法的返回结果说明，如果没有返回值，则指明没有返回值。目的、条件和返回值的作用类似于函数的注释说明。
- 语句。伪代码中的语句可以是格式宽松的赋值、输入、输出、选择和循环语句。

求两个数的最大公约数的伪代码如图 8.4 所示。

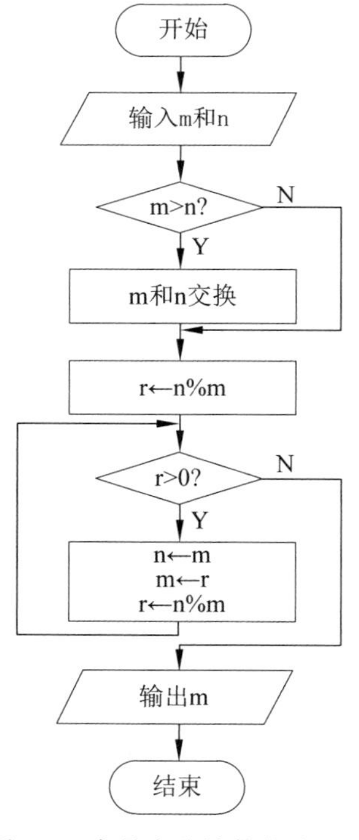

图 8.3　求最大公约数的流程图

```
算法：gcd(m,n)
目的：求两个数的最大公约数
前提：给定两个正整数(m和n)
后续：无
返回：最大公约数
{
  if(m>n)  m↔ n
  r←n%m
  while(r>0)
  {
    n←m
    m←r
    r←n%m
  }
  return m
}
```

图 8.4　求最大公约数的伪代码

8.1.3 算法特征

算法是一组明确步骤的有序集合，它产生结果并在有限的时间内终止。

一个有效的算法应该具有以下特点。

- 有穷性。算法必须能够终止。如果不能（如无限循环），说明不是算法。
- 确定性。算法的每一步都必须有清晰、明确的定义。例如，相同的符号不能在某处用作加法符号，而在其他地方用作乘法符号。
- 有零个或多个输入。
- 有一个或多个输出。
- 有效性。算法的每一步都应当有效地执行并得到确定的结果。例如，若 b=0，则 a/b 不能有效执行。

8.2 基本算法

有一些算法在计算机科学中应用非常普遍，我们称之为"基本"算法。

8.2.1 最大和最小

在一组数中找到最大值或最小值的算法是相似的。下面以最大值为例说明算法设计过程。

在求最大值时，算法应该能从一组任意数量（5、100、1000 等）的整数中找出其最大值。在设计算法过程中，先用一组少量的整数，然后将这种解决方法扩展到任意多的整数。实际上，对 5 个整数求最大值的方法和对任意多的整数求最大值的方法是一样的。

1. 输入

输入一组整数（5 个）。

2. 算法过程

求 5 个整数的最大值的算法采取图 8.5 所示的 5 个步骤。

① 首先检查第一个整数 12，由于没有检查其他的整数，因此当前的最大值就是第一个整数。算法中定义了一个 largest 变量并把第一个整数赋给变量。

② 将 largest(12)与第二个整数(8)比较。largest 大于第二个整数，不需要改变。

③ 将 largest(12)与第三个整数(13)比较。largest 小于第三个整数，将第三个整数赋给 largest。

④ largest 不变，因为当前 largest(13)比第四个整数(9)大。

⑤ largest 不变，因为当前 largest(13)比第五个整数(11)大。

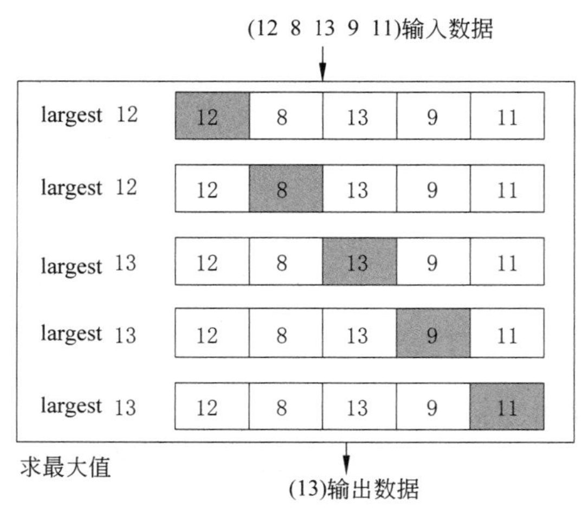

图 8.5 在 5 个整数中求最大值

3. 输出

输出 largest 的值为 13。

4. 细化

为了使算法能够在程序中应用，还需要进行细化。首先，第一步的动作与其他步骤不一样。其次，第二步到第五步的程序描述语言不同。将第二步到第五步的算法都修改为“如果当前整数大于 largest，那么将当前整数赋值给 largest”。第一步不同于其他步骤是因为 largest 没有初始化。如果开始时将 largest 初始化成负无穷（最小的整数）或者将 largest 初始化成第一个整数，那么第一步可以写成与其他步骤一样的算法过程。初始化 largest 可以放在第一步之前，可称为第零步。

如果算法的第一步到第五步的动作是一样的，那么可以使用循环完成这些步骤。使用循环后，算法从 5 个数中找最大值和从 n 个数中找最大值是一样的。算法的伪代码描述如图 8.6 所示。

```
算法：findLargest(list)
目的：求一组整数中的最大值
前提：给定一组整数
后续：无
返回：最大值
{
  largest←list[0]
  while(more integer to check)
  {
      if(current>largest)  largest←current
  }
  return largest
}
```

图 8.6 求一组整数中的最大值

例 8.3　编写从一组整数中求最大值的算法，该组整数数量事先未知。

```
def findLargest(list):
  largest=list[0]
  for i in list:
    if i>largest:
      largest=i
  return largest
numbers=[12,8,13,9,11]
print(findLargest(numbers))
```

8.2.2　求和

求和是将一系列数相加。求和算法可以分为三个逻辑部分。

① 将和(sum)初始化。

② 循环，在每次循环中将一个新数加到和(sum)上。

③ 退出循环后返回结果。

例 8.4　求 $1-\frac{1}{2}+\frac{1}{3}-\frac{1}{4}+\cdots+\frac{1}{99}-\frac{1}{100}$。

在加数序列中，每一项的分母都是前一项的分母加 1，后一项前面的运算符都与前一项前的运算符相反。在求和循环中，如果用 sign 代表当前处理的项前面的数值运算符号，则下次循环运算符号为 -sign。

图 8.7 为例 8.4 的求和算法。

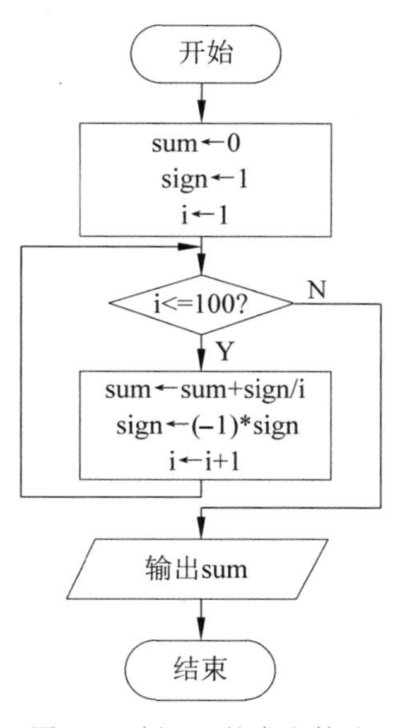

图 8.7　例 8.4 的求和算法

```
sum=0
sign=1
i=1
while i<=100:
  sum=sum+sign/i
  sign=-sign
  i=i+1
print("sum=",sum)
```

程序运行后，输出结果为

```
sum= 0.688172179310195
```

8.2.3　求积

求积是将一系列数相乘。求积算法可以分为三个逻辑部分。

① 将乘积(product)初始化。

② 循环,在每次循环中将一个新数与乘积(product)相乘。

③ 退出循环后返回结果。

例 8.5 求 n!。

```
n!=1×2×3×…×n
def f(n):
  product=1
  i=1
  while i<=n:
    product=product * i
    i=i+1
  return product
print(f(5))
```

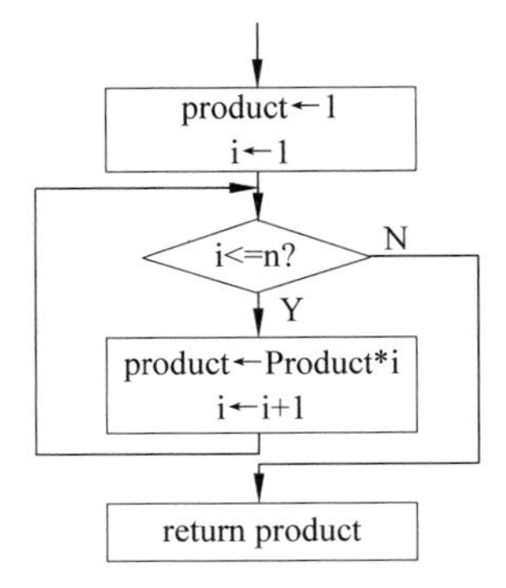

图 8.8 例 8.5 的乘积算法

图 8.8 为例 8.5 的乘积算法。

8.2.4 排序

排序在计算机科学中应用非常广泛,即根据数据的值对数据进行排列。生活中的很多数据都是有序的,例如英文字典,如果字典中的单词未经过排序,则要花非常长的时间才能查到一个单词。

本节将介绍三种排序算法:选择排序、冒泡排序和插入排序。这三种方法是其他排序算法的基础。排序分为升序(从小到大)和降序(从大到小)两种,本节介绍的算法为升序。

1. 选择排序

在选择排序中,数字列表可分为两个子列表(已排序列表和未排序列表),它们通过假想的一个分界线分开。找到未排序列表中的最小元素并把它和未排序列表的第一个元素进行交换,如图 8.9 所示。

图 8.9 选择排序

经过每次选择和交换,两个子列表间的分界线向后移动一个元素,这样每次已排序列表中将增加一个元素,而未排序列表中将减少一个元素。每次把一个元素从未排序列表移到已排序列表就完成一轮排序。一个含有 n 个元素的列表需要 $n-1$ 轮排序来完成数据的重新排列。

图 8.10 所示为 6 个整数进行排序的步骤。已排序列表和未排序列表之间的分界线在每轮排序后向后移动一个元素。经过 5 轮后完成排序,轮数比列表个数少 1。因此,使

用循环控制排序，循环次数是列表中元素个数减 1。

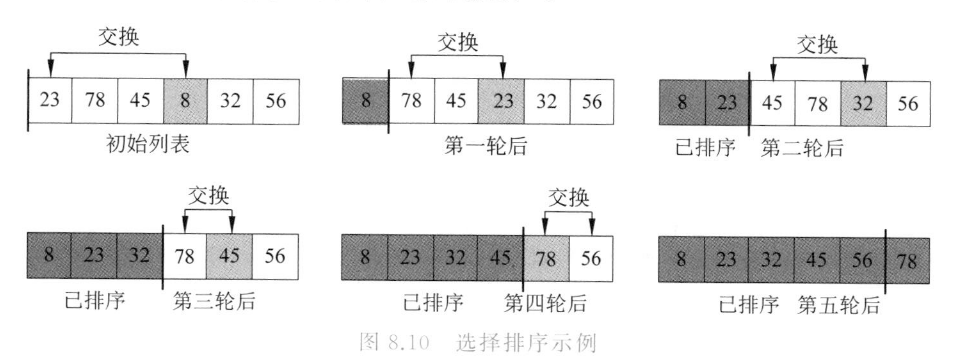

图 8.10 选择排序示例

选择排序算法使用两重循环，外层循环执行一次循环体将完成一轮排序，内层循环在未排序列表中找到最小元素并将其与未排序列表的第一个元素交换。在外层循环执行第 i 次循环时，未排序列表从 i 位置开始。

例 8.6 使用选择排序对一组整数排序。

```
def selectSort(list):
  n=len(list)
  for i in range(0,n-1):
    smallest=list[i]
    p=i
    for j in range(i,n):
      if smallest>list[j]:
        smallest=list[j]
        p=j
    list[i],list[p]=list[p],list[i]
data=[23,78,45,8,32,56]
selectSort(data)
print(data)
```

程序输出结果为

```
[8, 23, 32, 45, 56, 78]
```

选择排序算法的伪代码描述如图 8.11 所示。

2. 冒泡排序

在冒泡排序中，数字列表可分为两个子列表(已排序列表和未排序列表)，如图 8.12 所示。在未排序列表中，最大元素通过冒泡方法选出来并移到已排序列表中。当把最大元素移到已排序列表后，分界线向前移动一个元素，使得已排序列表的个数增加一个，而未排序列表的个数减少一个。

这种找大数的方法为“向下冒泡”，算法也可以将小数“向上冒泡”。从效率上看，无论大数冒泡还是小数冒泡并没有什么区别。

```
算法：selectSort(list)
目的：使用选择排序法对一组整数排序
前提：给定一组整数
后续：list 已排序
返回：无
{
  i←0,n←len(list)
  while(i<n-1)
  {
    smallest←list[i],p←i,j←i
    while(j<n)
    {
      current←list[j]
      if(smallest>current)  samllest←current,p←j
      j←j+1
    }
    list[i]↔list[p]
    i←i+1
  }
}
```

图 8.11　选择排序算法

每次元素从未排序列表移到已排序列表中便完成一轮排序。对于一个含有 n 个元素的列表，冒泡排序需要 $n-1$ 轮来完成数据排序。

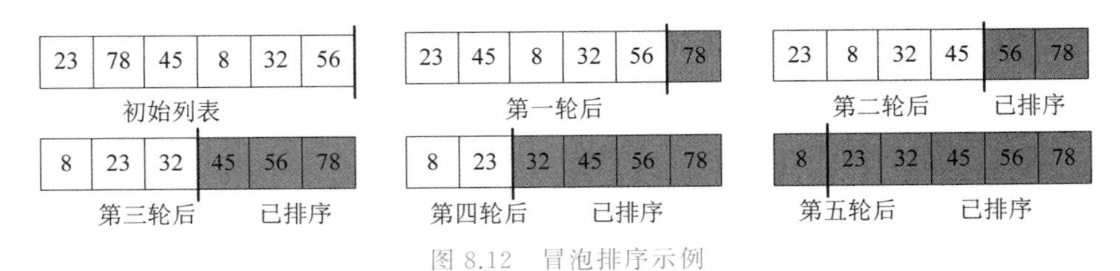

图 8.12　冒泡排序示例

图 8.13 所示为未排序列表的一轮排序，是将相邻的两个数进行比较，如果前一个数大于后一个数，则将未排序列表中的两个数交换。在第一轮排序中，从第一个元素 23 开始并把它与相邻元素 78 比较，因为不大于 78，所以不做交换；下一次比较 78 与 45，由于 78 大于 45，因此交换元素；第三次比较 78 与 8，交换元素；第四次比较 78 与 32，交换元素；第五轮比较 78 与 56，交换元素。

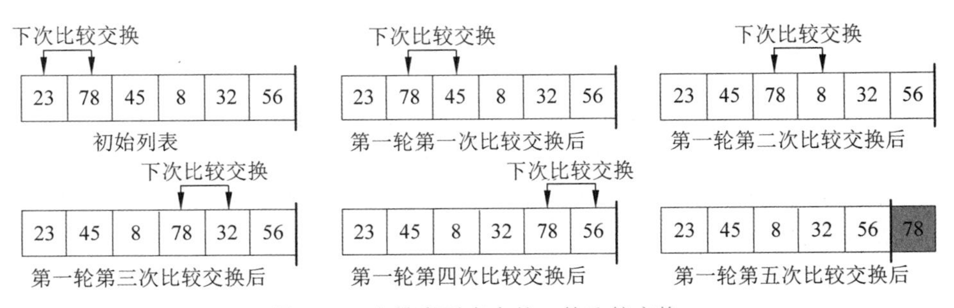

图 8.13　未排序列表中的一轮比较交换

一个含有 m 个元素的未排序列表需要经过 $m-1$ 次比较交换，将最大值找出并移动到列表末尾(已排序列表中)。

冒泡排序算法也使用两重循环，外层循环执行一次循环体将完成一轮排序，内层循环在未排序列表中从前向后依次对两个数据进行比较交换，最后将最大元素放在未排序列表末尾。在外层循环执行第 i 次循环时，n 个元素的列表中未排序列表元素数量为 $n-i$。

例 8.7　使用冒泡排序对一组整数排序。

```
def bubleSort(list):
  n=len(list)
  for i in range(0,n-1):
    for j in range(0,n-1-i):
      if list[j]>list[j+1]:
        list[j],list[j+1]=list[j+1],list[j]
data=[23,78,45,8,32,56]
bubleSort(data)
print(data)
```

冒泡排序算法的伪代码描述如图 8.14 所示。

```
算法：bubleSort(list)
目的：使用冒泡排序法对一组整数排序
前提：给定一组整数
后续：list 已排序
返回：无
{
  i←0,n←len(list)
  while(i<n-1)
  {
    j←0
    while(j<n-1-i)
    {
      if(list[j]>list[j+1])  list[j]↔ list[j+1]
      j←j+1
    }
    i←i+1
  }
}
```

图 8.14　冒泡排序算法

在冒泡排序过程中，如果一轮中没有数据交换，如图 8.12 中的第四轮和第五轮，表示已经排好序。可以在算法中设置一个变量，指示内层循环是否有数据交换，如果没有则停止按轮排序。这种方法能够改善冒泡排序性能。

3. 插入排序

在插入排序中，与其他两种排序方法一样，排序列表被分为两部分：已排序的和未排序的。在每轮中，把未排序子列表中的一个元素转移到已排序的子列表中，并且插到合适的位置，如图 8.15 所示。一个含有 n 个元素的列表需要 $n-1$ 轮排序。

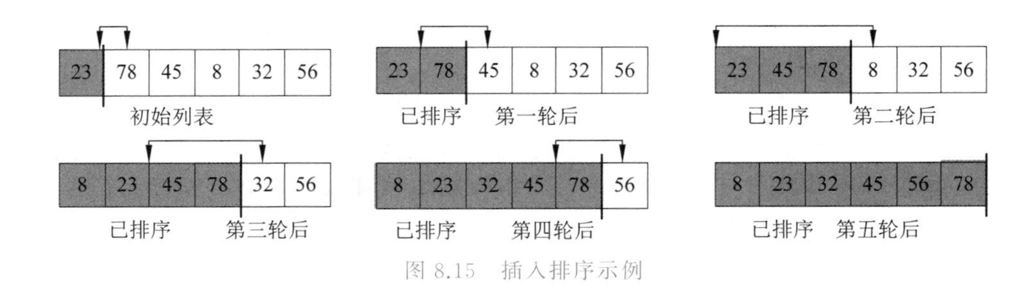

图 8.15　插入排序示例

在每一轮排序中，选择未排序列表的第一个元素作为插入元素。可以先将插入元素保存到一个变量中，然后将已排序列表的元素由后向前依次与插入元素进行比较。如果大于插入元素，则将该元素后移一位，否则停止比较，将变量中保存的插入元素插入停止比较的下一个位置。例如在第四轮排序时，先用变量保存 32，将 32 与 78 比较，78 大于 32，将 78 复制到其下一个位置（原 32 位置）；再将 32 与 45 比较，45 大于 32，将 45 复制到其下一个位置；将 32 与 23 比较，23 小于 32，停止比较，将 32 插入 23 的下一个位置（原 45 位置）。

插入排序算法也使用两重循环，外层循环执行一次循环体将完成一轮排序，内层循环则为未排序列表的第一个元素寻找插入位置并完成插入。

例 8.8　使用插入排序对一组整数排序。

```
def insertSort(list):
  n=len(list)
  for i in range(1,n):              #下标为 0 的元素不需要排序，从 1 到 n-1 共 n-1 轮排序
    j=i-1                           #j 为已排序列表最后一个元素的下标
    insertvalue=list[i]             #用变量保存插入值
    while j>=0 and list[j]>insertvalue:   #已排序列表元素大于插入值时继续循环
      list[j+1]=list[j]             #已排序列表元素后移一位
      j=j-1
    list[j+1]=insertvalue           #退出循环时的下一个位置为插入位置
data=[23,78,45,8,32,56]
insertSort(data)
print(data)
```

4. 其他排序算法

选择排序、冒泡排序和插入排序是效率最低的三种排序算法，如果要排序的列表中有多于几百个的元素，那就不应该使用这些算法。这三种排序算法是比较简单的算法，容易理解与分析，并且是其他高效排序算法的基础。其他排序算法有快速排序、堆排序、希尔排序、合并排序等，这些排序算法相对比较复杂，但在数据量特别大时效率更高。

8.2.5　查找

在计算机科学中还有一种常用的算法叫作查找，是一种在列表中确定目标所在位置

的算法。查找算法一般是在列表中找到等于给定值的第一个元素位置。查找包括两种基本的查找方法：顺序查找和折半查找。顺序查找可以在任何列表中查找，折半查找要求列表是有序的。

1. 顺序查找

顺序查找用于查找无序列表。一般来说，可以用这种方法查找较小的列表或不常用的列表。如果列表元素数量较多或需要经常查找，最好的方法是先将列表排序，然后使用折半查找方法进行查找。

顺序查找是从列表起始处开始，依次将列表各个元素与查找目标进行比较，当找到目标元素或确信查找目标不在列表中时，查找过程结束。

例 8.9 使用顺序查找方法在一组整数中查找 32。

```
def search_seq(list,key):
  n=len(list)
  p=-1
  for i in range(0,n):
    if list[i]==key:
      p=i
      break
  return p
data=[23,78,45,8,32,56]
p=search_seq(data,32)
print(p)
```

顺序查找算法的伪代码描述如图 8.16 所示。

```
算法：search_seq(list,key)
目的：使用顺序查找在一组整数中查找给定目标
前提：给定一组整数和查找目标
后续：无
返回：查找目标在列表中位置，找不到时返回-1
{
  p←-1,n←len(list),i←0
  while(i<n)
  {
    if(list[i]==key)  p←i  break
    i←i+1
  }
  return p
}
```

图 8.16 顺序查找算法

2. 折半查找

顺序查找很慢，但如果列表是无序的，则它是唯一方法。如果列表是有序的，可以使用一个更有效率的方法，称为折半查找。

折半查找算法通过比较有序列表的中间元素与查找目标的大小，判别查找目标在列表的前半部分还是后半部分。如果在前半部分，就不需要查找后半部分。如果在后半部分，就不需要查找前半部分。也就是说，通过比较大小每次可以将查找范围缩小一半，因此称为折半查找。

图 8.17 所示为使用折半查找算法在整数列表中查找 22 的过程。为计算查找范围，图中使用了三个下标变量(low、high 和 middle)，分别表示查找列表的起始下标、终止下标和中间位置。其中，middle＝(low＋high)//2。

① 开始时，low 为 0，high 为 11，计算出 middle 为 5。比较目标(22)与中间位置 5 的数(21)，目标比中间元素大，因此忽略前半部分，在后半部分继续查找。

② 将 low 移到 middle 的后面，即位置 6。low 为 6，high 为 11，计算出 middle 为 8。比较目标(22)与中间位置 8 的数(62)，目标比中间元素小，因此忽略后半部分，在前半部分继续查找。

③ 将 high 移到 middle 的前面，即位置 7。low 为 6，high 为 7，计算出 middle 为 6。比较目标(22)与中间位置 6 的数(22)。由于找到了目标，此时算法结束。

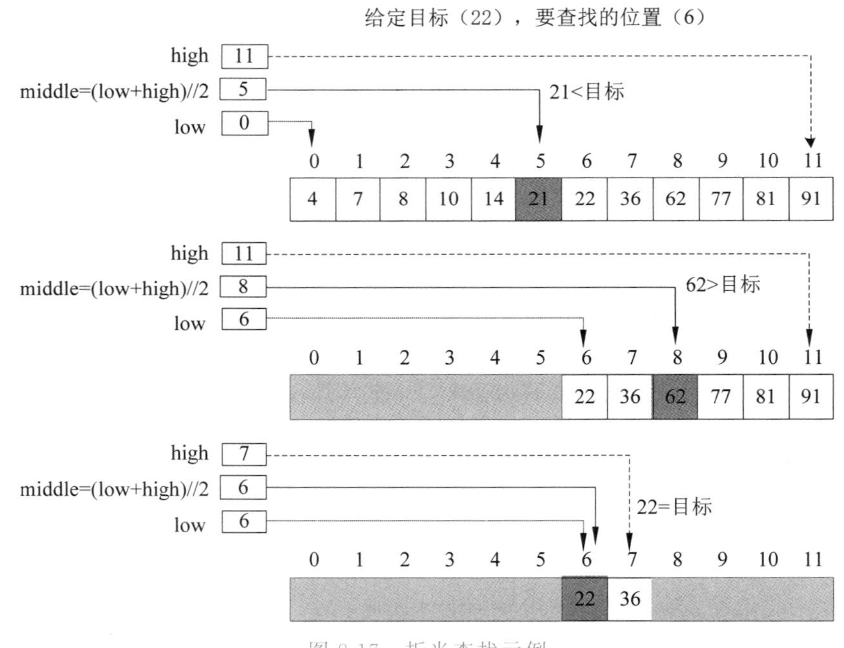

图 8.17　折半查找示例

折半查找算法在找到目标或确定目标不在列表中时停止。在反复查找过程中，每次都是 low 增大或 high 减小，如果目标不在列表中时，high 的值就会变成小于 low 的值，这种不正常的取值可以作为退出循环的条件。

例 8.10　使用折半查找方法在一组整数中查找 22。

```
def search_half(list,key):
  n=len(list)
```

```
  low=0
  high=n-1
  while low<=high:
    middle=(low+high)//2
    if list[middle]==key:
      return middle
    elif list[middle]>key:
      high=middle-1
    else:
      low=middle+1
  return -1
data=[4,7,8,10,14,21,22,36,62,77,81,91]
p=search_half(data,22)
print(p)
```

折半查找算法的伪代码描述如图 8.18 所示。

```
算法：search_half(list,key)
目的：使用折半查找在一组有序整数中查找给定目标
前提：给定一组有序整数和查找目标
后续：无
返回：查找目标在列表中位置，找不到时返回-1
{
  n←len(list),low←0,high←n-1
  while(low<=high)
  {
    middle←(low+high)//2
    if(list[middle]==key)  return middle
    else if(list[middle]>key)  high←middle-1
    else  low←middle+1
  }
  return -1
}
```

图 8.18　折半查找算法

3. 列表的排序和查找方法

列表支持排序方法 sort()和查找方法 index()，默认情况下，sort()方法对列表进行升序排序。

```
>>> data=[23,78,45,8,32,56]
>>> data.sort()
>>> print(data)
[8, 23, 32, 45, 56, 78]
>>> x=data.index(23)              #返回具有指定值的第一个元素的位置值
>>> print(x)
1
```

sort()方法也可以做降序排序，甚至可以指定使用什么样的排序标准。sort 的一般

格式为

```
sort(reverse=True|False, key=myFunc)
```

参数 reverse 为可选项，reverse＝True 将对列表进行降序排序，默认是 reverse＝False；参数 key 为可选项，用于设置指定排序标准的函数。

```
>>> data=[23,78,45,8,32,56]
>>> data.sort(reverse=True)              #降序排序,结果为[78, 56, 45, 32, 23, 8]
>>> words=["nice","to","meet","you"]
>>> words.sort(key=lambda s:len(s))      #定义 lambda()函数:对元素字符串求长度,
                                         #按长度排序
>>> print(words)
['to', 'you', 'nice', 'meet']            #字符串长度分别为 2、3、4、4
```

如果不想修改原列表，可以使用 Python 的 sorted()函数，该函数返回排序的列表。

```
>>> data=[23,78,45,8,32,56]
>>> sortdata=sorted(data)        #data 列表不变,sortdata=[8, 23, 32, 45, 56, 78]
```

8.2.6 迭代

迭代是指重复执行一组指令或操作步骤。在每次执行这组指令时，都在原来的解的基础上推出一个新的解，新的解比原来的解更加接近于真实的解。

例 8.11 Fibonacci 数列为 1 1 2 3 5 8 13 21…，第 1 项和第 2 项为 1，其余各项取值为其前两项之和，求第 20 项取值。

利用迭代算法，可以从前向后依次求解，先求第 3 项值，再求第 4 项值……，最后求第 20 项值。

```
f1=f2=1                          #f1 为第 1 项,f2 为第 2 项
for i in range(3,21):            #求第 3 项到第 20 项
  fn=f1+f2                       #每项等于前两项的和
  f1=f2                          #迭代下一次时,f1 为当前的相邻项
  f2=fn                          #迭代下一次时,f2 为当前项
print(fn)
```

迭代算法也常用于求解高阶方程 $f(x)=0$ 或微分方程等的数值解。此类问题无法在数学上求出准确的解，只能用数值方法求出问题的近似解。如果近似解误差可控制且迭代次数可接受，那么使用迭代算法计算可以将复杂的求解过程转换为相对简单的迭代重复执行过程。

例如，求 $f(x)=x^2-c=0$ 的解，也就是求 $x=\sqrt{c}$ 的解。使用牛顿迭代公式求解 $f(x)$，可得

$$g_{n+1}=(g_n+c/g_n)/2$$

其中 g_n 为第 n 次 x 的尝试解，计算出的 g_{n+1} 更接近于 x 的解。假设求 10 的开平

方，即 $c=10$，初始的尝试值设为 10，迭代过程为

```
>>> g0=10
>>> g1=(g0+10/g0)/2                          #g1=5.5
>>> g2=(g1+10/g1)/2                          #g2=3.659090909090909
>>> g3=(g2+10/g2)/2                          #g3=3.196005081874647
>>> g4=(g3+10/g3)/2                          #g4=3.16245562280389
```

经过 4 次迭代，计算出的 g4=3.162 已经是保留小数点后 3 位的$\sqrt{10}$的值。

例 8.12 编写算法，实现平方根运算。

```
def square(c):
  g=c
  while abs(g*g-c)>0.0001:                   #误差大于 0.0001 时继续迭代
    g=(g+c/g)/2
  return g
print(square(3))                             #调用函数求 3 的平方根，输出 1.732
```

8.2.7 递归

如果一个算法直接或间接地调用它本身，则称该算法是递归定义的。例如，阶乘函数可以进行如下递归定义。

$$f(n)=\begin{cases}1 & n=0\\ n\times f(n-1) & n>0\end{cases}$$

一般情况下，递归定义包括两部分。

- 递归终止条件，即存在一个“递归出口”。
- 其他情况下的递归调用，通常是递归调用自身去解决较小规模的问题。

图 8.19 所示为递归求解 3 的阶乘的步骤。递归解决问题有两步，首先将问题从高至低进行分解，然后再从低到高解决问题。

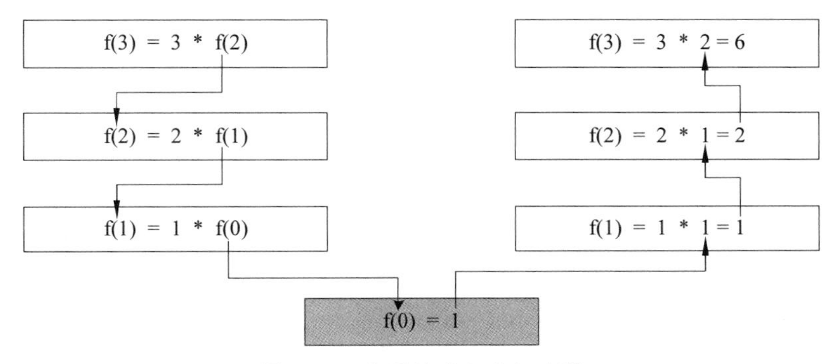

图 8.19 阶乘的递归求解步骤

虽然递归计算花费时间更长，实现更困难，但是使用计算机实现时则变得非常简洁。递归算法在求解阶乘时不需要循环，因为递归调用中本身包括了重复。

例 8.13　利用递归算法求 5!。

```
def f(n):
  if n==0:
    return 1
  else:
    return n * f(n-1)
print(f(5))
```

例 8.14　求 Fibonacci 数列第 20 项取值。

将 Fibonacci 数列定义改写为递归定义形式。

$$\mathrm{fib}(n)=\begin{cases}1 & n\leqslant 2\\ \mathrm{fib}(n-1)+\mathrm{fib}(n-2) & n>2\end{cases}$$

```
def fib(n):
  if n<=2:
    return 1
  else:
    return fib(n-1)+fib(n-2)
print(fib(20))                              #输出 6765
```

8.2.8　分治

分治算法是起源于递归思想的算法。分治的基本思想是把一个复杂的问题分成多个相同或近似的互相独立的子问题,再把子问题分成更小的子问题,直到最后的子问题可以简单地直接求解,然后将这些子问题的解合并从而构造出原问题的解。

图 8.20 为分治法求列表最小值的求解过程。算法分别求出列表的前半部分元素的最小值和后半部分元素的最小值,再比较这两个子列表的最小值,得到整个列表的最小值。

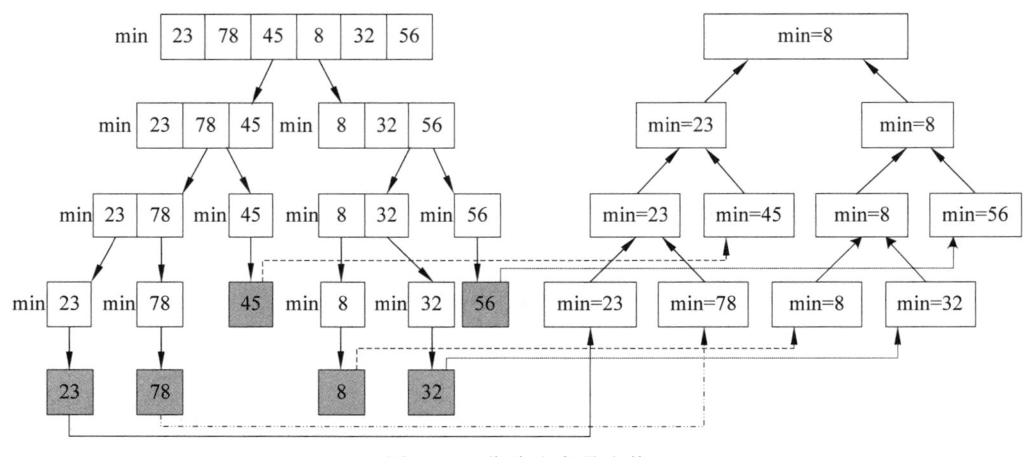

图 8.20　分治法求最小值

求解过程是一个递归过程。当子列表只有一个元素时，其最小值就是该元素，此时递归求解终止。

设列表用 L 表示，子列表的起始下标为 l，终止下标为 h，中间元素下标为 m，$m=(l+h)//2$。求列表最小值的分治算法可以表示为

$$\min(L,l,h)=\begin{cases} L[l] & l=h \\ \min(L,l,m) & \min(L,l,m)<\min(L,m+1,h) \\ \min(L,m+1,h) & \min(L,l,m)\geqslant\min(L,m+1,h) \end{cases}$$

例 8.15　用分治法求列表[23,78,45,8,32,56]的最小值。

```
def min(list,l,h):
  m=(l+h)//2
  if l==h:
    return list[l]
  elif min(list,l,m)<min(list,m+1,h):
    return min(list,l,m)
  else:
    return min(list,m+1,h)
data=[23,78,45,8,32,56]
print(min(data,0,5))
```

8.3　基本数据结构

数据结构是相互之间存在一种或多种特定关系的数据元素的集合。列表、字符串和字典是 Python 中经常使用的几种数据结构，都支持插入、删除、查找等操作。列表实现的是一种抽象数据类型，即数组。抽象的意思是我们知道列表起到数组的作用，但它们是如何做到隐藏的。除了前面介绍的数组、记录外，计算机中使用的抽象数据类型还包括栈、队列、树、图等。

8.3.1　栈

栈是一种受限制的列表，该类列表的添加和删除操作只能在一端实现，称为“栈顶”。

如果插入一系列数据到栈中，然后移走它们，那么数据的顺序将被倒转。如图 8.21 所示，数据插入的顺序为 5,10,15,20，移走后数据的顺序就变为 20,15,10,5。因此栈也被称为“后进先出”或“先进后出”的数据结构。

1. 栈的操作

栈的基本操作包括入栈、出栈、判断是否为空等。

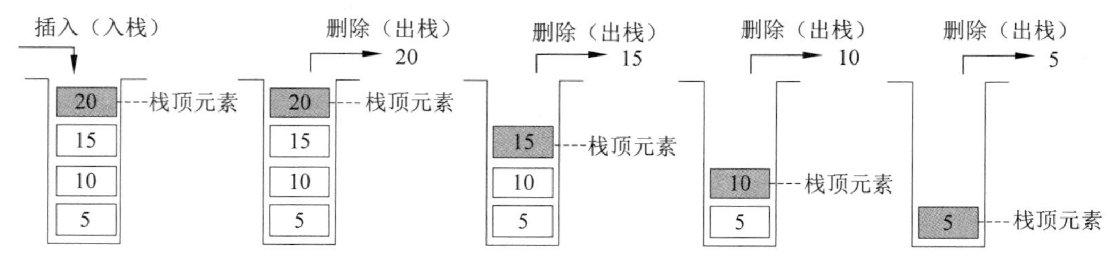

图 8.21　计算机的栈

(1) 入栈

入栈也称为压栈，它是在栈顶添加新的元素。入栈后，新的元素成为栈顶元素。入栈操作得到的是添加一个新元素的栈。

(2) 出栈

出栈操作将栈顶元素移走，移走的数据可以被应用程序使用，也可以被丢弃。出栈操作之后，下面的数据就成为栈顶元素。出栈操作得到减少一个元素的栈。入栈操作和出栈操作如图 8.22 所示。

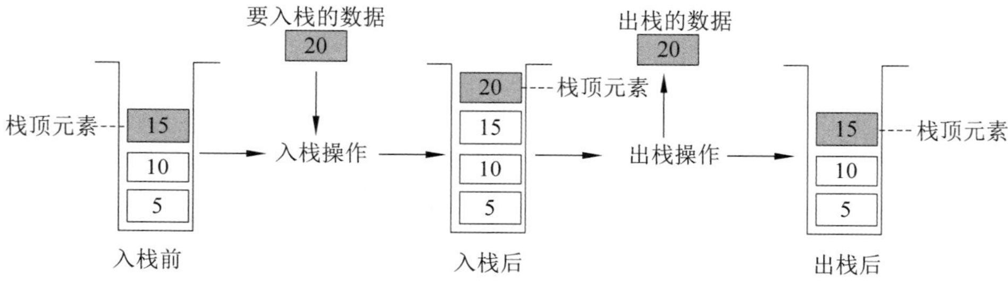

图 8.22　入栈与出栈操作

(3) 判断是否为空

判断是否为空操作检查栈的状态，如果栈为空，此操作返回真；如果栈非空，返回假。

2. 在 Python 中实现栈操作

Python 中有几种栈实现，包括列表、collections.deque 等。

(1) 使用列表实现栈操作

列表可以通过 append()方法添加元素，是一种动态的数组。除了实现数组功能外，列表也能完成入栈和出栈操作，因此也适合作为栈。

列表的 pop()方法可以实现出栈功能。

```
>>> s=[5,10,15]
>>> s.append(20)                    #在列表末尾添加 20,相当于入栈
>>> x=s.pop()                       #将列表末尾数据赋给 x 并删除该数据,相当于出栈
>>> print(x)
20
>>> print(s)
```

```
[5, 10, 15]
```

虽然 pop(index)方法通过指定下标可以删除任何位置的数据,列表的头部也可以当成栈顶,但是列表在删除头部元素时,需要将其他元素依次前移一个位置,效率较低。因此在使用列表实现栈时,应该选列表的尾部作为栈顶。入栈、出栈操作分别用 append()方法、pop()方法实现。判断是否为空操作用 len()函数实现,可以通过比较 len(s)是否为 0 来判断栈是否为空。

(2) 使用 collections.deque 实现栈操作

deque 类支持从两端添加和删除元素,也可以作为栈。

Python 的 deque 对象用双向链表实现,进行插入和删除操作时,只修改相邻元素,不需要移动其他元素,也不涉及动态扩充元素容量问题,这为插入和删除元素提供了出色且一致的性能,因此 deque 实现的栈是一种快速且性能稳定的栈。下面的代码是 deque 实现的栈(尾部作为栈顶)。

```
>>> from collections import deque     #导入 deque
>>> s=deque()                         #创建 deque 对象
>>> s.append('eat')                   #入栈
>>> s.append('sleep')
>>> s.append('work')
>>> s
deque(['eat', 'sleep', 'work'])
>>> x=s.pop()                         #出栈,将栈顶数据赋给 x
>>> print(x)
work
>>> s
deque(['eat', 'sleep'])               #出栈一次后栈中数据
```

deque 实现的栈其入栈、出栈和判断是否为空操作分别用 append()方法、pop()方法和 len()函数实现。

3. 栈的应用

栈的应用可以分为倒转数据、配对数据、暂存数据和回溯步骤等。调用函数时下一条语句的地址、函数参数及函数返回值都是通过栈在函数间传递的。因此在递归调用过程中,递归的次数越多,使用栈的空间就越多。

例 8.16 将十进制数转换为二进制数。

在使用除 2 取余法将十进制数转换为二进制数时,最先取到的余数是二进制数的最末位,输出时需要后输出。

```
def dtob(n):
  s=[]                                #空列表作为栈
  while n!=0:
    s.append(n%2)                     #将余数入栈
    n=n//2                            #除 2
```

```
  while len(s)>0:
    b=s.pop()                          #出栈,后入栈的为高位
    print(b,end="")
dtob(24)
```

程序运行后,输出结果为

```
11000
```

本例中不使用栈的编程思想而使用列表的反向输出也可以。

例 8.17　编写程序,检查字符串中所有的左括号是否与右括号配对。

```
def check(expression):              #expression 是要检查的表达式,如果有非配对的括
                                    #号,则给出错误信息
  s=[]
  for char in expression:           #检查表达式中的所有字符
    if char=="(":                   #检查到左括号时入栈
      s.append(char)
    elif char==")":
      if len(s)==0:                 #检查到右括号时,如果栈为空,则没有配对的左括号
        print("no (")
      else:
        s.pop()                     #检查到右括号时,如果栈不为空,将栈顶的左括号出栈
  if len(s)>0:
    print(") not matched")          #如果栈不空,说明左括号数量比右括号多
expression="3*(6+2)+9*8-2)/2"#测试表达式
check(expression)                   #检查表达式,结果为输出"no ("
```

8.3.2　队列

队列是一种受限制的列表,该类列表中的数据只能在尾部一端插入,并且只能在头部一端删除。数据在队列中只能按照它们存入的顺序处理。因此队列也称为“先进先出”的数据结构。

队列和日常生活中的排队是一致的,最早进入队列的元素最早离开。例如在超市等待结账的队列以及等待计算机处理的一系列等待任务队列都按照“先进先出”的方式工作。

1. 队列的操作

队列的基本操作包括入队、出队、判断是否为空等。

(1) 入队

入队操作是在队列的尾部添加新的元素。入队后,新的元素成为队列的最后一项,通常称为队尾。入队操作得到的是添加一个新元素的队列。

(2) 出队

出队操作将队列前端的元素移走,移走的数据可以被应用程序使用,也可以被丢弃。

队列前端一般称为队首。出队操作之后，紧跟在队首后面的数据就成为队首。出队操作得到减少一个元素的队列。入队操作和出队操作如图 8.23 所示。

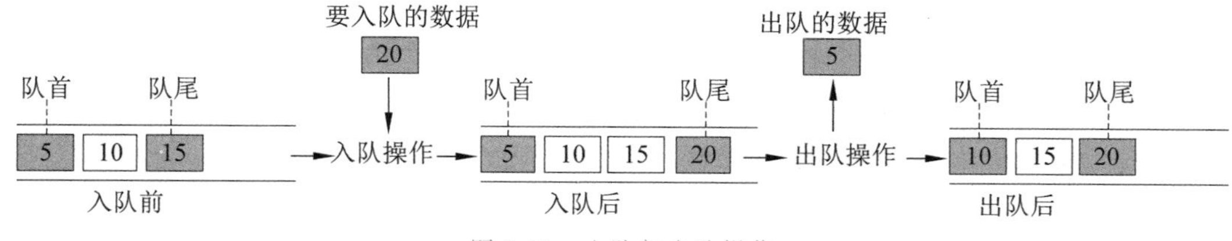

图 8.23 入队与出队操作

(3) 判断是否为空

判断是否为空操作检查队列的状态，如果队列为空，此操作返回真；否则返回假。

2. 在 Python 中实现队列操作

与列表相比，collections.deque 类更适合于实现队列。deque 是为双向队列设计的，支持从两端添加和删除元素，可以实现队列操作。

```
>>> from collections import deque        #导入 deque
>>> queue=deque()                        #创建队列
>>> queue.append("get up")               #入队，使用 append()方法向队尾添加
>>> queue.append("breakfast")
>>> queue.append("by bus")
>>> queue.append("work")
>>> queue
deque(['get up', 'breakfast', 'by bus', 'work'])
>>> x=queue.popleft()                    #出队，使用 popleft()方法从队首删除元素
>>> x
'get up'
>>> queue
deque(['breakfast', 'by bus', 'work'])  #出队后队列中数据
```

deque 实现的队列其入队、出队和判断是否为空操作分别用 append()方法、popleft()方法和 len()函数实现。

例 8.18 判断单词是不是回文单词。

回文是指从左向右读和从右向左读的结果是一样的，如 radar。deque 对象可以从左右两侧删除数据，如果每次左右两侧删除的数据都一样，则为回文。在创建 deque 对象时，如果参数是一个字符串，则创建的对象由字符串的字符组成。

```
>>> deque("radar")
deque(['r', 'a', 'd', 'a', 'r'])
```

根据回文的定义，设定长度小于 2 的词都不是回文。

```
from collections import deque
```

```
def palindrome(word):
  if len(word)<2:
    return False
  que=deque(word)
  while len(que)>1:
    if que.popleft()!=que.pop():
      return False
  return True
print(palindrome("radar"))
```

程序运行后，输出结果为 True。palindrome()函数也可以用于对回文数的判断，使用前先将整数用 str()函数转换为字符串，再将字符串当成参数进行判断。

3. 队列的应用

队列是最常用的数据处理结构之一。在计算机系统中，所有需要经过排队处理的地方都使用队列，在操作系统以及网络中都有大量的队列应用情况，如使用队列完成对共享打印机(多人共用打印机)的处理。

8.3.3 线性表

列表在实现栈和队列时，访问数据的方式是受限制的，只能在栈顶或队首删除数据。列表在作为数组使用时，插入和删除可以在任何地方进行，包括头部、中间或末尾。实现数组操作的抽象数据模型称为线性表。图 8.24 所示为一个线性表，它是具有如下特性的元素的集合。

- 元素具有相同的类型。
- 元素顺序排列，有第一个元素和最后一个元素。
- 除第一个元素外每个元素都有唯一的前驱，除最后一个元素外每个元素都有唯一的后继。

图 8.24 线性表

1. 线性表的实现方式

在计算机中，可以用不同的方式表示线性表，其中最简单的方式是用一组地址连续的存储单元依次存储线性表的元素，也就是用数组表示线性表。线性表的另一种实现方式是使用链表，前面使用的 deque 类就是使用链表实现的。链表中的元素习惯上被称为节点，节点的数据包括两部分，即数据和下一数据的地址(也称为链)，如图 8.25 所示。

在数组模型中，元素在内存中是一个接一个中间无间隔地存储的，是连续的。而链表

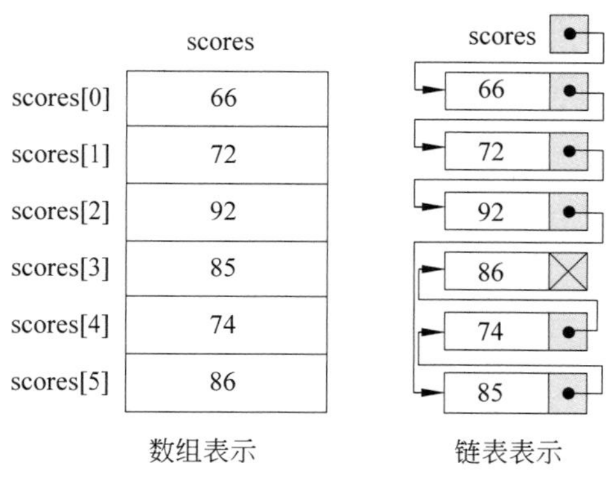

图 8.25　数组与链表

节点的存储其中间是可以有间隔的，节点中的链部分把所有数据连在一起，形成线性表。链表进行插入和删除操作更容易些，只需要改变指向下一元素的地址即可。

2. 线性表的操作

线性表的常用操作包括插入、删除、查找、遍历和判断是否为空等。

(1) 插入

根据插入要求，在指定位置插入一个元素。插入完成后，线性表元素个数加 1。在 Python 中，列表的插入操作包括在任意位置插入元素（使用 insert(position，value)方法）和在尾部添加元素（使用 append()方法）。

(2) 删除

删除指定位置的元素。删除完成后，线性表元素个数减 1。列表的删除操作包括删除任意位置元素（使用 pop(i)方法）和删除尾部元素（使用 pop()方法）。

(3) 查询

查找指定数据元素的位置。列表的查询操作使用 index(value)方法。

(4) 遍历

逐一访问线性表中的每个数据元素并执行读写等操作。对列表的遍历使用 for 语句实现。

例 8.19　将一个二维列表的行和列元素互换，存到另一个二维列表中。例如

$$\boldsymbol{a}=\begin{bmatrix}1 & 2 & 3\\4 & 5 & 6\end{bmatrix}\quad \boldsymbol{b}=\begin{bmatrix}1 & 4\\2 & 5\\3 & 6\end{bmatrix}$$

```
def change(list):
  newlist=[]
  row=len(list)                    #row 为列表行数
  col=len(list[0])                 #col 为列表列数
  for i in range(col):             #生成一个新列表,列表的行数为 col,列数为 row
    newrow=[0] * row
```

```
    newlist.append(newrow)
  for i in range(row):
    for j in range(col):
      newlist[j][i]=list[i][j]   #用原列表中的数据为新列表元素赋值
  return newlist
a=[[1,2,3],[4,5,6]]
b=change(a)                       #b=[[1,4],[2,5],[3,6]]
for row in b:                     #row 遍历 b 的每个元素,依次为[1,4]、[2,5]、[3,6]
  for e in row:                   #e 遍历 row 中的每个元素
    print(e,end='\t')
  print()
```

程序运行后,输出结果为

```
1  4
2  5
3  6
```

8.4 算法的评价

解决同一个问题通常会有不同的算法,如对列表排序可以使用选择排序、插入排序等不同的算法,不同的算法在运行时间、需要的内存等方面可能是不同的。在评价算法时,可以从算法效率、存储量需求等方面进行比较。算法效率指的是算法执行时间。对同一个问题,如果有多个算法可以解决,执行时间短的算法效率高。算法在执行过程中所需的最大存储空间称为存储量需求。存储量需求和执行时间一般都与问题的规模有关。求100个人的平均分和求1000个人的平均分所花的执行时间或运行空间显然有一定的差别。

1. 算法效率的度量

衡量算法效率的常用方法是统计算法运行基本操作的次数,如在冒泡排序算法中可以把一次比较交换作为基本操作。这种计算方法与运行程序的计算机速度无关。一般情况下,算法中基本操作重复执行的次数是与问题规模相关的。例如对列表中的元素进行排序,元素的数量 n 越大,基本操作次数也越多。

算法效率通常使用大 O 表示法表示。在大 O 表示法中,运算数量表示为输入量的函数。符号 $O(n)$表示有 n 个输入,执行 n 次运算;符号 $O(n^2)$表示有 n 个输入,执行 n^2 次运算。

算法运行时间可以表示为 $T(n)=O(f(n))$,表示运行时间 T 与运算规模 n 相关,称为算法的时间复杂度。

在如下的冒泡排序算法中,以比较交换作为基本操作。

```
for i in range(0,n-1):
  for j in range(0,n-1-i):
    if list[j]>list[j+1]:
      list[j],list[j+1]=list[j+1],list[j]
```

外层循环次数为 $n-1$ 次，当 i 为 0 时，内层循环次数为 $n-1$，也就是执行 $n-1$ 次基本操作；当 i 为 1 时，内层循环次数为 $n-2$，执行 $n-2$ 次基本操作；当 i 为 $n-2$ 时，执行 1 次基本操作。

$$T(n)=1+2+3+\cdots+n-1=(1+n-1)\times(n-1)/2=n^2/2-n/2$$

在 n 趋近于无穷大时，$(n^2/2-n/2)/n^2\to 1$，$T(n)=O(n^2)$。

因此冒泡排序算法的时间复杂度为 $O(n^2)$。有些排序算法（如归并排序等）的时间复杂度为 $O(n\log n)$，在 n 特别大时效率要远高于冒泡排序。

2. 算法的存储空间需求

类似于算法的时间复杂度，算法运行时所需的存储空间可以表示为 $S(n)=O(f(n))$，称为空间复杂度。

计算算法的空间复杂度时，一般不考虑输入数据占用的空间，只考虑算法中占用的额外空间。

冒泡排序算法在运行时不需要占用额外的存储空间，因此其空间复杂度 $S(n)=O(0)$。在大 O 表示法中，括号中如果为常数，则表示与数据规模 n 无关。

在使用递归方法求 n 的阶乘时，每次递归调用函数自身都需要将返回地址、参数等放到堆栈中，因此其空间复杂度 $S(n)=O(n)$。

习　题　8

一、选择题

1. 下列关于递归函数的描述中，正确的是（　　）。
   A. 递归函数可以调用程序的所有函数
   B. 递归函数用于调用函数本身
   C. 递归函数除了函数本身，可以调用程序的其他所有函数
   D. Python 中没有递归函数

2. 以下代码的输出结果为（　　）。

```
def Foo(x):
  if (x= =1):
    return 1
  else:
    return x+Foo(x-1)
print(Foo(4))
```

A. 10　　B. 24　　C. 7　　D. 1

3. 下列代码实现的功能是(　　)。

```
def fact(n):
    if n==0:
        return 1
    else:
        return n * fact(n-1)
num =eval(input("请输入一个整数:"))
print(fact(abs(int(num))))
```

A. 接收用户输入的整数 n,判断 n 是否素数并输出结论

B. 接收用户输入的整数 n,判断 n 是否完数并输出结论

C. 接收用户输入的整数 n,判断 n 是否水仙花数

D. 接收用户输入的整数 n,输出 n 的阶乘值

4. 按照"后进先出"原则组织数据的数据结构是(　　)。

A. 栈　　B. 双向链表　　C. 二叉树　　D. 队列

5. 队列的特点是(　　)。

A. 先进先出　　B. 先进后出　　C. 快速查找　　D. 随机访问

6. 记录中的所有成员必须是(　　)。

A. 同类型　　B. 相关类型　　C. 字符串　　D. 整型

7. 下面关于算法的说法中,错误的是(　　)。

A. 算法必须有输出

B. 算法必须在计算机上用某种语言实现

C. 算法不一定有输入

D. 算法必须在有限步执行后能结束

8. 用来计算一组数据之和的基本算法是(　　)。

A. 求和　　B. 乘积　　C. 最小　　D. 最大

9. 根据数值大小进行排列的基本算法是(　　)。

A. 查询　　B. 排序　　C. 查找　　D. 递归

10. 算法的复杂度主要包括(　　)复杂度和空间复杂度。

A. 性能　　B. 代码　　C. 时间　　D. 距离

11. 已知一个栈的入栈序列是 1,2,3,…,n,其输出序列为 $p_1,p_2,p_3,\cdots,p_n$,若 $p_1=n$,则 p_i 为(　　)。

A. i　　B. $n=i$　　C. $n-i+1$　　D. 不确定

12. 折半查找的时间复杂度是(　　)。

A. $O(n^2)$　　B. $O(n)$　　C. $O(n\log n)$　　D. $O(\log n)$

13. 算法是指(　　)。

A. 计算方法　　B. 排序方法

C. 解决问题的有限运算序列　　D. 调度方法

二、编程题

1. 用递推方法求数列1,1,1,3,5,9,17,31,…的前20项,前三项为1,其他各项是其前三项之和。

2. 用递归方法求数列1,1,1,3,5,9,17,31,…的前20项,前三项为1,其他各项是其前三项之和。

3. 求1－2＋3－4＋5－6＋…＋99－100。

4. 编程计算1!＋2!＋3!＋…＋20!。

5. 实现函数fib(),带一个非负整数n作为参数,返回第n个斐波那契数。

6. 猴子吃桃问题。猴子第1天摘下若干个桃子,当即吃了一半,还不过瘾,又多吃了一个。第2天早上又将剩下的桃子吃掉一半,又多吃一个。以后每天早上都吃掉前一天剩下的一半零一个。到第10天早上想再吃时,就只剩下一个桃子。求第1天共摘下多少个桃子。

7. 用二分法求下列方程在(－10,10)的根。

$$2x^3-4x^2+3x-6=0$$

函数$f(x)=2x^3-4x^2+3x-6$在(－10,10)是单调上升的。

8. 编写递归函数sum(lst,n)对列表元素值求和,lst为列表,n为求和元素个数。

9. 计算$s=1+2+3+\cdots+n+(n+1)+(n+2)+\cdots$。在累加的过程中,当$s$的值首次大于3000时$n$值是多少。

10. 求数列1,10,100,1000,…前n项的和,n由键盘输入。

11. 有一组数为0,5,5,10,15,25,40,…,求出该数列第20项的数值。

12. 编写程序,输入10个整数到列表中,求这10个整数的和、最大值和最小值。

13. 编写一个递归函数silly(),带一个非负整数作为输入参数,输出n个问号,后跟n个感叹号。要求程序不能使用循环。

```
>>> silly(0)
>>> silly(1)
*!
>>> silly(5)
*****!!!!!
```

14. 编写一个递归函数numOnes(),带一个非负整数n作为输入参数,返回n的二进制表示中1的个数。

15. 计算从一个含有n项的集合中选择k项的方法共有$c(n,k)$种,递推公式表示为

$$c(n,k)=\begin{cases}1 & k=0\text{ 或 }n=k\\0 & n<k\\c(n-1,k-1)+c(n-1,k) & \text{其他情况}\end{cases}$$

第一种情况表示不选择任何项的方法有一种;第二种情况表示从集合中选择项数量多于元素数量的方法不存在;第三种情况分别统计包含最后一个集合项的k项的集合的个数,以及不包含最后一个集合项的k项的集合的个数。编写一个递归函数

combinations(),使用该递推公式计算 $c(n,k)$。

```
>>> c(5,1)
5
>>> c(5,6)
0
>>> c(5,2)
10
```

16. 编写一个递归函数求两个整数的最大公约数(gcd),使用如下公式。

$$\gcd(x,y)=\begin{cases}x & y=0\\ \gcd(y,x\%y) & \text{其他}\end{cases}$$

$x\%y$ 表示 x 除 y 取余数作为参数值。

17. 完成 merge(L1,L2)函数,输入参数是两个从小到大排好序的整数列表 L1 和 L2,返回合成后的从小到大排好序的大列表 X。例如,merge([1,4,5],[2,7])返回[1,2,4,5,7]。要求只能使用列表 append()和 len()函数。

18. 有一个字典存放学生的学号和成绩,列表中的三个数据分别是学生的语文、数学和英语成绩。

```
dict={'01':[67,88,45],'02':[97,68,85],'03':[97,98,95],'04':[67,48,45],'05':
[82,58,75],'06':[96,49,65]}
```

完成以下操作。

(1) 编写函数,返回每门成绩均大于等于 85 的学生的学号。

(2) 编写函数,返回每一个学号对应的平均分(sum/len)和总分(sum),结果保留两位小数。

(3) 编写函数,返回按总分升序排列的学号列表。

第9章

图形用户界面

大多数计算机应用程序(如 Web 浏览器、办公软件、计算机游戏、Python 集成开发环境等)都是通过鼠标、键盘等输入设备与图形用户界面(Graphic User Interface,GUI)进行交互的。为开发图形用户界面,需要使用支持图形用户界面的库。Python 可以使用多种支持图形用户界面的第三方库,tkinter 是 Python 自带的标准库。本章介绍使用 tkinter 进行 GUI 开发的基础知识,以及使用第三方库 matplotlib 进行绘图的基本方法。

9.1 tkinter 图形用户界面开发基础

在图形用户界面中,用户操作的是窗口。窗口由基本的可视化组件组成,如按钮、标签、文本输入框、菜单、下拉列表和滚动条等,如图 9.1 所示。

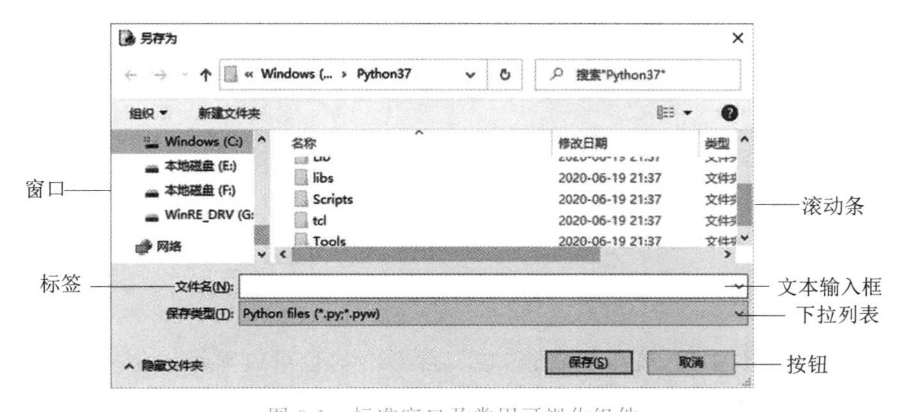

图 9.1 标准窗口及常用可视化组件

使用 tkinter 模块进行 GUI 开发时,首先需要创建一个窗口,然后才能在窗口中添加标签、按钮等组件。

9.1.1 窗口

窗口由 tkinter 模块中的 Tk 类实现,创建 Tk 对象时不需要任何参数。为创建窗口对象，首先从模块 tkinter 中导入 Tk 类，然后用 Tk 类创建一个对象。

```
from tkinter import Tk
root=Tk()
```

root 是 GUI 的一个窗口对象，它只是一个窗口，没有其他任何内容。

执行上面的代码会创建一个窗口对象，在屏幕上将显示窗口。如果在屏幕上没有显示窗口，需要调用 Tk 的 mainloop()方法。

窗口对象支持几十种方法和属性，这些方法和属性可以通过 dir()函数查看。

```
>>> from tkinter import Tk
>>> dir(Tk())
```

窗口对象创建后，可以使用窗口的方法修改窗口属性。例如，使用 title()方法修改窗口标题，使用 geometry()方法设置窗口大小。

例 9.1　创建一个 300×100 的窗口，标题为 example 1。

```
from tkinter import Tk
root=Tk()
root.geometry("300x100")        #窗口宽度为 300 像素,高度为 100 像素,中间为小写字母 x
root.title("example 1")
root.mainloop()
```

程序运行结果如图 9.2 所示。

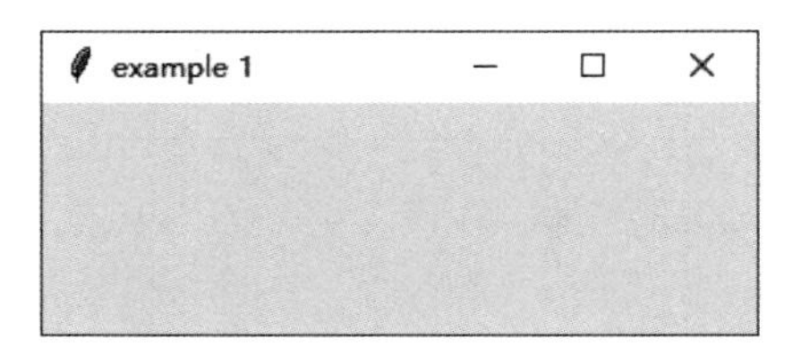

图 9.2　生成窗口

9.1.2　标签

标签由 Label 类实现，既可以在窗口中显示文本，也可以显示图像。在使用标签类时，首先需要从 tkinter 模块中导入 Tk 和 Label，然后才能创建 Label 对象。

1. 使用 Label 显示文本

在显示文本内容时，创建 Label 对象的一般格式为

```
Label(master=父容器名称,text=字符串,…)
```

Label 构造函数的第一个参数为 master，指定 Label 组件放在哪个容器内。容器是窗口、框架等组件，其他的组件可以放在容器中。图 9.1 中的“文件名”标签放在“另存为”

窗口中,该标签的 master 就是“另存为”窗口。

第二个参数是 text,用于设置显示的文本内容。除了 text 外,创建 Label 时还可以使用其他参数,如设置标签宽度和高度的 width 和 height 以及设置标签文字颜色的 foreground 等。

在 root 窗口中放置一个显示内容为 hello GUI world 的标签,可以使用如下语句。

```
hello=Label(master=root,text="hello GUI world")
```

使用 master 参数指定 hello 放在 root 中,但并没有指定 hello 具体放在 root 的哪个位置。指定组件放置位置最简单的方法是使用组件的 pack()方法。pack()方法在不指定参数时默认将组件放在容器的顶部居中位置。

例 9.2　在窗口中用标签显示 hello world。

```
from tkinter import Tk,Label
root=Tk()
root.geometry("300x100")
root.title("example 2")
hello=Label(master=root,text="hello world")
hello.pack()
root.mainloop()
```

程序运行结果如图 9.3 所示。

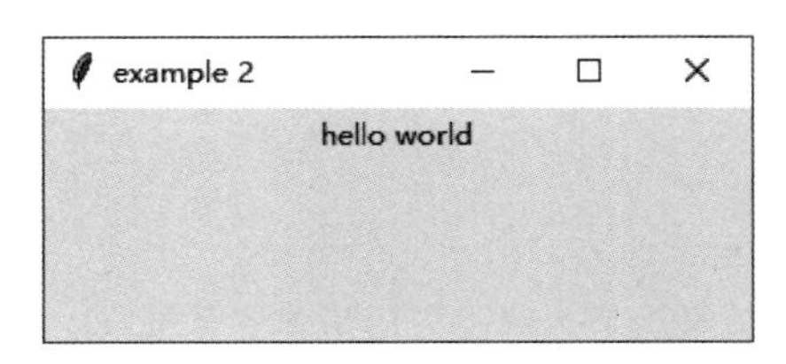

图 9.3　使用标签显示文本

使用 Label 类创建对象时,部分可选参数如表 9-1 所示。更多参数请查阅 https://tkdocs.com/shipman/label.html。

表 9-1　Label 构造函数参数(部分)

参　数	说　明
text	要显示的文本
image	要显示的图像
compound	同时显示文本和图像时,指定图像与文本的相对位置。可取 LEFT、TOP、BOTTOM、CENTER、RIGHT。如 compound=BOTTOM,图像显示在文本下方
width	宽度,单位为像素(图像)或字符数(文本)。如果省略,根据内容自动计算大小
height	高度,单位为像素(图像)或字符数(文本)。如果省略,根据内容自动计算大小
relief	边框样式。可取 FLAT(默认)、GROOVE、RAISED、RIDGE 和 SUNKEN

续表

参　　数	说　　明
borderwidth	边框宽度，默认为 0(无边框)
background	背景颜色名称(字符串)
foreground	前景颜色名称(字符串)
font	字体描述符，使用元组表示，包括字体名称、字体大小和字体样式(可选)
padx、pady	在 x 轴和 y 轴方向的边距(填充)

边距、边框样式和背景颜色如图 9.4 所示。

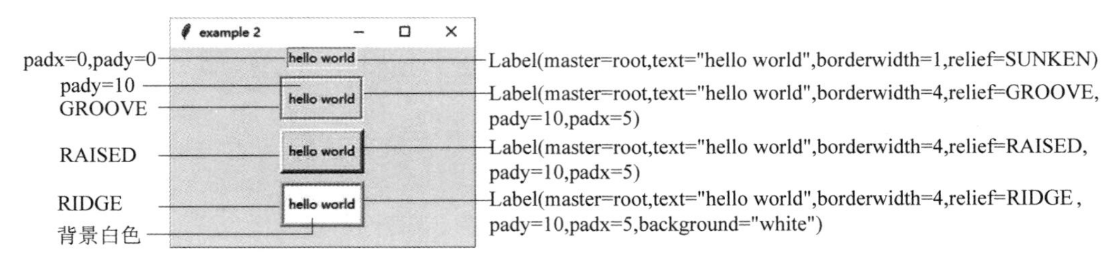

图 9.4　边距、边框样式和背景颜色

例 9.3　对标签设置字体、颜色和边距。

```
from tkinter import Tk,Label
root=Tk()
root.geometry("300x150")
root.title("example 3")
s="离离原上草\n一岁一枯荣\n野火烧不尽\n春风吹又生"
hello=Label(master=root,text=s,font=("宋体",14,"bold"),foreground="blue",
pady=20)
hello.pack()
root.mainloop()
```

程序运行结果如图 9.5 所示。显示的文本为宋体、大小为 14 像素、粗体字，文本距窗口上边界 20 像素，文本颜色为蓝色。

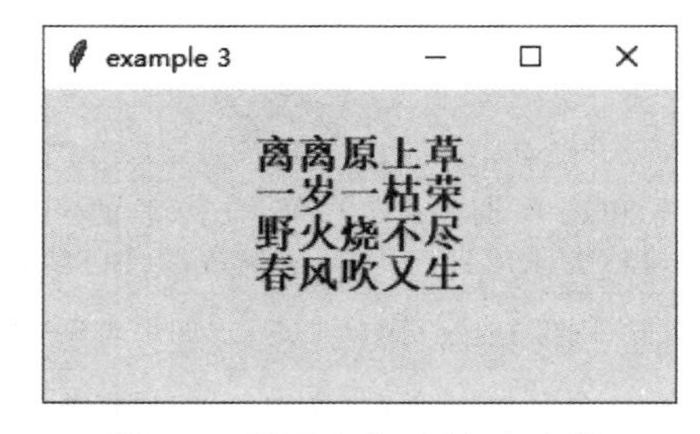

图 9.5　设置字体、颜色和边距

2. 使用 Label 显示图像

使用 Label 显示图像前，需要先用 PhotoImage 类打开图像文件并创建一个图像对象。PhotoImage 类只支持 GIF、PNG 等图像格式，不支持 BMP 和 JPG 图像格式。在使用 PhotoImage 类前需要先从 tkinter 模块中导入它。

例 9.4　在窗口中使用标签显示图像。

```
from tkinter import Tk,Label,PhotoImage
root=Tk()
root.geometry("300x150")
root.title("example 4")
photo=PhotoImage(file="grass.png")
hello=Label(master=root,image=photo,width=300,height=150)
hello.pack()
root.mainloop()
```

程序运行结果如图 9.6 所示。

例 9.5　在窗口中使用标签显示文本和背景图像。

```
from tkinter import Tk,Label,PhotoImage,CENTER
root=Tk()
root.geometry("300x250")
root.title("example 5")
photo=PhotoImage(file="grass.png")
s="离离原上草\n 一岁一枯荣\n 野火烧不尽\n 春风吹又生"
hello=Label(master=root,image=photo,text=s,compound=CENTER,
      font=("宋体",14,"bold"),foreground="red")
hello.pack()
root.mainloop()
```

如果同时显示文本和图像，创建 Label 对象时要同时指定 text 和 image，并且需要设置 compound。CENTER 是 tkinter 模块定义的常量，使用前也需要导入。程序运行结果如图 9.7 所示。

图 9.6　使用标签显示图像

图 9.7　使用标签显示文本和图像

9.1.3 组件布局

将组件放在窗口中时，组件放在什么位置由几何管理器对象决定。几何管理器根据程序中指定的组件排列方法计算组件放置位置。在用户调整窗口大小时，几何管理器会重新计算每个组件所在位置。图 9.8 所示为运行例 9.3 时，当调整窗口大小后，几何管理器重新计算标签位置（修改标签 x 轴方向数值），使标签仍然居中。

pack()方法提供指令给几何管理器，指令指定组件在父容器中的相对位置。pack()方法除了可以默认将组件放在父容器的顶部居中位置外，还可以通过设置可选参数 side，将组件放置在父容器的其他位置。side 可以设置为 TOP、BOTTOM、LEFT 和 RIGHT，它们是定义在 tkinter 模块中的常量，使用前需要先导入。pack()方法参数如表 9-2 所示。

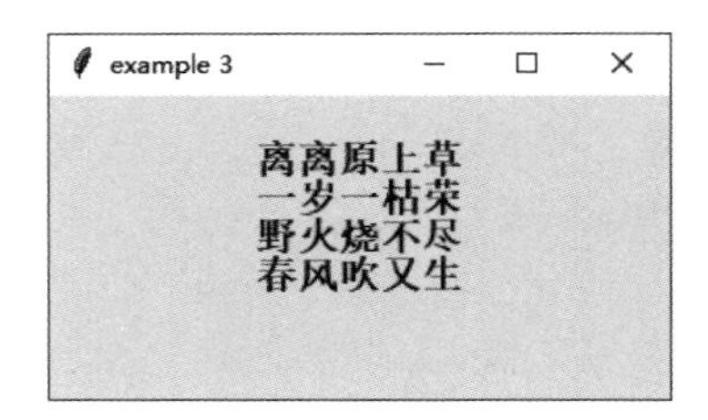

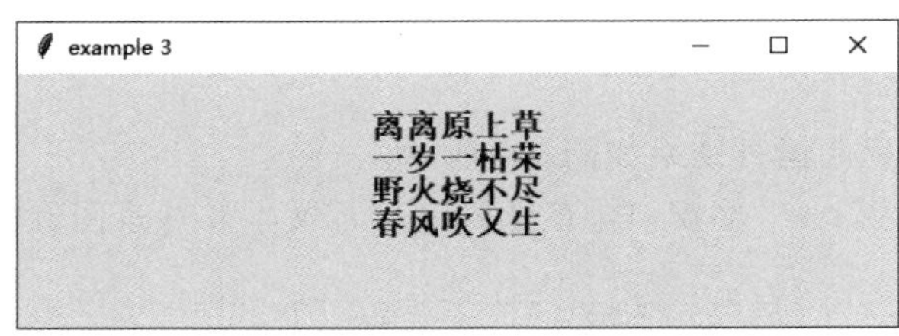

图 9.8 在调整窗口大小时重新计算标签位置

表 9-2 pack()方法参数

参数	说　明
side	指定组件停靠位置，可取 LEFT、TOP、BOTTOM、RIGHT，默认为 TOP
fill	指定组件是否填充父容器所定义的空间的宽度或高度。可取 both、x、y 和 none(默认)
expand	指定组件是否扩展填充给定的空间，默认为 False(不扩展)

参数 expand 设置为 True 时，表示允许扩展组件以填充父容器中的任何额外空间，此时可以使用 fill 来指定扩展是否沿 x 轴、y 轴或两者进行填充。

例 9.6 在窗口中使用 pack()方法进行布局。

```
from tkinter import Tk,Label,PhotoImage,LEFT,RIGHT,BOTTOM
root=Tk()
root.geometry("450x280")
root.resizable(0,0)                          #不允许窗口调整大小
root.title("example 6")
warning=Label(master=root,text="警告:限速 10 公里/小时,限高 2.8 米")
warning.pack(side=BOTTOM)
photo1=PhotoImage(file="limit10.gif")  #图像宽 200 像素,高 250 像素
limitv=Label(master=root,image=photo1,width=200,height=200)
                                             #图像高度设为 200 像素,窗口有剩余空间
```

```
limitv.pack(side=LEFT,expand=True,fill="y")
                                          #如果窗口有 y 方向的额外空间(>200),扩展
photo2=PhotoImage(file="limithigh.gif")   #图像宽 250 像素,高 250 像素
limith=Label(master=root,image=photo2,width=250,height=200)
limith.pack(side=RIGHT,expand=True,fill="y")
root.mainloop()
```

程序运行结果如图 9.9 所示。虽然图像高度设置为 200 像素,但是由于设置了 y 轴方向的扩展,图像显示完整。

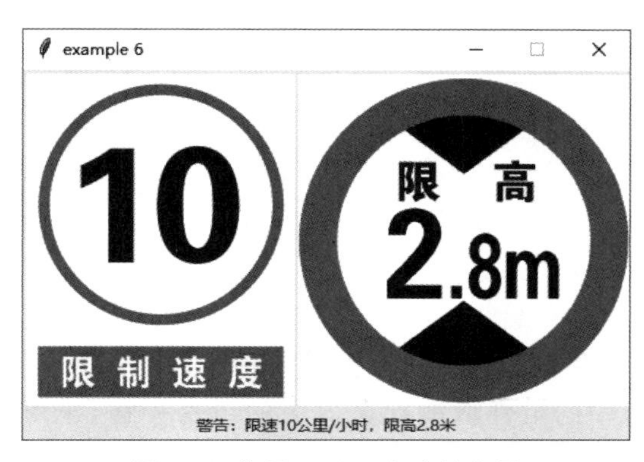

图 9.9 使用 pack()方法的布局

9.1.4 表格布局

在组件比较多时,可以将组件按表格风格排列,如图 9.10 所示。

在使用表格布局时,父容器被分为行和列,所得到的表格的每个单元格可以存储一个组件。把一个组件放在第 r 行第 c 列,可以调用组件的 grid()方法,一般格式为:

组件名.grid(row=r,column=c[,columnspan=列数][,rowspan=行数])

其中,columnspan 用于指定组件占多少列,rowspan 用于指定组件占多少行。这两个参数的默认值为 1,也就是不指定时组件占用 1 个单元格。行数和列数从 0 开始。

例 9.7 使用表格布局实现图 9.10 所示组件排列。

```
from tkinter import Tk,Label,PhotoImage
root=Tk()
root.geometry("450x280")
root.resizable(0,0)
root.title("example 6")
warning=Label(master=root,text="警告:限速 10 公里/小时,限高 2.8 米")
warning.grid(row=1,column=0,columnspan=2)       #文字放置在 1 行 0 列,占两列
photo1=PhotoImage(file="limit10.gif")
limitv=Label(master=root,image=photo1)
limitv.grid(row=0,column=0)
```

```
photo2=PhotoImage(file="limithigh.gif")
limith=Label(master=root,image=photo2)
limith.grid(row=0,column=1)
root.mainloop()
```

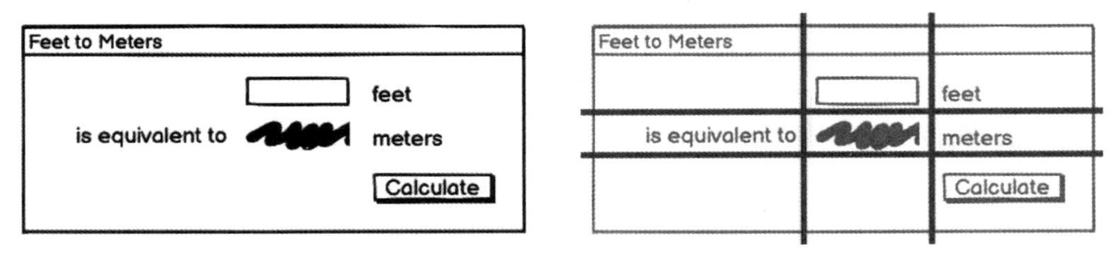

图 9.10 表格布局

9.1.5 框架

使用 Frame(框架)组件的主要目的是充当其他组件的父容器,方便规范 GUI 的几何布局。放在 Frame 对象中的组件像放在窗口中的组件一样,也可以使用 pack()方法和 grid()方法进行布局。在窗口中使用框架做布局时,窗口是框架的父容器,框架是它内部的组件的父容器,如图 9.11 所示。

例 9.8 使用 Frame 实现图 9.11 所示组件布局。

```
from tkinter import Tk, Label, PhotoImage, Frame, GROOVE, LEFT, RIGHT, CENTER,
TOP,BOTTOM
root=Tk()
root.geometry("500x200")
root.resizable(0,0)                                   #窗口不允许调大小
root.title("example 8")
root["padx"]=10                                       #设置窗口水平方向内边距
root["pady"]=10                                       #设置窗口垂直方向内边距
frameleft = Frame (master = root, relief = GROOVE, width = 260, height = 200,
borderwidth=2)
frameleft.pack(side=LEFT)                             #frameleft 放在窗口左侧
frameright=Frame(master=root,padx=2)
frameright.pack(side=RIGHT)                           #frameright 放在窗口右侧
photo=PhotoImage(file="button.png")
buttonup=Label(master=frameright,image=photo,text="up",compound=CENTER)
                                                      #标签放在 frameright 中
buttonup.grid(row=0,column=0,columnspan=2) #标签在 frameright 中使用表格布局
buttondown=Label(master=frameright,image=photo,text="down",compound=
CENTER)
buttondown.grid(row=2,column=0,columnspan=2)
buttonleft=Label(master=frameright,image=photo,text="left",compound=
CENTER)
```

```
buttonleft.grid(row=1,column=0)
buttonright=Label(master=frameright,image=photo,text="right",compound=
CENTER)
buttonright.grid(row=1,column=1)
root.mainloop()
```

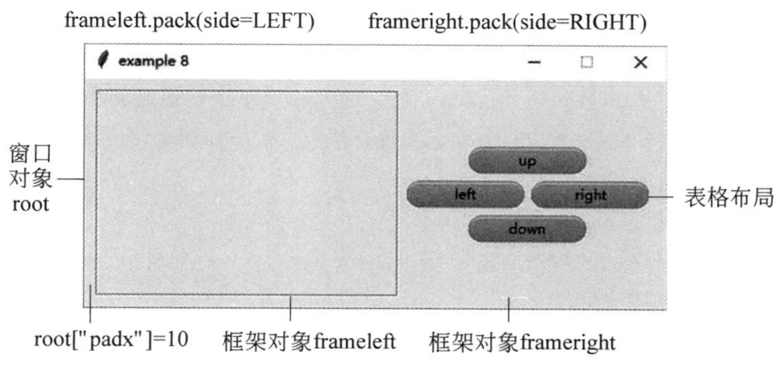

图 9.11　在窗口中使用 Frame

tkinter 模块的很多组件类都具有相同的属性，如 padx、pady、background 等。组件属性既可以在构造函数中赋值，也可以在生成对象后直接赋值，如上面程序中的 root["padx"]=10 语句。

9.2　基于事件的 tkinter 组件

图形用户界面的很多组件是支持交互操作的，如在“另存为”对话框中单击“保存”按钮将调用保存文件的程序段。在交互操作模式下，程序执行流程是由用户的动作（如鼠标的单击、键盘的按键动作等）或由其他程序的信息来决定的。这是一种由事件驱动的程序调用方式。tkinter 模块中支持事件处理的交互式组件包括按钮、文本框、复选框等。

9.2.1　按钮

按钮由 tkinter 模块中的 Button 类实现。为创建按钮对象，首先从模块 tkinter 导入 Button 类，然后用 Button 类创建一个对象。和 Label 构造函数一样，Button 构造函数的第一个参数必须指向按钮的父容器。要指定按钮上显示的文本，可以使用 text 参数。实际上，Label 的 text、image、borderwidth、relief、background、foreground、padx、pady 等属性都可用于 Button 对象。

按钮组件与标签组件的区别在于，按钮是交互式组件。每次单击按钮时，会执行某个操作。“操作”的实现是一个函数，每次单击按钮时会调用该函数。在 Button 的构造函数中通过 command 选项指定该函数的名称。例如

```
button=Button(master=root,text="time",command=clicked)
```

当单击按钮时,将执行函数 clicked()。函数 clicked()被称为事件处理程序,它处理单击按钮时产生的单击事件。

例 9.9 在窗口中单击按钮,显示当前时间。

```
from tkinter import Tk,Label,Button,BOTTOM
from time import strftime,localtime              #导入处理时间函数
def clicked():                                   #单击按钮时调用
  time=strftime("%H:%M:%S",localtime())          #localtime()函数取当前时间
  disptime["text"]=time
root=Tk()
root.geometry("300x100")
root.title("example 9")
root["pady"]=10
button=Button(master=root,text="time",padx=10,command=clicked)
button.pack()
disptime=Label(master=root,text="")
disptime.pack(side=BOTTOM)
root.mainloop()                                  #启动事件监听
```

程序运行结果如图 9.12 所示,每次单击按钮,调用 clicked()函数,显示当前时间。

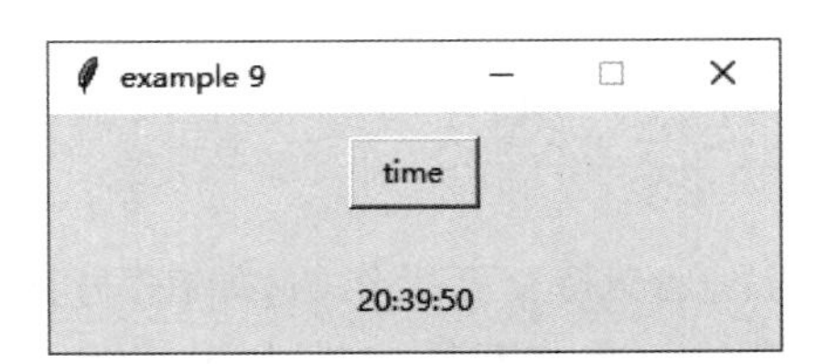

图 9.12 单击按钮显示时间

9.2.2 mainloop()

当调用 mainloop()方法启动图形用户界面时,Python 开始一个被称为事件循环的无限循环。事件循环可以用下面的伪代码表示。

```
while True:
  等待一个事件发生
  运行相关联的事件处理函数
```

在任何时间点,GUI 都在等待事件。当发生一个事件(例如单击按钮)时,GUI 执行指定的函数来处理该事件。当事件处理函数终止后,GUI 返回并继续等待下一个事件。

单击按钮仅是 GUI 中可能发生的事件的一种。在画布中移动鼠标或者在输入文本框中按下键盘上的按键也会产生事件。

9.2.3 单行文本框

单行文本框是最常用的组件，常用于输入文字、数值、密码等，它不能输入回车，使用 Entry 类实现。在 tkinter 模块中，输入多行文本使用 Text 组件，只显示单行或多行文本使用 Label 组件。

在操作单行文本框过程中，除了正常输入状态外，还包括图 9.13 所示的选择和插入状态。

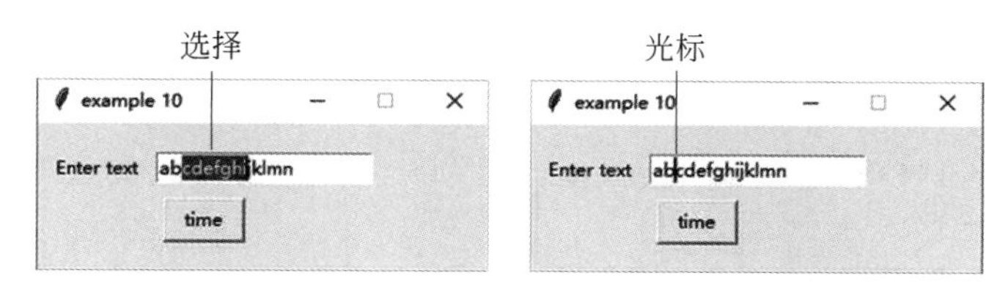

图 9.13　文本框编辑中的选择和插入

通过鼠标操作在文本框中选中一部分文本，其内容会高亮显示，按快捷键 Ctrl+C 可将选中的内容复制到系统剪贴板上，然后粘贴到其他位置甚至粘贴到其他应用程序中。

在单行文本框中，光标指示当前的输入位置。如果想在文本中间插入字符，可以将鼠标定位到某个位置，单击左键，光标将定位到该位置。tkinter 模块定义了三个常量表示位置值(END、INSERT、ANCHOR)，分别表示文本的最后位置、当前光标位置、选中内容的第一个字符位置。单行文本框的字符编号从 0 开始。

在创建 Entry 对象时，Entry 构造函数的第一个参数必须指向 Entry 的父容器，其他参数可选。部分可选参数如表 9-3 所示，更多参数请查阅 https://tkdocs.com/shipman/entry.html。

表 9-3　Entry 构造函数参数(部分)

参数	说　明
justify	设定文本对齐方式，可取 LEFT、CENTER、RIGHT
show	一般情况下，用户键入的字符会出现在文本框中。在进行密码输入时，可以将所有字符都显示为 show 指定的字符，如输入字符用 * 显示，设置 show='*'
width	文本框宽度，默认为 20 字符，单位为字符数。文本框宽度与字体大小有关
state	设置文本框是否可编辑，可取 NORMAL(默认，可编辑)、DISABLED(不可编辑)
textvariable	获取文本框内容，被设置为字符串变量

Entry 对象的常用方法包括如下。

- get( )方法，返回值为单行文本框中输入的文本(字符串)。
- insert(index,text)方法，把 text 插入 index 位置。如果 index 是 END，则将字符串 text 添加到文本后面。
- delete(from,to)方法，删除从索引 from(包含)到索引 to(不包含)的子字符串。

delete(0,END)删除输入框中的所有文本。

例 9.10　在窗口中输入姓名、语文和数学成绩，单击“保存”按钮，将输入数据保存到文件中。

```
from tkinter import *                  #导入模块中的所有类及常量
def clicked():                         #单击保存按钮时调用，保存输入内容到文件
  with open("data.txt","a") as f:      #以附加方式打开文本文件，新输入内容添加在文件末尾
    f.write(entrys[0].get()+","+entrys[1].get()+","+entrys[2].get()+"\n")
                                       #使用 get()方法取输入内容
  for i in range(0,3):
    entrys[i].delete(0,END)            #保存完成后，清空文本框内容
root=Tk()
root.geometry("420x100")
root["pady"]=10
labels=["name","Chinese","Math"]
entrys=[]
for i in range(0,3):
  Label(master=root,text=labels[i],pady=10,padx=10).grid(row=0,column=2*i)
                                       #标签对象进行表格布局
  entrys.append(Entry(master=root,width=10))
                                       #用列表存储 Entry 对象，对应姓名、语文和数学成绩
  entrys[i].grid(row=0,column=2*i+1)
                                       #三个 Entry 对象的单元格列数分别为 1、3、5
button=Button(master=root,text="save",padx=10,command=clicked)
button.grid(row=1,column=0,columnspan=6)
root.mainloop()
```

在上面的程序中，由于在程序其他位置没有引用标签对象，因此标签对象创建后没有赋值给变量，而是直接进行表格布局。Entry 对象创建后也没有赋值给变量，而是添加到列表中，通过访问列表元素方式访问它。程序运行结果如图 9.14 所示，输入数据后，单击保存，输入内容保存到文件中。文件中的每一行都是一个学生的成绩数据，各项间用逗号分隔。

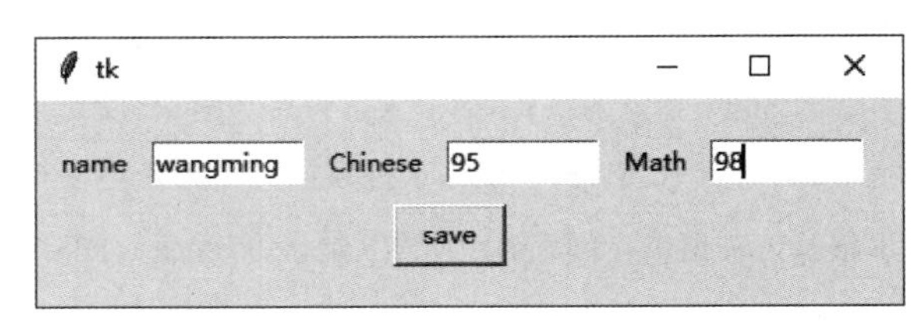

图 9.14　运行效果图

9.2.4　事件模式和 Event 类

用户和组件间的交互不仅有对按钮的单击，还有鼠标移动、单击右键、按键、释放按键

等方式。这些交互操作都会产生事件。组件并不需要处理全部事件,处理哪些事件与组件功能有关。例如,按钮组件使用鼠标操作,因此按钮只处理鼠标的单击事件;而单行文本框通过键盘输入字符,因此单行文本框需要处理键盘的按键事件。

在 Python 中,可以使用组件的 bind()方法“绑定”一个事件类型到一个事件处理函数。

例 9.11 在窗口中单击时使用消息框显示信息。

```
from tkinter import *
from tkinter.messagebox import showinfo   #函数 showinfo()可以在一个独立的窗口中
                                            显示字符串
def click(e):                               #事件处理函数,在单击窗口时调用
  showinfo(message="you clicked the window")  #单击窗口时弹出窗口显示信息
root=Tk()
root.bind('<Button>',click)          #将鼠标单击事件类型<Button>绑定到 click 函数
root.mainloop()
```

bind()方法在绑定时需要设置两个参数:事件类型和事件处理函数。

1. 事件类型

事件类型是由一个字符串表示的,该字符串是一个或多个事件模式的连接。一般格式为

```
<[modifier-…]type[-detail]>
```

事件类型用< >括起来,由以下几部分组成。

- type:如 KeyPress(按键)、KeyRelease(释放按键)、Button(鼠标按键)、Motion(鼠标移动)、ButtonRelease(释放鼠标键)、Leave(鼠标离开组件)、Enter(鼠标进入组件)等。
- modifier:可选,一般用于组合按键,如按下键盘或鼠标某个键的同时按下 Shift 或 Control 键,这时将 Shift 或 Control 放在 type 前面;或者在鼠标移动时同时按住鼠标左键或右键,这时将 Button1 或 Button3 放在 Motion 前面。
- detail:可选,用于指定按下键盘的哪个键或按下鼠标的哪个键(1:鼠标的第 1 个键,通常设为左键;2:鼠标的第 2 个键,一般为中键;3:鼠标的第 3 个键,一般为右键)。

例如:<Button-1>表示用户按下鼠标第 1 个键;<KeyPress-H>表示用户按下 H 键;<Control-Shift-KeyPress-H>表示用户同时按下 Control + Shift + H 三个键;<Button1-Motion>按下鼠标左键并移动鼠标。

2. 事件处理函数

bind()方法绑定的事件处理函数可以自己定义,函数有一个 Event 对象参数。当产生一个事件时,Python 解释器将创建一个与事件相关联的类型为 Event 的对象,并且调

用事件处理函数,把 Event 对象作为唯一的参数传递过来。

一个 Event 对象包括很多属性,从 Event 对象属性中可以获取事件相关信息,如 keycode(键的编码)、keysym(按键的字符串)、x(鼠标的 x 坐标)、y(鼠标的 y 坐标)、widget(产生事件的组件)、time(事件发生的时间)、num(按下的鼠标键:1、2、3)等。

例 9.12　设计一个单行文本框,只能输入数字,不能输入字母。

```
from tkinter import *
def check (event):
  code=event.keycode
  if not (code>=96 and code<=105 or code>=48 and code<=57):
                                        #小键盘上的 0~9 的 keycode 为 96~105
     str=entry.get()
     for i in range(0,len(str)):
       ch=str[i:i+1]                    #取 i 位置的字符
       if ch<'0' or ch>'9':             #文本框中的字符不为数字,即小于'0'或大于'9'
         entry.delete(i,END)            #删除文本框中非数字字符
root=Tk()
root.geometry("300x100")
root["pady"]=10
entry=Entry(master=root,width=10)
entry.pack()
entry.bind('<KeyRelease>',check)
root.mainloop()
```

9.2.5　画布

Canvas(画布)组件可以绘制直线、多边形、弧线、矩形等几何曲线,也可以显示文字、图像和组件。画布是一个矩形区域,横向为 x 轴,纵向为 y 轴,左上角坐标为(0,0)。

例 9.13　在画布上绘制直线、圆和矩形。

```
from tkinter import *
root=Tk()
can=Canvas(master=root,width=300,height=200)
can.pack()
line = can.create_line(0, 0, 200, 50,200, 100)  #can.create_line(x0,y0,x1,y1,
                                                  x2,y2,…xn,yn)
x=200
y=150
for i in range(0,10):
  can.create_rectangle(x-i*5,y-i*5,x+i*5,y+i*5) #左上角、右下角坐标
x=y=100
for i in range(0,10):
  can.create_oval(x-i*5,y-i*5,x+i*5,y+i*5)       #区域左上角、右下角坐标
```

```
root.mainloop()
```

在画布上如果绘制直线，参数为一组点的坐标；如果绘制矩形，参数为矩形的左上角和右下角坐标；如果绘制椭圆，参数为绘制椭圆的矩形区域的左上角和右下角坐标。程序运行结果如图 9.15 所示。

create_line、create_rectangle、create_oval 等方法在绘图时可以将可选的参数项加在参数后面，指定绘图颜色、线型、宽度等参数，方法的返回值为创建的线、矩形、椭圆等对象，这些对象可以移动或删除。

例 **9.14** 绘图对象的移动和删除。

```
from tkinter import *
root=Tk()
can=Canvas(master=root,width=300,height=200)
can.pack()
x=150
y=100
rects=[0] * 10
for i in range(0,10):
  rects[i]=can.create_rectangle(x-i * 5,y-i * 5,x+i * 5,y+i * 5,width=i%2+1,
outline='red')
for i in range(0,10):
  can.move(rects[i],i%2 * 100,0)   #move(item,dx,dy),把项 item 右移 dx 个单位,下移
                                   #dy 个单位
can.delete(rects[9])
root.mainloop()
```

程序运行结果如图 9.16 所示。在绘制圆、矩形等闭合图形时，用 outline 设置边框颜色，fill 设置填充颜色；绘制直线时，用 fill 设置线的颜色。

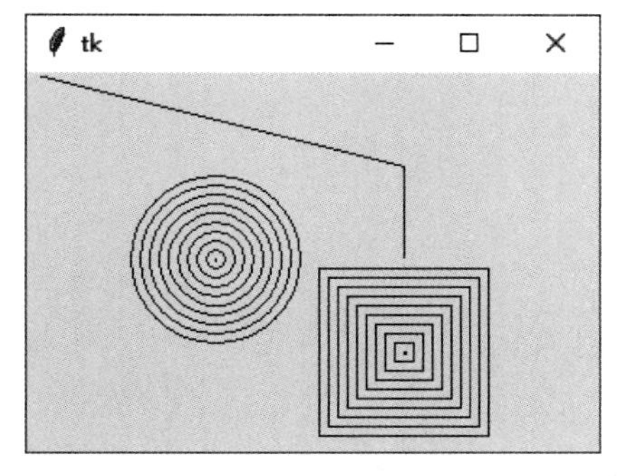

图 9.15 在画布上绘制曲线

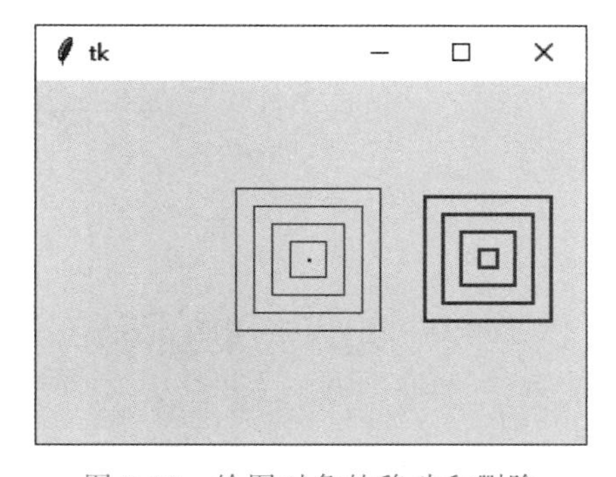

图 9.16 绘图对象的移动和删除

使用画布可以制作简单的画笔绘图程序。绘图程序创建一个画布对象，用户可以使用鼠标在画布上绘制曲线。按下鼠标左键开始绘制曲线，当按住左键并移动鼠标时，移动画笔并绘制曲线。当释放鼠标左键时，完成曲线的绘制。

由于绘制图形通过按下鼠标左键开始，因此需要绑定事件类型＜Button-1＞到一个

事件处理函数。又由于按住左键并同时移动鼠标绘制曲线，因此还需要绑定事件类型<Button1-Motion>到另一个事件处理函数。

例 9.15　在画布上使用鼠标绘图。

```
from tkinter import *
def begin(event):                          #将曲线的开始位置初始化为当前鼠标位置
  global oldx,oldy                         #oldx,oldy 不是函数的局部变量，而是全局
                                           #变量
  oldx,oldy=event.x,event.y                #使用 event.x 和 event.y 取当前鼠标左键
按下时的位置值
def draw(event):                           #使用线段连接鼠标旧位置和新位置
  global oldx,oldy,can                     #oldx,oldy,can 为全局变量
  newx,newy=event.x,event.y
  can.create_line(oldx,oldy,newx,newy)     #用线段连接鼠标前一位置与当前位置
  oldx,oldy=newx,newy                      #新位置变成前一位置
root=Tk()
can=Canvas(master=root,width=200,height=100)
can.pack()
oldx,oldy=0,0                              #鼠标坐标位置，全局变量
can.bind("<Button-1>",begin)               #鼠标左键单击事件与处理函数 begin 绑定
can.bind("<Button1-Motion>",draw)          #鼠标按左键同时移动事件绑定
root.mainloop()
```

程序运行结果如图 9.17 所示。

图 9.17　在画布上手工绘图

9.3　面向对象的图形用户界面

我们平时使用的计算机应用程序大部分是按照面向对象程序设计方法设计的，使用类实现代码复用和数据封装。为了使 GUI 应用程序可以重用，它也应该被设计为一个组件类，封装所有的实现细节和程序中定义的所有数据（和组件）。

为说明 GUI 开发的面向对象程序设计方法，我们首先用普通方法实现一个单击按钮显示时间的程序。

例 9.16　单击按钮时用消息框显示时间。

```
from tkinter import *
from tkinter.messagebox import showinfo
from time import strftime,localtime
def clicked():
  time=strftime('Day:%d %b %Y\nTime: %H:%M:%S %p\n',localtime())
  showinfo(message=time)                    #使用消息框显示时间
root=Tk()
root.geometry("100x100")
button=Button(master=root,text="click it",command=clicked)
button.pack()
root.mainloop()
```

程序运行结果如图 9.18 所示。

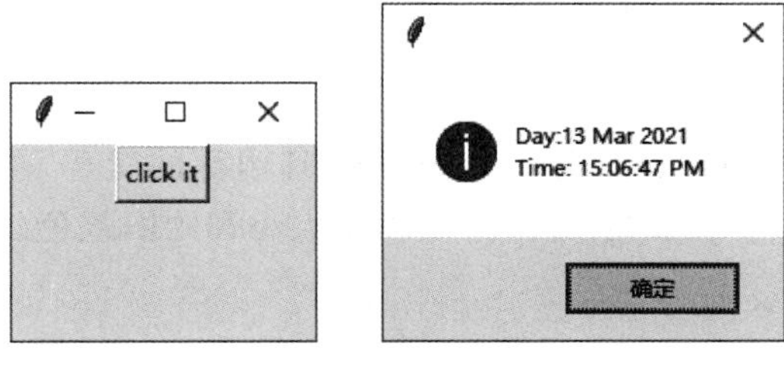

图 9.18　使用消息框显示时间

在上面的程序中,button 和 clicked 具有全局范围,程序没有封装到一个单独的可复用的程序段(类或函数)中,不能像类或函数那样引用。

按照面向对象程序设计方法的设计思想,可以将按钮及其方法做成一个自定义的组件类。如果程序中还有其他组件,自定义组件类也应该包含其他组件。因此自定义组件类的父类应该是一个可以包含其他组件的类,也就是 Frame。

例 9.17　自定义一个类,单击按钮时用消息框显示时间。

```
from tkinter import *
from tkinter.messagebox import showinfo
from time import strftime,localtime
class ClickIt(Frame):
  def __init__(self,parent):                #self 为自定义组件,parent 为自定义组件
                                            #的父容器
    Frame.__init__(self,master= parent)     #调用父类的初始化方法,将自定义组件放在
                                            #父容器 parent 中
    self.pack()                             #将自定义组件默认放在父容器上部居中
    button=Button(master=self,text="click it",command=self.clicked)
                                            #在自定义组件中创建 Button
    button.pack()
  def clicked(self):
```

```
    time=strftime('Day:%d %b %Y\nTime: %H:%M:%S %p\n',localtime())
    showinfo(message=time)
#在 GUI 程序中使用 ClickIt
root=Tk()
root.geometry("150x100")
clickit=ClickIt(root)
clickit.pack()                              #可以将 clickit 布局到任何父容器位置,忽
                                            #略此行将布局到默认位置
root.mainloop()
```

ClickIt 类封装了函数名 clicked 和对象名 button,这些名称不再是全局变量名,对使用 ClickIt 组件的程序都是不可见的,这样就不用担心程序中的变量名是否会与它们冲突。

在一个大的 GUI 应用程序中整合使用自定义组件类非常容易,使用两条甚至一条语句就可以完成自定义组件类对象的创建与应用,例如

```
clickit=ClickIt(root)
```

在自定义组件类中,可以设置类变量表示 GUI 组件的属性,通过类的方法修改属性。

例 9.18 自定义一个画布类,可以修改画布大小和绘图颜色。

```
from tkinter import *
class Draw(Frame):
  def __init__(self,parent,w=200,h=100):
    Frame.__init__(self,master=parent)
    self.pack()
    self.oldx,self.oldy=0,0
    self.pen="blank"                        #绘图画笔颜色
    self.canvas=Canvas(master=self,width=w,height=h)
    self.canvas.bind("<Button-1>",self.begin)
    self.canvas.bind("<Button1-Motion>",self.draw)
    self.canvas.pack()
  def begin(self,event):
    self.oldx,self.oldy=event.x,event.y
  def draw(self,event):
    newx,newy=event.x,event.y
    self.canvas.create_line(self.oldx,self.oldy,newx,newy,fill=self.pen)
    self.oldx,self.oldy=newx,newy
  def setSize(self,w,h):                    #设置画布大小
    self.canvas["width"]=w
    self.canvas["height"]=h
  def setPen(self,pencolor):                #设置绘图笔颜色方法
    self.pen=pencolor
root=Tk()
can=Draw(root)
```

```
can.pack()
can.setSize(400,300)                       #将画布设为 400×300
can.setPen("red")                          #设置画笔为红色
root.mainloop()
```

9.4 数据可视化

数据可视化以图形方式简洁地呈现数据,能够让人很容易地看清楚数据的含义,发现数据集的规律和意义。数据可视化使用的数据集既可以是小型的数字列表,也可以是海量的数据。matplotlib 是 Python 中使用最多的第三方数学绘图库,功能丰富,提供了非常多的可视化方案,基本能够满足各种场景下的数据可视化需求。

9.4.1 matplotlib 安装

与 Python 使用的标准库不同,matplotlib 等第三方库需要单独安装。标准库(如 math 模块)在安装 Python 时已经默认安装,而第三方库由于数量庞大,种类繁多,并不在 Python 安装包中。不同的第三方库的安装方法是不同的,在 Windows 系统中,安装常用第三方库的最简单方法是使用 pip 在线安装。pip 是 Python 提供的安装工具,能够自动完成第三方库及相关辅助库的下载和安装。使用 pip 的一般格式为

```
pip install 库名
```

在命令提示符窗口输入 pip install matplotlib,如图 9.19 所示。

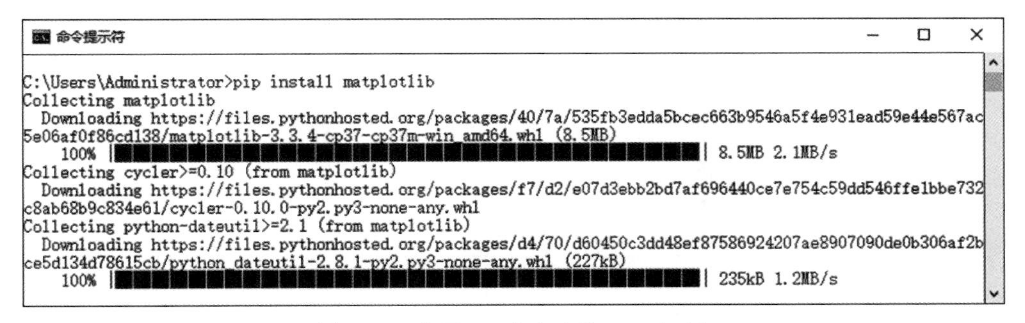

图 9.19 使用 pip 命令安装 matplotlib

matplotlib 库安装完成后,可以在 Python 解释环境中使用如下命令进行测试。

```
>>> import matplotlib
```

如果没有出现任何错误消息,则说明安装成功。

如果网络下载速度较慢,可以在命令行中指定从国内的服务器下载安装第三方库,如从清华大学镜像服务器安装的命令为

```
pip install -i https://pypi.tuna.tsinghua.edu.cn/simple matplotlib
```

9.4.2 使用 plot()绘图

plot()是 matplotlib.pyplot 模块提供的一个方法,它可以绘制点和线,并且可以对样式进行控制。

1. 单列表数据绘图

plot()绘制的是二维图表,如果向其提供的是一维的单列表数据,则列表的下标为横坐标数值,列表的元素值为纵坐标数值。

```
>>> import matplotlib.pyplot as plt
>>> square=[1,4,9,16,25]
>>> plt.plot(square)
[<matplotlib.lines.Line2D object at 0x000001E2D05B2EC8>]
>>> plt.show()
```

上面的程序使用 plot()方法绘图,首先需要导入模块 pyplot。为避免反复输入 pyplot,导入时给它指定了别名 plt。然后将列表提供给 plot()方法,最后用 show()方法显示图像。绘图结果如图 9.20 所示。

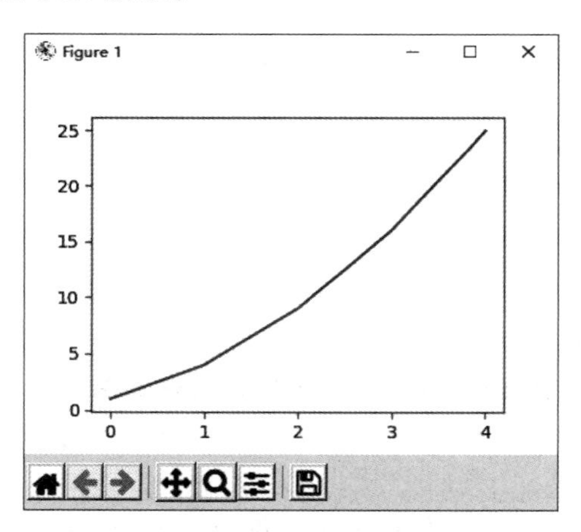

图 9.20　自然数平方

2. 双列表数据绘图

plot()也可以使用两个一维列表进行绘图,两个列表分别提供横坐标和纵坐标数值。

例 9.19　绘制一个周期的 sin 曲线。

```
import matplotlib.pyplot as plt
import math
x=[0.0]*17
```

```
y=[0.0] * 17
for i in range(0,17):
  x[i]=2 * 3.14159 * i/16       #x 列表元素取值为 0~2π,两个元素间间隔 2π/16,共 17 个数值
  y[i]=math.sin(x[i])           #y 列表元素取值为 sin 函数值
plt.plot(x,y)                   #使用横坐标和纵坐标数据绘图,第一个参数为横坐标
plt.show()
```

绘图结果如图 9.21 所示。

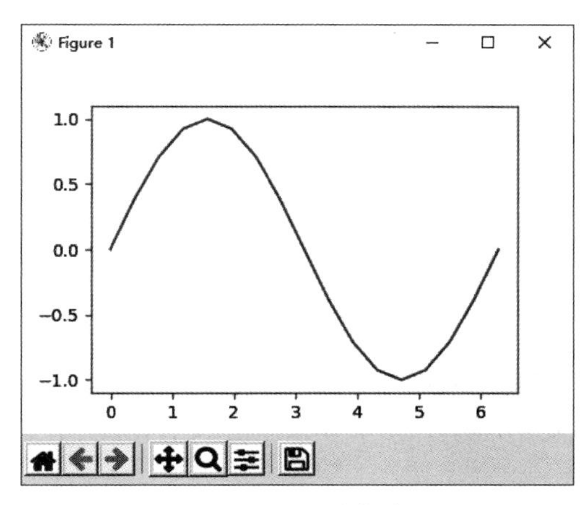

图 9.21　正弦曲线

3. 绘图样式

plot()方法绘制单条曲线的一般格式为

```
plot([x], y, [fmt])
```

可选参数[fmt]是用一个字符串来定义图的基本属性,如颜色(color)、点型(marker)和线型(linestyle)。具体形式为 fmt = '[color][marker][line]'。

fmt 接收的是每个属性的单个字母缩写,属性字母表示如表 9-4 所示。

表 9-4　color、marker 和 line 参数

color	字符表示	marker	字符表示	linestyle	字符表示
blue(蓝)	b	圆	o	实线	-
green(绿)	g	下三角	v	虚线	--
red(红)	r	上三角	^	点画线	-.
yellow(黄)	y	星型	*	点线	:
cyan(蓝绿)	c	正方框	s		
white(白)	w	加号	+		
blank(黑)	k	方块	D		
magenta(洋红)	m	横线	-		

例如 plot(x, y, 'bo-'),绘制蓝色圆点实线,如图 9.22 所示。

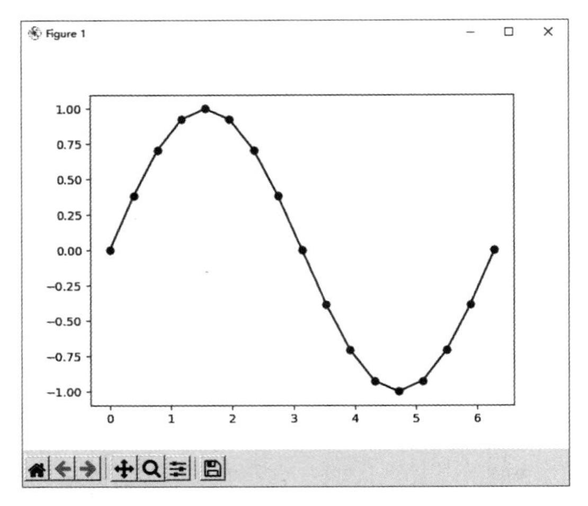

图 9.22 fmt="bo-"

color 也可以赋十六进制的 RGB 字符串,如 color='#900302'。

若属性用的是全名,则不能用 fmt 参数来组合赋值,应该用关键字参数对单个属性赋值。例如

```
plot (x, y, color = 'green', marker = 'o', linestyle = 'dashed', linewidth = 1,
markersize=6)
plot(x,y,color='#900302',marker='+',linestyle='-')
```

4. 绘制多条曲线

使用 plot()方法绘制多条曲线的一般格式为

```
plot([x1],y1,[fmt1],[x2],y2,[fmt2],… [xn],yn,[fmtn])
```

其中,x_1、y_1、fmt_1 为第 1 条曲线参数,x_n、y_n、fmt_n 为第 n 条曲线参数。

例 9.20 绘制 sin(x)和 sin($x+\pi/3$)曲线。

```
import matplotlib.pyplot as plt
import math
x=[0.0]*17
y=[0.0]*17
z=[0.0]*17
for i in range(0,17):
  x[i]=2*3.14159*i/16
  y[i]=math.sin(x[i])               #x 列表元素取值为 sin(x)
  z[i]=math.sin(x[i]+3.14159/3)     #z 列表元素取值为 sin(x+π/3)
plt.plot(x,y,'rv-.',x,z,'gD-')      #曲线 1:红色、下三角、虚线,曲线 2:绿色、方块、实线
plt.show()
```

绘图结果如图 9.23 所示。

9.4.3 使用 scatter()绘制散点图

散点图将数据显示为一组点,值由点在图表中的位置表示,类别由图表中的不同标记表示。散点图通常用于比较跨类别的聚合数据。

使用 scatter()绘制散列点图的一般格式为

```
scatter(x,y,[s],[c],[marker]…)
```

其中,x 为横坐标的值,y 为纵坐标的值,s 设置点的大小,c 设置点的颜色,marker 设置点的形状。在没有参数 x 时,横坐标取值默认为自然数序列。

例 9.21 用散列图表示两个班级学生的成绩数据。

```
import matplotlib.pyplot as plt
x=[0]*38
for i in range(0,38):
  x[i]=i
y1=[67,79,66,85,76,62,60,88,88,81,50,51,65,87,60,41,79,75,75,
  69,68,79,73,76,62,82,87,63,85,76,75,63,87,65,32,68,94,64]
y2=[74,65,73,69,60,71,77,72,60,82,80,72,88,70,66,
  80,78,76,81,74,72,60,68,79,70,85,72,60,71,88]
plt.scatter(x,y1,s=10,c='green',marker='*')
plt.scatter(x[:30],y2,s=10,c='red',marker='o')     #y2 只有 30 个数据
plt.show()
```

程序输出结果如图 9.24 所示。

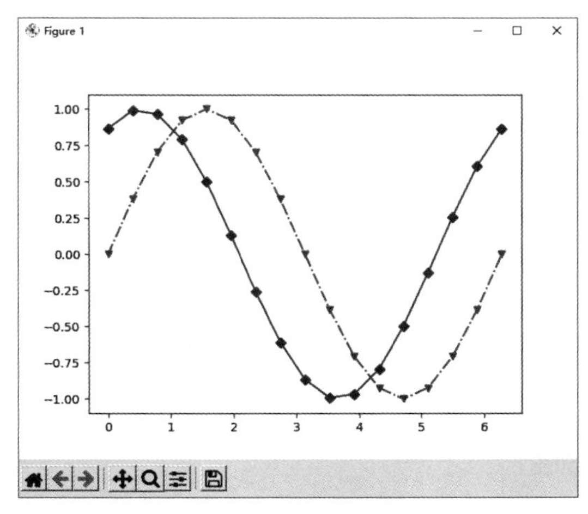

图 9.23 多曲线绘图

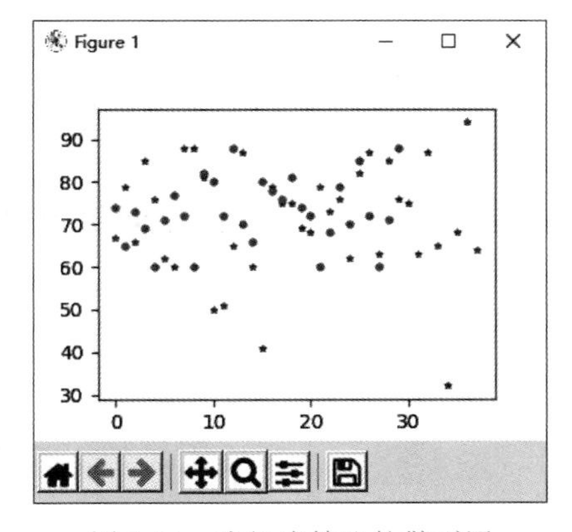

图 9.24 班级成绩比较散列图

xlabel()和 ylabel()方法用于设置坐标轴。

例 9.22 一物体从离地面 1.5 米高处下落，用散列图描述下落过程。自由落体下落加速度 $g=9.8$ 米/秒^2，时间 t 下落距离为 $s=gt^2/2$。

```
import matplotlib.pyplot as plt
x=[]
y=[]
s=t=0
while s<1.5:
  y.append(1.5-s)
  x.append(t)
  t=t+0.05
  s=9.8*t*t/2
x0=[0]*len(x)
plt.scatter(x,y,s=10,c='g',marker='o')
plt.scatter(x0,y,s=10,c='g',marker='o')
plt.xlabel("t(s)")
plt.ylabel("high(m)")
plt.show()
```

程序输出结果如图 9.25 所示。

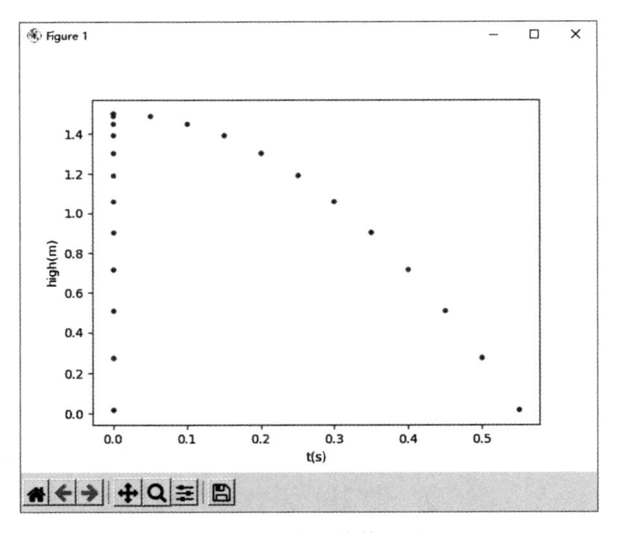

图 9.25 自由落体运动

习 题 9

一、选择题

1. 在 tkinter 模块中，GUI 窗口组件为(　　)。

A. Tk　　B. tkinter　　C. Window　　D. Frame

2. 调用组件的 pack()方法时，如果不指定位置参数，则组件在其父窗口中的默认位置为(　　)。

A. 顶部左侧　　B. 中心　　C. 顶部中心　　D. 底部中心

3. 设置 Label 边框样式的属性为(　　)。

A. border　　B. borderstyle　　C. relief　　D. borderwidth

4. 不属于 pack()方法 side 选项可取值的是(　　)。

A. TOP　　B. BOTTOM　　C. FILL　　D. LEFT

5. 实现 label 对象按表格布局方式放置在 3 行 2 列位置处且占两列的语句为(　　)。

A. label.grid(row=3,column=2,columnspan=2)

B. label.grid(row=3,column=2,rowspan=2)

C. label.grid(row=2,column=3,columnspan=2)

D. label.grid(row=2,column=3,rowspan=2)

6. 执行如下代码。

```
button=Button(master=root,text='click',command=clicked)
```

其中，clicked 为(　　)。

A. 函数名　　B. 字符串名

C. 按钮上显示的文字　　D. 内置命令名

7. 在 tkinter 模块中，用于输入单行文本的组件为(　　)。

A. Input　　B. Text　　C. Raw_Input　　D. Entry

8. 获取单行文本框输入值的方法为(　　)。

A. get()　　B. gettext()　　C. value()　　D. getvalue()

9. 下面的事件类型中表示按键事件的是(　　)。

A. <KeyPress>　　B. <KeyRelease>　　C. <KeyMotion>　　D. <KeyClick>

10. 表示单击鼠标左键的事件是(　　)。

A. <Button-1>　　B. <Button-3>　　C. <Button>　　D. <Button-2>

二、编程题

1. 开发一个程序显示一个 GUI 窗口，使你的照片位于左侧，姓名、出生日期位于右侧。照片必须为 GIF 格式。如果没有这种格式照片，可以使用“画图”程序打开 JPEG 照片并另存为 GIF 格式。

2. 设计一个 GUI 程序，允许用户输入体重和身高，计算人体体重指数 BMI。输入体重和身高并单击按钮后，显示计算后的 BMI(如图 9.26 所示)。

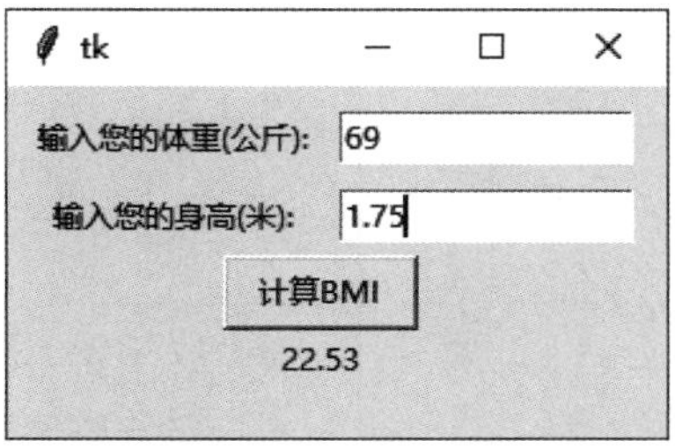

图 9.26　计算 BMI

3. 设计一个 GUI，要求在窗口中单击右键时，使用单独的弹出消息框窗口显示时间，如图 9.27 所示。

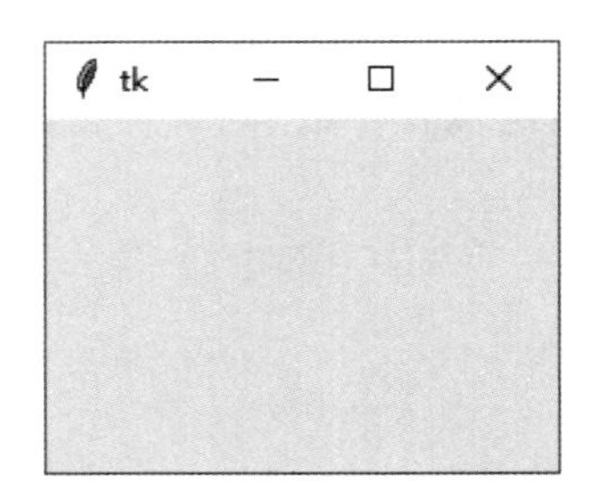

图 9.27　用消息框显示时间

4. 设计一个电话号码拨号盘 GUI，使用 Label 组件创建拨号数字。当用户单击一个数字号码时，数字输出到另一个 Label 组件中。提示：Label 组件绑定的事件处理函数可以通过 Event 对象的 widget 属性获得当前单击的 Label 组件，图 9.28 的数字号码 Label 组件设置的属性包括 padx＝5、pady＝5 和 width＝5。

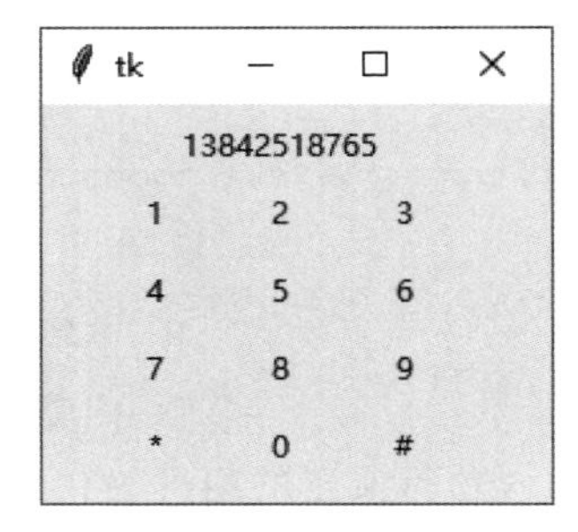

图 9.28　电话号码拨号盘

5. 设计一个 GUI，仅包含一个大小为 300×100 的 Frame 组件，具有下列行为：每次用户鼠标单击该框架的某个位置时，在交互式命令中输出该位置的坐标。

```
>>>
your clicked at 77 37
your clicked at 232 43
```

6. 设计一个猜数游戏。如图 9.29 所示，单击“新游戏”按钮，随机选择一个 0～9 的数字，然后用户输入数字猜测，单击“猜数”按钮用于确认。如果猜测正确，则弹出单独的消息框通知用户猜测正确。用户可以不断输入猜测直到猜中正确答案。

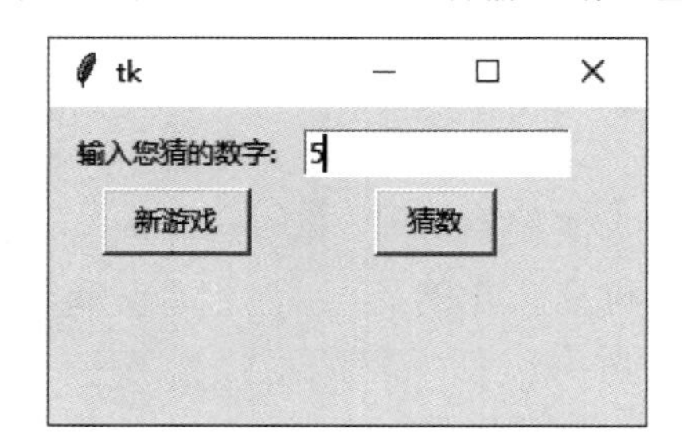

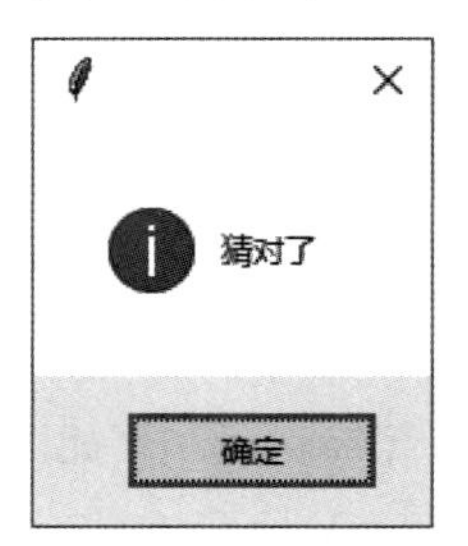

图 9.29　猜数游戏

7. 绘制函数 $f(x)=2x^3-4x^2+3x-6$ 在[-10,10]的函数曲线,如图 9.30 所示。

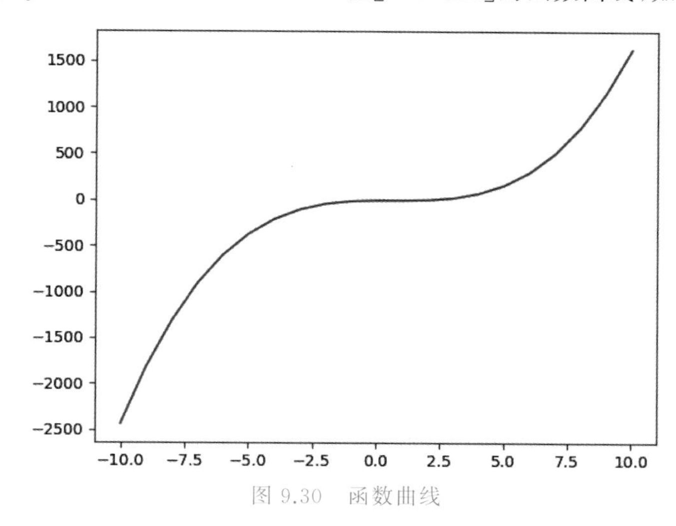

图 9.30　函数曲线

第 10 章

Web 和搜索

万维网(World Wide Web,简称 Web)是现在最重要的信息传播手段,是计算机科学中最重要的技术之一。本章介绍万维网的基本概念以及处理 Web 文档的程序设计方法。

10.1 万 维 网

从用户的观点看,通过万维网可以非常容易地访问整个 Internet 上数以百万台计机器中相互链接的文档。图 10.1 所示为下载 Python 安装程序和第三方库的过程。用户在浏览器地址栏中输入 www.python.org,打开 Python 网站主页面,单击 Download 链接,打开下载页面,在下载页面上可以找到 Python 安装程序文件并下载。在 Python 网站主页面上方有一个转向 pypi.org 的链接,单击链接,转到 pypi.org 的主页面,在那里可以下载数以千计的第三方库文件。

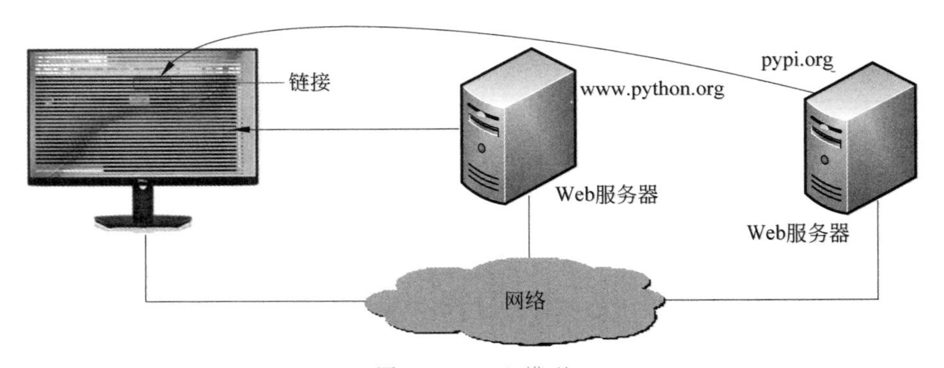

图 10.1 Web 模型

Web 中包含了大量的文档、页面(也称为网页)、图像、多媒体等资源。每个页面可以包含指向世界上任何地方的其他页面的链接。用户在浏览器上单击一个链接,就可以跟随这个链接转到它所指定的页面,这个过程可以无限重复下去。对于 World Wide Web (WWW)中的某个页面来说,常常可以通过很多其他页面上的链接找到它,因此将 World Wide Web 翻译为万维网非常形象地说明了 Web 的特点。

10.1.1 浏览器与 Web 服务器

Internet(因特网)是连接世界各地计算机的全球网络,通过它,两台计算机上运行的程序间可以互相发送消息。人们使用计算机网络最重要的目的是共享网络上的 Web 页面、文本文档、图像、视频等资源。提供资源的程序称为服务器,如 IIS、Apache、WebSphere、FTP 等。请求资源的程序称为客户端。Chrome 浏览器、Firfox 浏览器、Internet Explorer 浏览器等都是 Web 客户端。

运行服务器程序的计算机通常也称为服务器,这时的“服务器”指的是计算机实体,而不是程序。

在一个页面上,可以包含文字、图像、文件等内容,这些内容存储在服务器上或由服务器临时生成,例如 Python 的安装程序文件存储在 www.python.org 标识的那台服务器上。使用浏览器打开一个页面就是用户端的浏览器程序向服务器端的 Web 服务器程序发送一个请求信息,Web 服务器收到请求信息后,将请求的内容发送给用户浏览器程序,浏览器程序收到后以特定的格式呈现给用户,如图 10.2 所示。

图 10.2 浏览器访问 Web 服务器

10.1.2 统一资源定位符

每个 Web 页面都有一个在全球范围内唯一的名称,Web 页面是用 URL(Uniform Resource Locator,统一资源定位符)来命名的。URL 名称包含如下三种信息。

- 这个页面叫什么?
- 这个页面在哪里?
- 如何才能访问这个页面?

URL 包括三部分:协议、页面所在机器的名称和页面的名称(通常是页面的文件名)。

例如 http://www.jlnu.edu.cn/index.php。这个 URL 由三个部分组成,即协议(http)、主机名称(www.jlnu.edu.cn)和文件名(index.php),各部分之间用特定的符号分隔开。

1. 文件名

index.php 是 www.jlnu.edu.cn 服务器上默认 Web 目录中的一个文件名。文件名中可以包括相对路径。例如在 https://www.runoob.com/python3/python3-tutorial.html

中,python-tutorial.html 文件位于默认 Web 目录的 python 子目录中。

在很多网站中,将网站的主页面设置为默认页面,主页面文件名用一个空的文件名替代。例如,尽管 http://www.jlnu.edu.cn/index.php 中的实际文件名是 index.php,但是使用空文件名 http://www.jlnu.edu.cn 仍然可以访问。

2. 主机名称

主机名称指定页面存储在哪台机器上,既可以是 Internet 上主机的 IP 地址,也可以是主机的域名。域名比 IP 地址容易记忆,因此绝大多数人会使用域名 www.baidu.com 而不是 IP 地址 110.242.68.4 访问百度网站。

3. 协议

协议指定如何访问资源。HTTP 只是 URL 可指定的协议中的一种。其他的协议包括 HTTPS(HTTP 的加密版本)、FTP(因特网上传输文件的标准协议)等。通过使用不同的协议,客户端程序发送给服务器程序的消息是不同的。

10.1.3 超文本传输协议

浏览器程序和 Web 服务器程序间通过网络相互传递消息。消息是用 ASCII 文本书写的。消息的格式和含义必须事先约定好,这样双方才能互相理解。就像两个人见面,一方伸出手后,另一方会做出响应,在大部分习俗中响应是行握手礼,但在有些习俗中会根据具体场合决定是行握手礼还是吻手礼(如图 10.3 所示)。

图 10.3 握手礼与吻手礼

在计算机网络中,将通信双方如何进行通信的约定称为协议。浏览器程序和服务器程序通信时使用的约定是 HTTP(超文本传输协议)。

浏览器首先打开到服务器的网络连接(与读写文件前需要打开文件一样),然后向服务器发送请求消息(相当于写入文件)。服务器收到请求消息后,会做出响应,浏览器最终会接收一个包含所请求的内容的响应消息(相当于读文件)。在 HTTP 协议中,对浏览器向服务器发送的请求消息和服务器发送给浏览器的响应消息都有精确的格式定义。

1. 请求消息

假设使用 Web 浏览器通过下面的 URL 访问网站。

```
http://www.jlnu.edu.cn/index.php
```

浏览器向服务器发送的请求消息的第一行为

```
GET /index.php HTTP/1.1
```

请求消息的第一行称为请求行。请求行的第一个单词是 HTTP 方法名称。GET 方法是最常用的 HTTP 方法，功能是请求读取一个 Web 页面。GET /index.php 的意思是请求读取 Web 服务器默认目录下的 index.php 文件。HTTP 方法还包括 POST(向服务器传递信息)、HEAD(请求读取一个 Web 页面的头部)等方法。

请求行之后可以包含若干个请求头部字段，每个字段占一行，字段名和字段值用:分隔。

```
Host: www.jlnu.edu.cn
User-Agent: Mozilla/5.0 (Windows NT 10.0; WOW64)…
Accept: text/html,application/xhtml+xml,application/xml;…
Accept-Language: zh-CN,zh;q=0.9
…
```

头部字段包含了更多的请求信息，包括请求的服务器地址、用户浏览器信息、浏览器能处理的页面类型、浏览器使用的语言等。

2. 响应消息

Web 服务器收到请求后，使用请求行中出现的路径和文件名查找文档。如果成功，则创建包含请求资源的响应消息。

响应消息包括响应头部和资源两部分，两部分间用回车换行字符(空行)分隔。

```
HTTP/1.1 200 OK
Date: Sat, 20 Mar 2021 09:10:16 GMT
Server: YxlinkWAF
Content-Type: text/html; charset=UTF-8

<!DOCTYPE html PUBLIC "-//W3C//DTD XHTML 1.0 Transitional//EN" >
…
```

响应消息的第一行称为响应行，包括 HTTP 协议的版本号、状态码和状态说明。HTTP/1.1 200 OK 的含义是 HTTP 版本为 1.1，客户请求成功，服务器的响应信息包含请求的数据。这是正常打开一个页面时的响应行状态。如果不成功，状态码和状态原因将变成其他值。

响应头部字段向浏览器提供其他的响应信息，如响应请求的时间、服务器程序名称、响应的内容类型和编码方式等。

响应头部字段之后是请求的资源，也就是服务器发给浏览器的 index.php 的内容。

10.1.4 超文本标记语言

Web 页面中包含文本、图形、音频、视频和指向其他 Web 页面的链接。浏览器接收到的 Web 页面内容是使用超文本标记语言(HTML)编写的。HTML 是一种描述如何格式化文档的语言。例如,在 HTML 中,<b>表示粗体字开始,</b>表示粗体字结束。浏览器能够理解 HTML 中的所有标记,在解释<b>Example</b>时,将 Example 以粗体字形式呈现给用户。

HTML 文档本质上是一个包含标记的文本文档,一个 Web 页面可以包括一个或多个 HTML 文档。

HTML 文档的基本结构如下。

```
<html>
  <head>
    <title>网页的标题</title>
  </head>
  <body>
    网页内容
  </body>
</html>
```

一个 HTML 文档以<html>开头,以</html>结束。<html>标记处于文档的最前面,表示 HTML 文档的开始,即浏览器从<html>开始解释,直到遇到</html>为止。HTML 文件包括头部(head)和主体(body)。

1. HTML 头部

在文档的<head>部分,主要包括页面的一些基本描述语句,例如文档的标题(<title></title>)、索引关键字、语言等信息。另外,CSS 样式和 JavaScript 脚本也在此标记内定义。<head></head>标记是可选的,在 HTML 中可以不包含该标记,浏览器可以根据实际情况识别文档的头信息。

2. HTML 主体

HTML 主体是页面的核心,页面中真正显示的内容都包含在主体中。

HTML 的常用标记(部分)如表 10-1 所示。

表 10-1　常用 HTML 标记

标　　记	说　　明
<hn>…</hn>	定义一个级别为 n 的标题
<b>…</b>	设置…为粗体
<i>…</i>	设置…为斜体
<center>…</center>	在页面上水平居中
<ul>…</ul>	将一个未排序列表括起来
<ol>…</ol>	将一个编号列表括起来

续表

标　　记	说　　明
<li>…</li>	将未排序或编号列表中的一个表项括起来
 	强制换行
<p>…</p>	段落
<hr>	插入水平线
<img src="…" />	在此显示图像
<a href="…">…</a>	定义超链接
<table>…</table>	定义表格
<tr>…</tr>	定义表格行
<td>…</td>	定义表格单元格
<div>…</div>	定义文档中的分区或节，默认为块元素
<span>…</span>	用来组合文档中一行内的元素

大多数 HTML 元素被定义为块级元素或内联元素。块级元素在浏览器中显示时通常会以新行开始(和结束)，例如<h1>、<p>、<ul>、<table>等。内联元素在显示时通常不会以新行开始，例如<b>、<td>、<a>、<img>等。

例 10.1　HTML 文件 poem.html。

```
<html>
 <head><title>古诗鉴赏</title></head>
 <body>
  <center>
   <h2>赋得古原草送别</h2>
   <a href="https://so.gushiwen.cn/authorv_85097dd0c645.aspx" target="_blank">白居易</a><br>
   <div style="font-size:20px;">
    <p>离离原上草
    <p>一岁一枯荣
    <p>野火烧不尽
    <p>春风吹又生
   </div>
   <img src="grass.gif" />
  </center>
 </body>
</html>
```

HTML 文件运行结果如图 10.4 所示。

3. 超链接

超链接使用<a>和</a>标记。其最主要的属性是 href 属性，用来指定超链接的

赋得古原草送别

白居易

离离原上草

一岁一枯荣

野火烧不尽

春风吹又生

图 10.4　poem.html 结果

URL,所赋值既可以是使用完整的 URL 表示的其他网站的页面名称,也可以是使用相对路径表示的网站内部的页面名称;target 属性指出单击超链接时可打开的目标窗口,其中取值为_blank 表示在浏览器新窗口中打开超链接,默认值为在当前窗口中打开超链接。

浏览器显示<a>和</a>之间的文本。单击这段文本,则浏览器通过超链接转到一个新的页面上。在图 10.4 中,单击“白居易”超链接,浏览器将打开一个新窗口,转到古诗文网对白居易的介绍页面。

4. 相对链接

<img>标记指定了在页面的当前位置上显示一个图像。该标记使用 src 属性指定图像的 URL。上例中使用的 URL 是一个相对 URL。URL 既可以表示页面,也可以表示文件。grass.gif 文件名前没有任何其他元素(如协议、主机地址),也没有相对路径,表示该文件与页面文件位于同一个网站,并且在同一目录下。

10.2　Python 标准库模块

Python 为处理 HTTP 请求和解析服务器响应提供了标准库,本节介绍 urllib 和 html 标准库中请求和解析模块的使用方法。

10.2.1 urllib.request 模块

浏览器在地址栏中输入地址，向服务器发送请求，最后获取从服务器传回的页面内容或下载的资源。实际上，浏览器只是一个程序，任何程序向服务器发送 HTTP 请求都可以取回页面或下载资源。

在 Python 中，标准库模块 urllib.request 的功能是向服务器发送 HTTP 请求。我们可以用模块提供的 urlopen()方法发送 HTTP 请求，就像在浏览器地址栏中输入 URL 然后按回车一样，就可以得到服务器的响应，如图 10.5 所示。

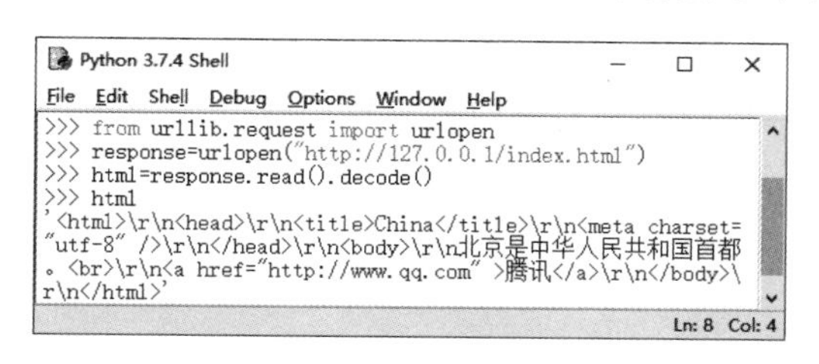

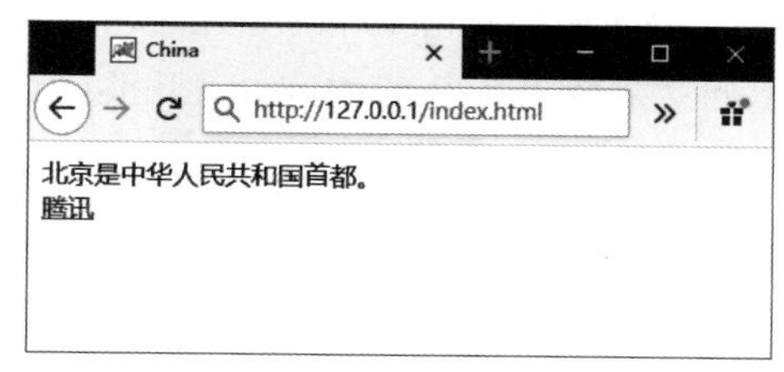

图 10.5　urlopen()获取的页面内容与浏览器打开的页面内容相同

1. urlopen()方法

功能：urlopen(URL)向 URL 中指定的服务器发送 HTTP 请求，返回值为服务器发回的 HTTP 响应。

```
>>> from urllib.request import urlopen
>>> response=urlopen("https://docs.python.org/3/using/index.html")
>>> type(response)
<class 'http.client.HTTPResponse'>
```

urlopen()返回对象的类型是 HTTPResponse，HTTPResponse 是在 http.client 模块中定义的类型，HTTPResponse 对象封装了服务器的 HTTP 响应。

2. HTTPResponse 对象

HTTP 响应包括请求的资源(页面内容或下载的资源)、响应行和响应头部字段。HTTPResponse 提供如下方法操作 HTTPResponse 对象。

(1) geturl()方法

功能：返回请求的资源的 URL。

```
>>> response.geturl()
'https://docs.python.org/3/using/index.html'
```

(2) getheaders()方法

功能：返回所有 HTTP 响应头部字段。

```
>>> for field in response.getheaders():
      print(field)

('Connection', 'close')
('Content-Length', '15357')
('Server', 'nginx')
('Content-Type', 'text/html')
```

(3) read()、readline()和 readlines()方法

功能：用于读取 HTTPResponse 对象封装的请求的资源(从服务器返回)。与读文件时的 read()、readline()和 readlines()方法类似，read()方法返回资源的内容，readline()方法返回文本资源一行的内容，readlines()方法返回文本资源的所有行。

```
>>> html=response.read()
>>> type(html)
<class 'bytes'>
```

read()方法返回的是一个 bytes 类型的对象。这是因为 urlopen()打开的资源可能是二进制文件，如音频、视频、Python 的安装程序等。urlopen()的默认行为为假设资源是一个二进制文件，当使用 read()方法读时，返回一个字节序列。

如果资源是 HTML 标记组成的文档，在使用这些文档内容前需要将字节序列转换为字符串，bytes 类的 decode()方法可以实现解码。例如，从某台服务器返回的资源读得的字节序列为

```
>>> html
b'<html>\r\n\t<head>\r\n\t<title>China</title>\r\n\t</head>\r\n\t<body>\r\n\t\t\xe5\x8c\x97\xe4\xba\xac\xe6\x98\xaf \xe4\xb8\xad\xe5\x8d\x8e\xe4\xba\xba\xe6\xb0\x91\xe5\x85\xb1\xe5\x92\x8c\xe5\x9b\xbd\xe9\xa6\x96\xe9\x83\xbd\xe3 \x80\x82<br>\r\n\t\t<a href="https://www.qq.com">\xe8\x85\xbe\xe8\xae\xaf</a>\r\n\t</body>\r\n</html>'
>>> html.decode()
'<html>\r\n\t<head>\r\n\t <title>China</title>\r\n\t</head>\r\n\t<body>\r\n\t\t北京是中华人民共和国首都。<br>\r\n\t\t<a href="https://www.qq.com">腾讯</a>\r\n\t</body>\r\n</html>'
```

例 10.2 编写函数，参数为页面 URL，返回页面内容。

```
from urllib.request import urlopen
def getSource(url):
  response=urlopen(url)
  html=response.read()
  return html.decode()
print(getSource("https://docs.python.org/3/using/index.html"))
```

10.2.2 html.parser 模块

Python 标准库模块 html.parser 提供了一个类 HTMLParser，用于解析 HTML 文档。当传递一个 HTML 文档给它时，它将从头到尾处理文档，找到文档的所有开始标记、结束标记、文本数据和其他元素，并且“处理”每一个元素。

1. 定义 HTMLParser 对象并向对象传递解析数据

HTMLParser 对象的 feed()方法将 HTML 标记字符串传给对象并进行解析。解析器将字符串分解成 HTML 标记符号，对应于 HTML 开始标记、结束标记、文本数据和其他 HTML 元素，然后按照它们出现在字符串中的顺序处理这些符号。对一个超链接的解析结果如图 10.6 所示。

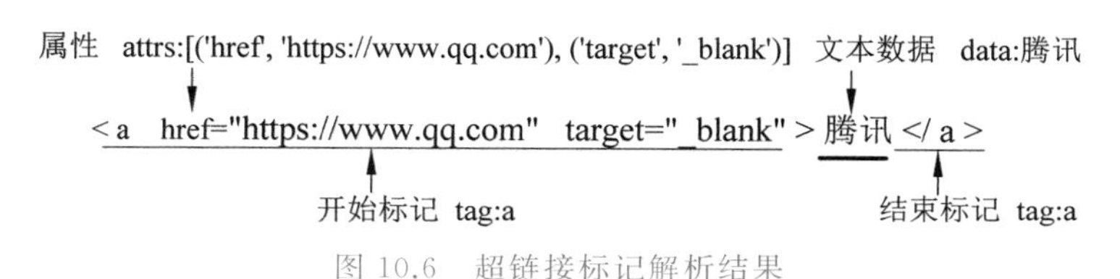

图 10.6 超链接标记解析结果

在图 10.6 中，解析器将一段 HTML 标记解析为开始标记(a)、结束标记(a)和文本数据(腾讯)。其中，开始标记包含属性(属性解析结果用列表表示，每个属性用一个元组表示)。

对如下 HTML 文档进行解析。

```
<html>
<head>
<title>China</title>
</head>
<body>
北京是中华人民共和国首都<br>
<a href='https://www.qq.com' target='_blank'>腾讯</a>
</body>
</html>
```

下面的代码直接将文档内容传给 feed()方法。

```
>>> from html.parser import HTMLParser
>>> parser=HTMLParser()
>>> parser.feed("<html>\r\n<head>\r\n<title>China</title>\r\n</head>\r\n<
body>\r\n 北京是中华人民共和国首都<br>\r\n<a href='https://www.qq.com' target='
_blank'>腾讯</a>\r\n</body>\r\n</html>")
```

2. HTMLParser 处理方法

HTMLParser 对象将 HTML 标记字符串解析成开始标记、结束标记等元素后，按照不同元素在字符串中的出现顺序依次调用相应的方法来处理这些元素。表 10-2 所示为 HTMLParser 常用处理方法。

表 10-2　常用 HTMLParser 处理方法

标记	示　　例	处理方法	说明
<tag attrs>	<a href='https://www.qq.com'>	handle_starttag(tag,attrs)	开始标记处理方法
</tag>	</a>	handle_endtag(tag)	结束标记处理方法
data	文本	handle_data(data)	文本数据处理方法
<tag attrs />	<img src='grass.gif' />	handle_startendtag(tag,attrs)	开始和结束标记处理方法

图 10.7 所示为解析处理 HTML 元素时顺序调用处理方法的示例。

(1) [2] (3) [4] (5) [6] {7} [8] {9} [10] (11) [12] [13] (14) [15]
<html>\r\n<head>\r\n<title>China</title>\r\n</head>\r\n<body>\r\n北京是中华人民共和国首都
\r\n
(16) [17] {18} [19] {20} [21] {22}
<a href='https://www.qq.com' target='_blank'>腾讯</a>\r\n</body>\r\n</html>

图 10.7　顺序调用处理方法

图 10.7 中的()表示调用 handle_starttag(tag,attrs)方法,[]表示调用 handle_data(data)方法,{}表示调用 handle_endtag(tag)方法。例如:(1)表示调用 handle_starttag(tag,attrs)方法,tag 为 html,attrs 为空列表;(16)表示调用 handle_starttag(tag,attrs)方法,tag 为 a,attrs 为[('href', 'https://www.qq.com'), ('target', '_blank')];[2]表示调用 handle_data(data)方法,data 为\r\n;{20}表示调用 handle_endtag(tag)方法,tag 为 body。

3. 自定义处理方法

HTMLParser 类的 handle_starttag()等处理方法在解析 HTML 文档过程中自动调用,在调用时将 tag、attrs、data 等参数自动传入。用户通常需要设计这些方法,实现特定的需求。

例 10.3　提取页面中的所有超链接并输出。

```
from urllib .request import urlopen
from html.parser import HTMLParser
class LinkParser(HTMLParser):
  def handle_starttag(self,tag,attrs):
    if tag=='a':
      for attr in attrs:
        if attr[0]=='href':
          print(attr[1])
def getSource(url):
```

```
    response=urlopen(url)
    html=response.read()
    return html.decode()
content=getSource("http://docs.python.org/3/using/index.html")
linkParser=LinkParser()
linkParser.feed(content)
```

程序运行后,将下载 index.html 页面内容并将页面中所有超链接的 href 属性值输出。

```
../genindex.html
cmdline.html
../tutorial/appendix.html
https://www.python.org/
../index.html
...
```

在程序从页面上提取的超链接中,有些是包含协议和地址的 URL,有些是相对 URL(相对于当前页面)。例如,cmdline.html 是相对 URL,页面为 http://docs.python.org/3/using/index.html,cmdline.html 的实际 URL 为 http://docs.python.org/3/using/cmdline.html。../表示当前目录的父目录,../index.html 的绝对 URL 为 http://docs.python.org/3/index.html。

Python 标准库模块 urllib.parse 提供的 urljoin()方法可以使用页面 URL 和相对 URL 拼接出绝对 URL。例如

```
>>> from urllib.parse import urljoin
>>> url="http://docs.python.org/3/using/index.html"
>>> relative="../index.html"
>>> urljoin(url,relative)
'http://docs.python.org/3/index.html'
```

10.3 正则表达式

正则表达式(Regular Expression)是一个特殊的字符序列,能够检查一个字符串是否与某种模式匹配。

在搜索磁盘文件时,使用*通配符是一种简单的模式匹配。*通配符可以匹配零个或多个字符。图 10.8 所示为搜索文件时使用*通配符查找结果。

不加通配符时,查找的文件是指定的 score5.xls;加通配符后,与 score*.xls 相匹配的是文件名以 score 开头,后面包含零个或多个字符,扩展名为 xls 的所有文件,如 score5.xls、score6.xls、score2020dl.xls。

图 10.8　在搜索文件时使用 * 通配符

10.3.1　正则表达式语法

正则表达式是由字符和正则表达式运算符组成的字符串。

最简单的正则表达式是不使用任何正则表达式运算符的表达式。此时，正则表达式是由字符组成的字符串，字符都和自身相匹配。例如，正则表达式 best 只匹配一个字符串，即字符串 best。

1. 使用标准库模块 re 的 findall()函数验证正则表达式

标准库中的模块 re 是用于正则表达式处理的 Python 工具。模块中定义的查找函数 findall()使用正则表达式进行查找。findall()带两个参数，第一个参数是正则表达式，第二个参数是字符串，该函数返回输入字符串中匹配正则表达式的所有子字符串的列表。

例 10.4　查找字符串中 best 出现次数。

```
>>> from re import findall
>>> list=findall("best","the best performer,bests,bested")
                              #第一个参数为不带运算符的正则表达式
>>> print(list)
['best', 'best', 'best']      #列表中的 best 分别对应字符串中 best、bests 和 bested 中
                              #的 best
```

```
>>> print(len(list))
3
```

2. 正则表达式中可使用的字符

在正则表达式中，可直接使用的普通字符包括所有大写和小写字母、所有数字、标点符号等，不包括正则表达式运算符.$^{[(|)*+?\。如果使用正则表达式运算符，需要用\进行转义。例如，\+对应的是+字符。使用\转义的字符还包括\b(空格)、\t(Tab)、\r(回车)、\n(换行)等。

```
>>> from re import findall
>>> findall("5\+2","1+2=3,2+2=4,5+2=7")            #查找 5+2
['5+2']
```

在匹配单个字符时，既可以列出要匹配的字符，也可以在表达式中指定一个可匹配的字符区间或可匹配的类，如表 10-3 所示。

表 10-3　匹配单个字符

字符	匹配模式	字符	匹配模式
[A-Z]	匹配所有大写字母	[a-z]	匹配所有小写字母
[ABC]	匹配[]中的所有字符	[^ABC]	匹配除了[]中字符的所有字符
[0-9]	匹配所有数字	\d	匹配任何十进制数字
[\s]	匹配任何空白字符，包括空格、制表符、换行符等	\w	匹配字母、数字、下画线，等价于[A-Za-z0-9]
[\S]	匹配任何非空白字符	.	匹配任何字符，除了\n

表中的[]和^是正则表达式中的运算符，[]的作用是匹配方括号中字符集的任意字符，^的作用是匹配不在字符集中的字符。

下面的示例其返回值都是匹配的单个字符列表。

```
>>> from re import findall
>>> findall("[aeiou]","I'm a student")        #在 I'm a student 中查找 a、e、i、o、u 字符
['a', 'u', 'e']
>>> findall("[AEIOU]","I'm A Student")        #在 I'm A Student 中查找 A、E、I、O、U 字符
['I', 'A']
>>> findall("[A-Z]","I'm A Student")          在 I'm A Student 中查找 A~Z 间的大写
                                              #字母
['I', 'A', 'S']
>>> findall("[^AEIOU]","I'm A Student")       在 I'm A Student 中查找不是 A、E、I、O、U
                                              #的其他字符
["'", 'm', ' ', ' ', 'S', 't', 'u', 'd', 'e', 'n', 't']
>>> findall("[\w]","I'm A Student")        #在 I'm A Student 中查找字母、数字和下画线
['I', 'm', 'A', 'S', 't', 'u', 'd', 'e', 'n', 't']
```

```
>>> findall("be.t","bet,belt,beet,beeet,best")  #.匹配的单个字符可以是 l、e、s
                                                #等任何一个字符
['belt', 'beet', 'best']
```

例 10.5　统计字符串中小写字母个数。

```
from re import findall
str="I'm a student"
list=findall("[a-z]",str)
print(list)
print(len(list))
```

程序运行后,输出结果为

```
['m', 'a', 's', 't', 'u', 'd', 'e', 'n', 't']
9
```

3. 正则表达式运算符

在正则表达式中,可以指定某个字符或字符类出现的次数,如至少出现 1 次或 2～6 次等。这些数量运算符放在字符或字符区间的后面,指定字符必须出现的次数,如表 10-4 所示。

表 10-4　正则表达式运算符

运　算　符	功　　能	正则表达式示例
*	大于等于零次匹配	be * t 匹配 bt、bet、beet、beeet 等
+	大于等于一次匹配	be+t 匹配 bet、beet、beeet 等
?	零次或一次匹配	be?t 匹配 bt、bet
{*N*}	*N* 次匹配	be{3}t 匹配 beeet
{*N*,*M*}	*N*～*M* 次匹配	be{1,3}t 匹配 bet、beet、beeet

除了[]、^和表 10-4 中的运算符外,正则表达式运算符还包括|运算符。|是“或”运算符:如果 A 和 B 是两个正则表达式,则 A|B 匹配任何 A 或 B 匹配的字符串。例如:Hello|hello 匹配 hell、,Hello;a+|b+匹配 a、b、aa、bb、aaa、bbb、aaaa、bbbb 等;ab+|ba+匹配 ab、abb、abbb、ba、baa、baaa 等。

下面的示例是表 10-4 中运算符在 findall()函数中的应用。

```
>>> from re import findall
>>> findall("be * t","bt,bet,belt,beet,beeet,best")
['bt','bet', 'beet', 'beeet']
>>> findall("b\w * t","bt,bet,belt,beet,beeet,best")
                              #以 b 开头,以 t 结尾,中间包括 0 个或多个任意字符
['bt', 'bet', 'belt', 'beet', 'beeet', 'best']
>>> findall("be+t","bt,bet,belt,beet,beeet,best")
```

```
['bet', 'beet', 'beeet']
>>> findall("be?t","bt,bet,belt,beet,beeet,best")
['bt', 'bet']
>>> findall("be{3}t","bt,bet,belt,beet,beeet,best")
['beeet']
>>> findall("be{1,3}t","bt,bet,belt,beet,beeet,beeeet,best")
['bet', 'beet', 'beeet']
```

10.3.2 标准库模块 re

在标准库模块 re 中,除了 findall()外,还包括其他的使用正则表达式处理字符串的函数。

1. search()

该函数返回匹配正则表达式的第一个子字符串,它包括两个参数:第一个参数是一个正则表达式,第二个参数是一个字符串。如果不能匹配,则返回 None。

```
>>> from re import search
>>> result=search("e+","beetbtbeltbet")
>>> print(result)
<re.Match object; span=(1, 3), match='ee'>
>>> type(result)
<class 're.Match'>
```

search()函数的返回值 result 是一个 re.Match 对象。该对象支持查找匹配子字符串在输入字符串中的起始索引和终止索引的方法。

```
>>> result.start()  #返回"beetbtbeltbet"字符串中'ee'的开始索引
1
>>> result.end()    #返回"beetbtbeltbet"字符串中'ee'的终止索引(不包含'ee'中的
                    #字符)
3
>>> result.span()   #返回"beetbtbeltbet"字符串中'ee'的起始索引和终止索引元组
(1, 3)
```

匹配对象 result 包括一个 string 属性,用于存储被查找的字符串。使用字符串取子串方式可以取到匹配的子字符串。

```
>>> result.string[result.start():result.end()]
'ee'
```

我们也可以使用匹配对象的 group()方法来获取匹配的子字符串。

```
>>> result.group()
'ee'
```

2. match()

从字符串的起始位置开始匹配正则表达式，返回一个匹配的对象，如果起始位置匹配不成功，则返回 None。该函数包括两个参数：第一个参数是一个正则表达式，第二个参数是一个字符串。

```
>>> from re import match
>>> result=match("www","www.baidu.com")
>>> type(result)
<class 're.Match'>
>>> print(result)
<re.Match object; span=(0, 3), match='www'>
>>> result2=match("com","www.baidu.com")
>>> print(result2)
None
```

3. 正则表达式的简单应用

(1) 验证邮箱

邮箱的规则为邮箱名称是用字母、数字、下画线组成的，然后是@符号，后面是域名。

```
>>> from re import match
>>> email="never@163.com"
>>> result=match("\w+@\w+\.[a-zA-Z\.]+",email)
>>> print(result.group())
never@163.com
```

(2) 验证 URL

URL 的规则为前面是 http、https 或 ftp，然后加上一个冒号，再加上斜杠，后面就可以是任意非空白字符。

```
>>> from re import match
>>> url="http://www.baidu.com"
>>> result=match("(http|https|ftp)://[^\s]+",url)
>>> print(result.group())
http://www.baidu.com
```

(3) 验证身份证

身份证的规则为总共有 18 位，前面 17 位都是数字，最后一位可以是数字，可以是小写的 x，也可以是大写的 X。

```
>>> from re import match
>>> id="31231120000101123x"
>>> result=match("\d{17}[\dxX]",id)
>>> print(result.group())
31231120000101123x
```

习　题　10

一、选择题

1. URL 是 Internet 中资源的命名机制，组成为(　　)。

A. 协议、主机 DNS 名或 IP 地址、文件名

B. 主机、DNS 名或 IP 地址、文件名和协议

C. 协议、文件名、主机名

D. 协议、文件名、IP 地址

2. 浏览器针对于页面起到的作用为(　　)。

A. 浏览器用于创建页面

B. 浏览器用于查看页面

C. 浏览器用于修改页面

D. 浏览器可以删除服务器上存储的页面

3. 浏览器程序和服务器程序通信时使用的协议是(　　)。

A. HTTP　　B. FTP　　C. IP　　D. URL

4. 浏览器打开服务器上的一个页面时，向服务器发送(　　)。

A. 请求消息，发送 GET 命令　　B. 请求消息，发送 POST 命令

C. 请求消息，发送 HEAD 命令　　D. 响应消息，发送 GET 命令

5. 服务器向浏览器发送的响应消息中不包括的内容为(　　)。

A. 响应状态码　　B. 浏览器程序名

C. 响应的内容类型和编码方式　　D. 请求的资源

6. 在下面的标记中，用于说明 HTML 文件主体的标记是(　　)。

A. html　　B. body　　C. head　　D. main

7. 下面(　　)是正确的超链接标记。

A. <a href="http://www.sohu.com">搜狐网</a>

B. <a target="http://www.sohu.com">搜狐网</a>

C. <a href="搜狐网"> http://www.sohu.com </a>

D. <a target="搜狐网">http://www.sohu.com</a>

8. urlopen(RUL)的返回值类型为(　　)。

A. HTTPResponse　　B. Response

C. HTTPServerletResponse　　D. HTTPClientResponse

9. 对于一个页面含中文的内容，执行 response=urlopen(url)打开网络连接后，读取页面内容的方法为(　　)。

A. response.read()　　B. response.readlines()

C. response.read().encode()　　D. response.read().decode()

10. 匹配任何字符的是(　　)。

A. \w　　B. \s　　C. \d　　D. .

11. 与正则表达式 be * t 不能匹配的是(　　)。

A. bt　　B. bet　　C. beet　　D. be

12. 函数返回值为匹配对象的是(　　)。

A. find　　B. findall　　C. search　　D. group

二、编程题

1. 设计一个自我介绍页面 index.html,页面上包括姓名、性别、简历、爱好等信息。

2. 编写函数 statistic(),带两个参数:第一个参数为一个页面的 URL,第二个参数为主题词(字符串)列表。计算该页面上每个主题词出现的次数。提示:字符串对象的 count(str)方法可以统计另一个字符串 str 出现的次数。例如

```
>>>statistic("http://www.jlnu.edu.cn/xxgk_jlsd.php",['创新','项目'])
创新 9
项目 15
```

3. 编写函数 allLink(),带一个参数:页面的 URL。输出该页面上的所有超链接,如果超链接为相对 URL,则拼接成绝对 URL(页面上的超链接与"http"匹配时可以认为是绝对 URL,否则需要拼接)。

4. 下列正则表达式分别匹配后面的哪个字符串?

(1) 表达式[Hh]ello,字符串 ello、Hello、hello

(2) 表达式 re-? sign,字符串 re-sign、resign、re-? sign

(3) 表达式[a-z] * ,字符串 aaa、Hello、F16、IBM、best

(4) 表达式[^a-z] * ,字符串 aaa、Hello、F16、IBM、best

(5) 表达式<. * >,字符串<h1>、2<3、<<>>>>>、><

使用 match()函数进行验证。

```
>>> match("[Hh]ello","Hello")
<re.Match object; span=(0, 5), match='Hello'>
```

5. 为下列每一组字符串定义一个正则表达式,要求仅匹配字符串集合中的所有字符串并使用 match 函数进行验证。

(1) aac,abc,acc　　(2) abc,xyz　　(3) a,ab,abb,abbb,abbbb,…

(4) 包含字母表(a,b,c,…,z)中小写字母的非空字符串

(5) 包含 oe 的字符串

6. 编写函数 getContent(),带一个参数:页面的 URL。输出该页面上的文本内容,不输出各种标记,如<html>、<p>等。

第 11 章

数　据　库

程序处理的数据仅在执行时才存在。为了使数据在程序执行后继续保留，以便以后使用，必须将它们存储在文件中。使用标准的文本文件或二进制文件存储数据的优点是通用，易于处理；缺点是没有结构，无法有效地访问和处理数据。本章介绍一种特殊类型的文件，称为数据库文件（或者简称为数据库）。

11.1　数　据　库

数据库以结构化的方式存储数据。例如在图 11.1 所示的班级成绩表中，学号、姓名等数据是以固定长度存储在文件中。该结构能够使数据库文件中的数据更有效地进行处理，包括高效地插入、更新和删除，特别是能够高效地访问。在很多应用程序中，数据库文件是比文本文件更为合适的数据存储方法。

no	name	Chinese	Math	English
210201	王明	82	95	88
210202	李平	90	92	98
210203	张金玲	95	89	94

班级成绩表

no：字符串，长度6字节
name:字符串，长度20字节
Chinese、Math和 English：整数

图 11.1　结构化数据

11.1.1　关系数据模型

在数据库设计发展史中，曾使用过三种数据库模型：层次模型、网状模型和关系模型。在现代数据库中，最常用的模型是关系模型。

在关系模型中，数据组织成二维表。二维表也称为关系，二维表或关系间是相互关联的，如图 11.2 所示。

在关系数据库中，数据是通过一组关系表示的。关系具有以下特征。

- 名称：每一种关系都具有唯一的名称，如图 11.2 中的 scores、students 和 exams。
- 属性：关系中的每一列称为属性，也称为字段，属性在表中是列的头。每个属性

成绩表 scores

no	examno	Chinese	Math	English
210201	1	82	95	88
210202	1	90	92	98
210203	1	95	89	94

学生表 students

no	name
210201	王明
210202	李平
210203	张金玲

测试表 exams

examno	name
1	第一次测验
2	第二次测验
3	期中考试

图 11.2 描述成绩的关系模型示例

表示存储在该列下的数据的含义。表中的每一列在关系范围内有唯一的名称。例如 students 表中包含两列,属性名分别是 no 和 name,表示这两列分别存储学号和姓名。每一列数据都具有相同的数据类型,如字符型、整型、双精度型、日期型等。字符型数据通常具有特定的宽度。例如 name 属性的数据类型是字符型,可以将其宽度设置为 20,也就是最多能够存储 20 个字符。属性名并不属于数据。

- 记录:关系中的每一行称为记录,也称为元组。记录定义了一组属性值。记录的个数称为关系的基数,也称为记录行数。在一个关系中,不应该出现完全相同的两条记录。
- 候选码:候选码是关系中能够唯一标识一条记录的某个属性或属性组。一个关系可以有多个候选码。例如,每个学生的学号是不同的,可以将学号作为每个学生的标识,因此 students 表中的 no 属性可以作为候选码,而 name 属性不能作为候选码(可能有同名学生);一名学生可以参加多次考试,用 scores 表中的 no 和 examno 两个属性才能唯一标识一条记录。
- 主码:一个关系中要选定某个候选码作为主码。主码也称为主键或称为主索引。使用主码或候选码的目的是提高查找速度,类似于对无序列表排序后再进行查找。students 表的主键是 no 属性,scores 表的主键是 no 和 examno 属性,exams 表的主键是 examno 属性。
- 外码:在关系数据库中,一个关系中的某个属性可能是另一个关系的主键,这个属性称为外码。外码也称为外键,如 scores 表的 no 和 examno 属性都是外键。

11.1.2 结构化查询语言

数据库文件不是通过读写二进制文件方式操作的,它们通常也不能直接访问。现在的各种数据库产品(如 Oracle、SQL Server、MS Access、MySQL、SQLite 等)都提供了一组服务程序,用于管理数据库,一般称为数据库管理系统或数据库引擎。应用程序将命令发送给数据库管理系统程序,该程序以应用程序名义访问数据库文件。

数据库引擎接受的命令是用查询语言编写的语句,现在最常用的查询语言称为结构化查询语言(通常称为 SQL)。SQL 可以完成关系数据库的所有操作。使用 SQL 语句可以完成创建数据库、创建表、插入、删除、更新、选择、投影、连接等关系操作。

SQLite 是一个开源免费的小型数据库管理系统，Python 标准库模块 sqlite3 为其提供了一个应用程序编程接口，使 Python 程序能够访问数据库文件并在其上执行 SQL 命令。SQLite 软件安装过程参见附录 A。

为运行 SQLite 命令行，首先打开命令提示符窗口，然后切换到包含 sqlite3 可执行文件的目录，运行 sqlite3 student.db 以访问数据库文件 student.db，如图 11.3 所示。

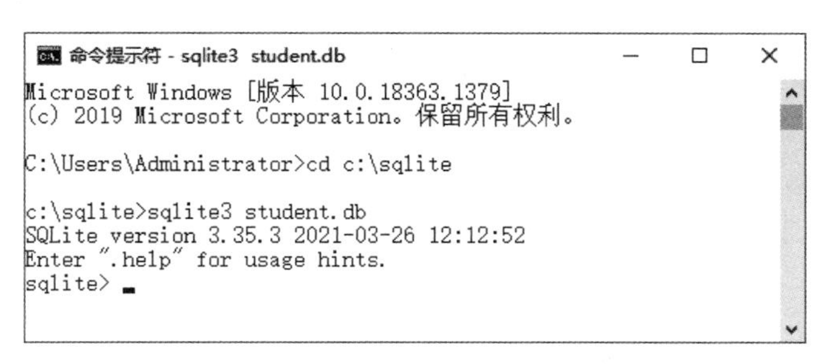

图 11.3 启动 sqlite3，创建/打开数据库文件

在 sqlite＞提示符下，可以针对数据库文件 student.db 执行 SQL 语句。虽然 SQL 语句本身并不用分号结束，但是在 sqlite＞提示符下，执行的每条 SQL 语句必须以分号结束。

11.1.3 create table 语句

在对数据库进行关系操作前，首先需要创建表。运行 sqlite3 student.db 时，如果原来数据库文件 student.db 不存在，将创建文件；如果数据库文件存在，将打开文件。新创建的数据库文件是空的，不包含任何表。SQL 语句 create table 用于创建表，其语法格式如下。

```
create table 表名(字段 1 字段 1 类型,字段 2 字段 2 类型,…)
```

其中，表中包含的字段名与其数据类型之间用空格分隔，各个字段间用逗号分隔。

SQLite 支持的常用数据类型如表 11-1 所示。

表 11-1 字段类型

类型	说明	类型	说明
int	整型	smallint	16 位整数
text	文本类型	BLOB	二进制对象
double	64 位实数	float	32 位实数
decimal(*p*,*s*)	十进制数，*p* 为长度，*s* 为小数位数	char(*n*)	长度为 *n* 的字符串，*n* 不超过 254
varchar(*n*)	长度不固定，最大长度为 *n* 字符串	datetime	日期时间
date	包含了年份、月份、日期	time	包含了小时、分钟、秒

如果在定义表时没有特别定义，则每个字段在不指定值时都可以取 NULL(空值)。students、scores 和 exams 表的各字段类型如图 11.4 所示。

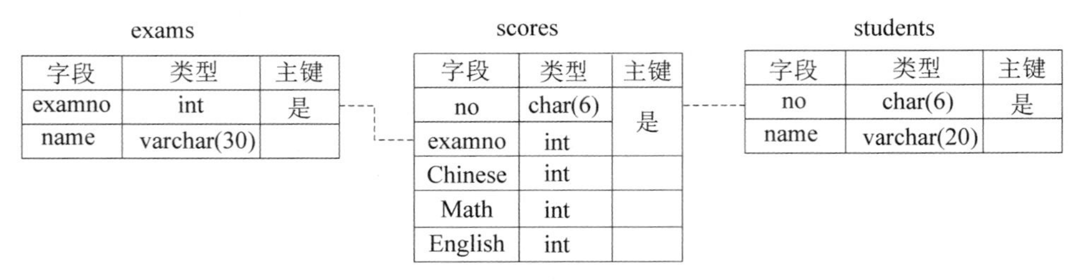

图 11.4　表字段类型

例 11.1　创建图 11.2 中所示的 students 表。

```
create table students(no char(6),name varchar(20))
```

创建 students 表的过程如图 11.5 所示。

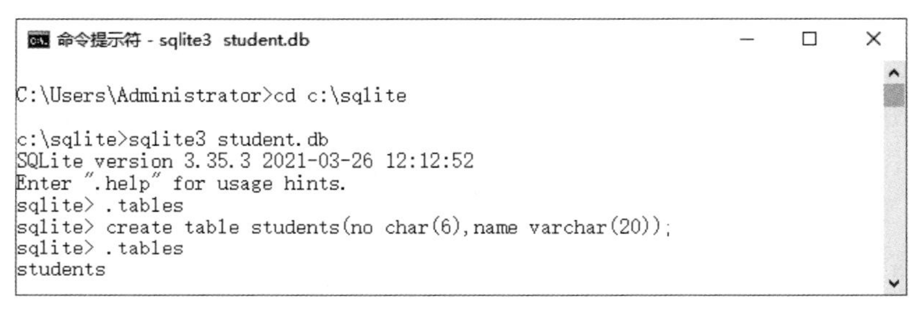

图 11.5　创建 students 表

在 sqlite>标记符下，输入.tables 命令可以列出数据库中包含的全部表。在图 11.5 中，先后使用了两次.tables 命令。第一次在刚创建数据库文件后，.tables 命令未列出任何数据表；第二次在创建 students 表之后，.tables 命令列出了 students，表示创建成功。

上面的命令在创建 students 表时并未指定主键，如果在建表时指定主键，则需要在字段后用 primary key 指定主键。

```
create table students(no char(6) primary key,name varchar(20))
```

primary key 指定主键也可以放在字段列表最后，例如

```
create table scores (no char(6),examno int,Chinese int,Math int,
    English int,primary key (no,examno))
```

11.1.4　insert into 语句

SQL 语句 insert into 用于向数据库表中插入一个新记录。如果插入的是一个完整的记录，也就是包括数据库表中的每一列，则语句格式为

```
insert into 表名 values (value1,value2,…)
```

其中 value1,value2,…为数据表中各列取值,顺序和数据类型必须与数据表各列一致。

如果插入的是部分列数据,则需要指定列(字段)名,语句格式为

```
insert into 表名 (字段 1,字段 2,…) values (value1,value2,…)
```

在 SQL 语句中,字符串的值需要用引号括起来,而数值不需要。

例 11.2 向 students 表中添加图 11.2 中所示的数据。

```
insert into students values ('210201','王明')
insert into students values ('210202','李平')
insert into students values ('210203','张金玲')
```

例 11.3 向 scores 表中添加图 11.2 中所示的数据。

```
insert into scores values ('210201',1,82,95,88)
insert into scores values ('210202',1,90,92,98)
insert into scores values ('210203',1,95,89,94)
```

例 11.2 和例 11.3 的执行过程如图 11.6 所示。

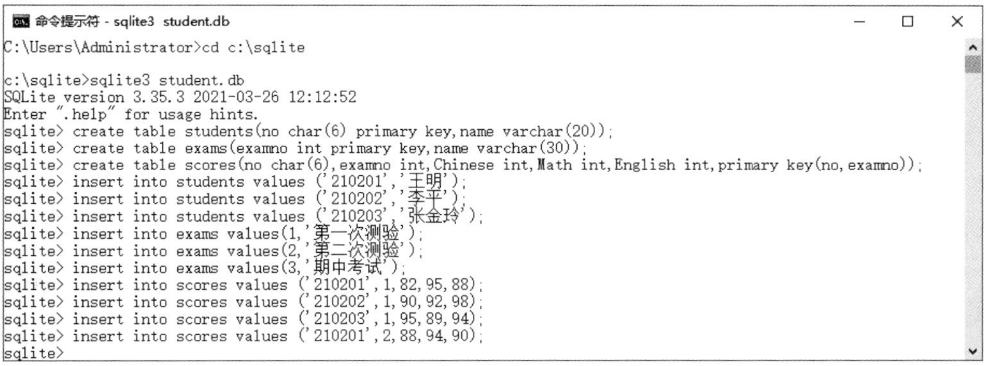

```
命令提示符 - sqlite3 student.db
C:\Users\Administrator>cd c:\sqlite

c:\sqlite>sqlite3 student.db
SQLite version 3.35.3 2021-03-26 12:12:52
Enter ".help" for usage hints.
sqlite> create table students(no char(6) primary key,name varchar(20));
sqlite> create table exams(examno int primary key,name varchar(30));
sqlite> create table scores(no char(6),examno int,Chinese int,Math int,English int,primary key(no,examno));
sqlite> insert into students values ('210201','王明');
sqlite> insert into students values ('210202','李平');
sqlite> insert into students values ('210203','张金玲');
sqlite> insert into exams values(1,'第一次测验');
sqlite> insert into exams values(2,'第二次测验');
sqlite> insert into exams values(3,'期中考试');
sqlite> insert into scores values ('210201',1,82,95,88);
sqlite> insert into scores values ('210202',1,90,92,98);
sqlite> insert into scores values ('210203',1,95,89,94);
sqlite> insert into scores values ('210201',2,88,94,90);
sqlite>
```

图 11.6 例 11.2 和例 11.3 的执行过程

由于 scores 表的 examno 字段与 exams 表的 examno 字段关联,为保证数据完整性,图 11.6 中创建了 exams 表并向表中插入数据。

11.1.5 select 语句

SQL 的 select 语句用于查询数据库。

1. 投影

投影是从一个表中选择若干个列组成新表,新表中的属性(列)是原表中属性的子集。投影操作所得到的新表中属性减少,但是记录行数不变。

select 语句实现投影操作的一般格式为

```
select 属性 1,属性 2,…from 表名
```

如果选择表的全部属性,可以用 * 代替属性列表。

例如,要从表 scores 中查询 no、examno 和 Chinese 列,其 select 语句为

```
select no,examno,Chinese from scores
```

投影操作结果如图 11.7 所示。

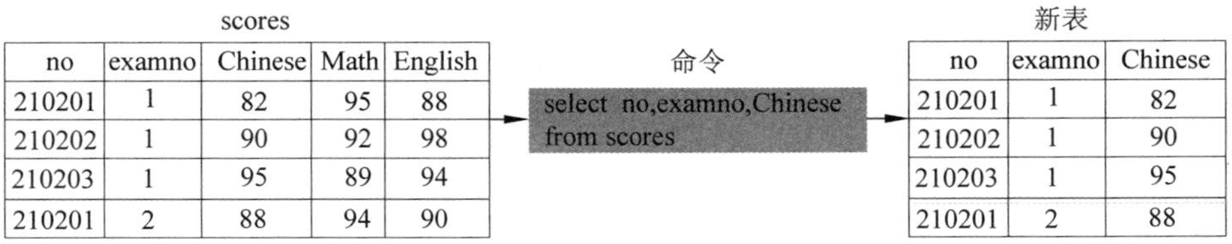

scores

no	examno	Chinese	Math	English
210201	1	82	95	88
210202	1	90	92	98
210203	1	95	89	94
210201	2	88	94	90

命令

select no,examno,Chinese from scores

新表

no	examno	Chinese
210201	1	82
210202	1	90
210203	1	95
210201	2	88

图 11.7 投影操作结果

选择 scores 表全部列的 select 语句为

```
select * from scores
```

2. 选择

选择是从一个表中选择若干个行组成新表,新表中的行是原表中行的子集。选择操作根据要求从原表中选择部分行。

select 语句实现选择操作的一般格式为

```
select * from 表名 where 条件
```

* 表示所有的属性都被选择,如果只选择部分属性,则用属性列表代替 * 。选择的条件由 where 子句定义。

例如,要从表 scores 中选择第一次测验的成绩表,select 语句为

```
select * from scores where examno=1
```

选择操作结果如图 11.8 所示。

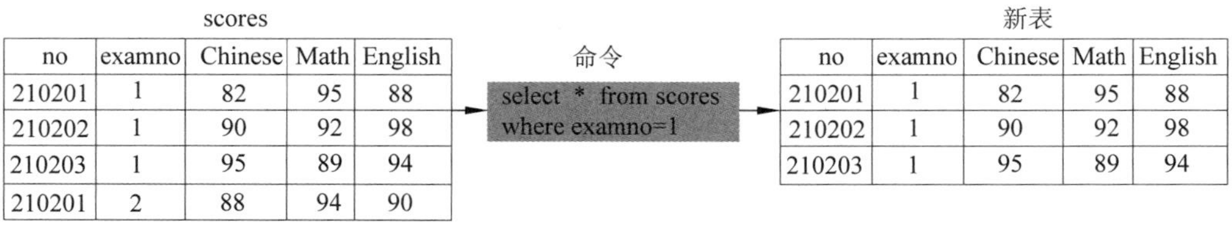

scores

no	examno	Chinese	Math	English
210201	1	82	95	88
210202	1	90	92	98
210203	1	95	89	94
210201	2	88	94	90

命令

select * from scores where examno=1

新表

no	examno	Chinese	Math	English
210201	1	82	95	88
210202	1	90	92	98
210203	1	95	89	94

图 11.8 选择操作结果

在 SQL 语句中,判断相等用“＝”表示,而不是“＝＝”。SQL 的条件运算符还包括＜＞(不等于)、＞、＜、＞＝、＜＝、between(在某一范围内,如 Chinese between 85 and 95)。

选择条件是一个逻辑表达式，可以实现复杂的逻辑运算。例如，从 scores 表中选择第一次测验中三科成绩均大于等于 90 分的行，select 语句为

```
select * from scores where examno=1 and Chinese>=90 and Math>=90 and English>=90
```

3. 连接

连接是使用共有的属性把两个表组合起来。连接操作使用如下格式。

select 属性 1，属性 2，…from 表 1，表 2 where 条件

属性列表是两个表的属性的组合。一般以两个表的相同属性相等作为条件，如 scores.no= students.no。连接操作十分复杂并有很多变化。图 11.9 所示为 scores 表和 students 表连接，生成一个信息更加全面的表，包括了学生的姓名。两个表的共有属性是 no 属性。

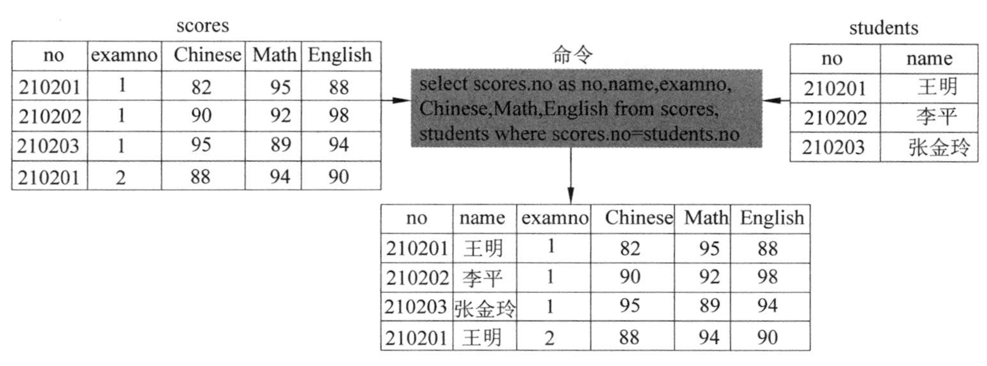

no	examno	Chinese	Math	English
210201	1	82	95	88
210202	1	90	92	98
210203	1	95	89	94
210201	2	88	94	90

no	name
210201	王明
210202	李平
210203	张金玲

no	name	examno	Chinese	Math	English
210201	王明	1	82	95	88
210202	李平	1	90	92	98
210203	张金玲	1	95	89	94
210201	王明	2	88	94	90

图 11.9 连接操作结果

11.1.6 delete 语句

删除是根据要求删除表中相应的行。删除操作使用如下格式。

delete from 表名 where 条件

删除的条件由 where 子句定义。例如，从 scores 表中删除第二次测验的成绩，语句为

```
delete from scores where examno=2
```

删除结果如图 11.10 所示。

scores

no	examno	Chinese	Math	English
210201	1	82	95	88
210202	1	90	92	98
210203	1	95	89	94
210201	2	88	94	90

命令

delete from scores where examno=2

scores

no	examno	Chinese	Math	English
210201	1	82	95	88
210202	1	90	92	98
210203	1	95	89	94

图 11.10 删除结果

11.1.7 update 语句

更新用于修改记录中的部分属性值。更新操作使用如下格式。

update 表名 set 属性 1=value1,属性 2=value2,…where 条件

要修改的属性值由 set 子句定义,更新的条件由 where 子句定义。例如,修改 scores 表中王明第一次测验的语文成绩,语句为

```
update scores set Chinese=84 where examno=1 and no='210201'
```

更新结果如图 11.11 所示。

scores

no	examno	Chinese	Math	English
210201	1	82	95	88
210202	1	90	92	98
210203	1	95	89	94
210201	2	88	94	90

命令

update scores set Chinese=84 where examno=1 and no='210201'

scores

no	examno	Chinese	Math	English
210201	1	84	95	88
210202	1	90	92	98
210203	1	95	89	94
210201	2	88	94	90

图 11.11 更新结果

11.2 数据库编程

Python 标准库包含一个数据库接口模块 sqlite3,该模块为数据库编程提供了一个简单的内置的访问 SQLite 数据库文件的应用编程接口(API)。

11.2.1 使用 sqlite3 创建数据库

为创建数据库,首先需要创建一个与数据库文件的连接,它相当于打开一个文件。

```
>>> import sqlite3
>>> con=sqlite3.connect("student.db")
```

函数 connect()是模块 sqlite3 中的一个函数,作用是创建一个与数据库文件的连接。函数 connect()的参数为数据库文件名(位于当前工作目录中),返回值是一个 Connection 类型的对象。如果在当前工作目录中存在数据库文件 student.db,则 connect()打开数据库文件,创建并返回一个连接对象;否则先创建一个新的数据库文件 student.db,再返回连接对象。

创建与数据库相关联的连接对象后,还需要创建一个游标对象(cursor),用于执行 SQL 语句。Connection 类的 cursor()方法返回一个 Cursor 类型的对象。

```
>>> cur=con.cursor()
```

11.2.2 执行 SQL 语句

Cursor 对象是数据库处理的主要对象，使用其 execute()方法可以执行 SQL 语句。

例如，在数据库中创建数据库表，需要执行的 SQL 语句是 create table；向数据库表中插入记录，需要执行 insert into 语句。SQL 语句以字符串参数形式传递给 execute()方法。

```
>>> cur.execute("""create table students (no char(6) primary key,
                                          name varchar(20))""")
>>> cur.execute("insert into students values('210201','王明')")
```

在 Python 中，用三个引号(单引号或双引号)括起来的也是字符串。三引号允许一个字符串跨多行，字符串中可以包含换行符、制表符以及其他特殊字符。上面的程序中用三引号创建的 create table 命令字符串的可读性更好。

上面两条语句执行后，Cursor 对象中就创建了 students 数据表，表中插入了一条记录。

如果 SQL 语句使用来自 Python 变量的值，则需要将命令字符串与变量拼接成命令字符串。由于 SQL 语句中包括用引号括起来的字段值，因此拼接过程比较烦琐，并且很容易出错。例如，由变量拼接生成 insert into students values('210201','王明')命令，拼接过程为

```
>>> no,name='210201','王明'
>>> sql="insert into students values ('"+no+"','"+name+"')"    #命令字符串拼接
>>> sql
"insert into students values ('210201','王明')"
```

为构造使用 Python 变量的 SQL 语句，一般使用类似于字符串格式化的技术，称为参数替换。

在 execute()方法中构造 SQL 语句字符串表达式时，使用"?"作为占位符，表示 Python 变量值所处的位置。字符串表达式作为方法的第一个参数，第二个参数是包括各个变量取值的一个元组变量。

```
>>> no,name='210202','李平'
>>> cur.execute("insert into students values (?,?)",(no,name))
```

执行 execute()方法时，元组中各项元素值按序替换 SQL 语句中的?。no 变量值替换第一个?，name 变量值替换第二个?。

也可以将变量值事先换成一个元组变量。

```
>>> record=('210202','李平')
>>> cur.execute("insert into students values (?,?)",record)
```

11.2.3　提交数据库更改和关闭数据库

Cursor 对象是内存中的一个对象，在 Cursor 对象中对数据库的更改包括创建表、删除表、插入行、删除行等，但实际上并不会立即写入数据库文件。它们只是在内存中暂时记录下来。为保证写入变更内容，必须通过调用 Connection 对象的 commit()方法来提交变更内容。

```
>>> con.commit()
```

当完成数据库文件操作后，需要关闭数据库文件，就像关闭文本文件一样。可以通过调用 Connection 对象的 close()方法来关闭数据库文件。

```
>>> con.close()
```

例 11.4　编写程序，创建图 11.2 中所示的数据表并插入数据。

```
import sqlite3
con=sqlite3.connect("student.db")
cur=con.cursor()
cur.execute("create table students(no char(6) primary key,name varchar(20))")
cur.execute("create table exams(examno int primary key,name varchar(30))")
cur.execute("""create table scores(no char(6),examno int,Chinese int,
                              Math int,English int,primary key(no,examno))""")
cur.execute("insert into students values ('210201','王明')")
cur.execute("insert into students values ('210202','李平')")
cur.execute("insert into students values ('210203','张金玲')")
cur.execute("insert into exams values(1,'第一次测验')")
cur.execute("insert into exams values(2,'第二次测验')")
cur.execute("insert into exams values(3,'期中考试')")
cur.execute("insert into scores values ('210201',1,82,95,88)")
cur.execute("insert into scores values ('210202',1,90,92,98)")
cur.execute("insert into scores values ('210203',1,95,89,94)")
cur.execute("insert into scores values ('210201',2,88,94,90)")
con.commit()
con.close()
```

11.2.4　查询数据库

在执行 select 语句进行数据库查询时，将 select 语句字符串作为参数传递给 Cursor 对象的 execute()方法。

```
>>> cur.execute("select * from students")
```

select 语句执行后返回查询结果，结果为一个临时表，存储在 Cursor 对象中。访问查询结果可以通过如下方式。

① 使用 Cursor 对象的 fetchall()方法获取记录列表。

```
>>> cur.fetchall()
[('210201', '王明'), ('210202', '李平')]
```

fetchall()方法返回值为查询结果的记录列表,记录以元组表示。方法执行后,将清空 Cursor 对象缓冲区,再次执行 fetchall()方法返回的将是空列表。如果想使用查询结果,需要将返回值保存到变量中。

② 将 Cursor 对象直接作为一个迭代器并迭代访问。

```
>>> cur.execute("select * from students")
<sqlite3.Cursor object at 0x0000020476E8F180>
>>> for record in cur:
       print(record)


('210201', '王明')
('210202', '李平')
```

如果使用迭代的方法,不需要占用过大的内存,因为不用在内存中存储整个查询结果列表。

例 11.5　编写程序,从键盘输入测试成绩,将成绩存储到上例建立的 scores 表中。

```
import sqlite3
def inputScore(cur):
  no=input("please input student no:")
  examno=eval(input("please input exam no:"))
  chinese, math, english = eval (input ( " please  input  Chinese, Math, English
score:"))
  cur.execute ( "insert into scores values (?,?,?,?,?)", (no, examno, chinese,
math,english))
con=sqlite3.connect("student.db")
cur=con.cursor()
while True:
  if input("continue input y/n:").lower()= ="y":
    inputScore(cur)
  else:
    break
con.commit()
con.close()
```

程序运行时,在询问是否输入时,如果继续输入数据,输入 y,否则输入 n 退出,如图 11.12 所示。

```
Python 3.7.4 Shell
File Edit Shell Debug Options Window Help
continue input y/n:y
please input student no:210202
please input exam no:2
please input Chinese,Math,English score:85,90,94
continue input y/n:n
>>>
Ln: 18 Col: 4
```

图 11.12 输入成绩

例 11.6 编写程序,从键盘输入测验编号,查询上例数据库,输出该次测验成绩表。

```
import sqlite3
def selectByExamno(cur,examno):
  cur.execute("""select scores.no, students.name, exams.name, Chinese, Math,
English from scores,students,exams where scores.examno=? and students.no=
scores.no and scores.examno=exams.examno""",(examno,))
                                          #元组只包含一个元素时,后面要接逗号
  for record in cur:
    print(record)
con=sqlite3.connect("student.db")
cur=con.cursor()
examno=eval(input("please input examno:"))
selectByExamno(cur,examno)
con.close()                               #关闭数据库连接
```

程序运行结果为

```
please input examno:1
('210201', '王明', '第一次测验', 82, 95, 88)
('210202', '李平', '第一次测验', 90, 92, 98)
('210203', '张金玲', '第一次测验', 95, 89, 94)
```

习 题 11

一、选择题

1. 在关系运算中,从表中取出指定的属性的操作称为(　　)。

   A. 选择　　B. 投影　　C. 连接　　D. 扫描

2. 在关系运算中,从表中选出满足某种条件的元组的操作称为(　　)。

   A. 选择　　B. 投影　　C. 连接　　D. 扫描

3. 在关系运算中,将两个关系中具有共同属性值的元组连接到一起构成新表的操作称为(　　)。

   A. 选择　　B. 投影　　C. 连接　　D. 扫描

4. 一般情况下，当对关系 R 和 S 使用连接时，要求 R 和 S 含有一个或多个共有的(　　)。

A. 元组　　B. 行　　C. 记录　　D. 属性

5. SQL 语言是(　　)语言。

A. 层次数据库　　B. 网络数据库　　C. 关系数据库　　D. 非数据库

6. 用二维表来表示的数据模型称为(　　)。

A. 实体-联系模型　　B. 层次模型

C. 关系模型　　D. 网状模型

7. 要查找工资在 6000 元以上并且职称为工程师的记录，逻辑表达式为(　　)。

A. "工资"＞6000 OR 职称＝"工程师"

B. 工资＞6000 AND 职称＝工程师

C. "工资"＞6000 AND "职称"＝"工程师"

D. 工资＞6000 AND 职称＝"工程师"

8. 在 SQL 语言中，删除表中数据的命令是(　　)。

A. DELETE　　B. DROP　　C. CLEAR　　D. REMOVE

9. 以下关于主键的描述正确的是(　　)。

A. 标识表中唯一的记录　　B. 创建唯一的索引，允许空值

C. 只允许以表中第一字段建立　　D. 表中允许有多个主键

10. 现有表 book，字段为 id (int)、title (varchar)和 price (float)。如果使用 insert 语句向 book 表中插入数据，以下语句错误的是(　　)。

A. insert into book (id,title,price) values(1,'java',100)

B. insert into book (title,price) values('java',100)

C. insert into book values (1,'java',100)

D. insert book values('java',100)

11. 学生成绩表 grade 中有字段 score(float)，现在要把所有在 55～60 分的分数提高 5 分，以下 SQL 语句正确的是(　　)。

A. update grade set score＝score＋5

B. update grade set score＝score＋5 where score＞＝55 or score ＜＝60

C. update grade set score＋5 where score＞＝55 and score ＜＝60

D. update grade set score＝score＋5 where score ＞＝55 and score ＜＝60

12. SELECT 语句执行的结果是(　　)。

A. 数据项　　B. 元组　　C. 表　　D. 视图

13. 在执行 SQL 查询时，使用 WHERE 子句指出的是(　　)。

A. 查询目标　　B. 查询条件　　C. 查询视图　　D. 查询结果

14. 有一个“出版物”表，包含图书编码(Book_code)、书名(Book_name)、出版日期(Issue_dt)、备注(Mem_cd)等字段，作为该表的主建可能最恰当的是(　　)。

A. Book_code　　B. Book_name　　C. Issue_dt　　D. Mem_cd

15. 下列查询条件(　　)可以查询出员工数据表中“员工所在地”不在“北京”的

员工。

A. ！>'北京'　　B. NOT '北京'　　C. IS NOT '北京'　　D. <>'北京'

二、操作题

操作题应用的数据表见图 11.13。

A

A1	A2	A3
1	12	100
2	16	102
3	16	103
4	19	104

B

B1	B2
22	214
24	216
27	284
29	216

C

C1	C2	C3
31	401	1006
32	401	1025
33	405	1065

图 11.13　操作题使用的关系

1. 在 sqlite>提示符中创建数据表 A、B 和 C，数据库文件名为 exp11.db。其中，A1、A2、B1、C1 字段为整型数，其他字段类型为字符型。

2. 在 slqite>提示符中向数据表 A、B 和 C 插入图 11.13 所示数据。

3. 写出如下 SQL 查询语句。

(1) 列出表 A 中 A2 字段取值为 16 的所有记录

(2) 列出表 A 中 A2 字段取值为 16 的所有记录中 A1 和 A2 字段取值

(3) 列出表 A 中 A3 字段

(4) 列出表 B 中 B2 字段取值为 216 的所有记录中 B1 字段取值

(5) 将表 C 中 C1 字段取值 31 修改为 37

三、编程题

以下各题有前后顺序，需要按序完成。

1. 使用 sqlite3 模块，编写程序，创建一个数据库文件 exp11_2.db 并在其中创建数据表 A，在表中定义如图 11.13 所示的列名称。

2. 使用 sqlite3 模块，编写程序，向题 1 创建的数据表中插入图 11.13 所示数据。

3. 使用 sqlite3 模块，编写程序，选择表 A 中 A2=16 的记录并输出。

4. 使用 sqlite3 模块，编写程序，将表 B 中 B1=29 的记录修改为 B1=19。

5. 使用 sqlite3 模块，编写程序，在题 4 基础上输出表 A、B 中满足 A2=B1 的记录的所有字段。

6. 编写函数，从键盘输入表 A 对应的一条记录数据并将输入数据插入表 A 中。

7. 编写函数 displayA()，显示表 A 内容。提示：f'{变量：<6}'输出宽度为 6 的左对齐格式变量。

附录A

开发环境安装与配置

1. 软件下载

- Python 3 官网下载地址：https://www.python.org/downloads/。
- PyCharm 下载地址：https://pycharm-community-edition.en.softonic.com/。
- SQLite 下载地址：https://www.sqlite.org/download.html。

2. 安装

（1）安装 Python 3

在 Windows 系统中，运行 python-3.7.4-msi（或其他版本的安装程序），按照安装向导提示进行安装。勾选图 A.1 中的 Add Python 3.7 to PATH 选项，在安装时自动将 Python 安装目录添加到 Path 环境变量中。Python 默认安装路径比较长，查找 Python 目录及文件不方便。为了在以后的使用中容易操作，可以将 Python 安装在 C 盘根目录下。选择 Customize installation，进入图 A.2 所示窗口，选择全部安装选项，单击 Next 按钮，进入图 A.3 所示窗口。

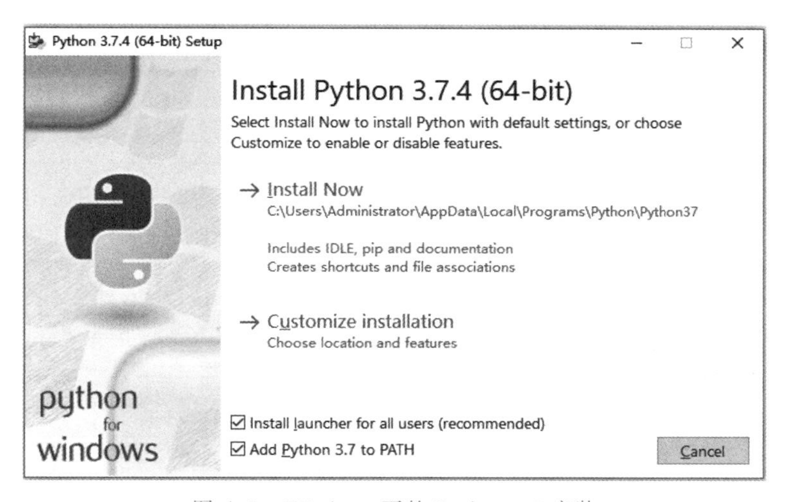

图 A.1　Windows 下的 Python 3.7 安装

在文本框中输入 Python 安装目录（如 C:\Python），单击 Install 按钮进行安装。安装完成后，提示信息如图 A.4 所示。

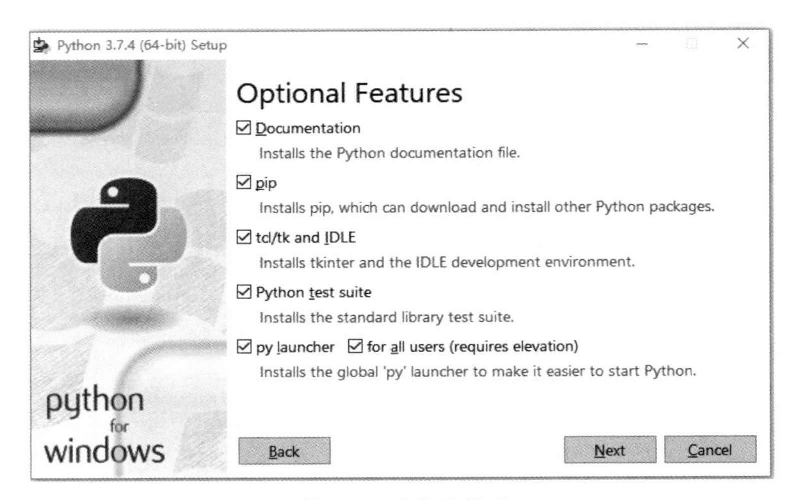

图 A.2　可选安装项

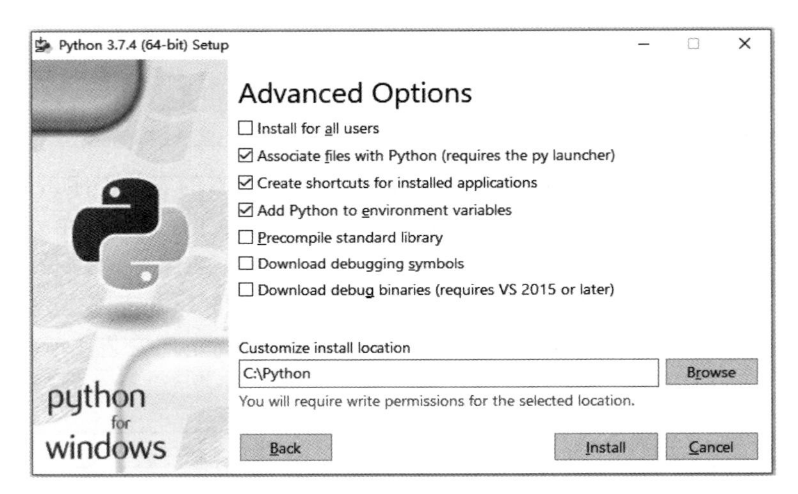

图 A.3　设置 Python 安装路径

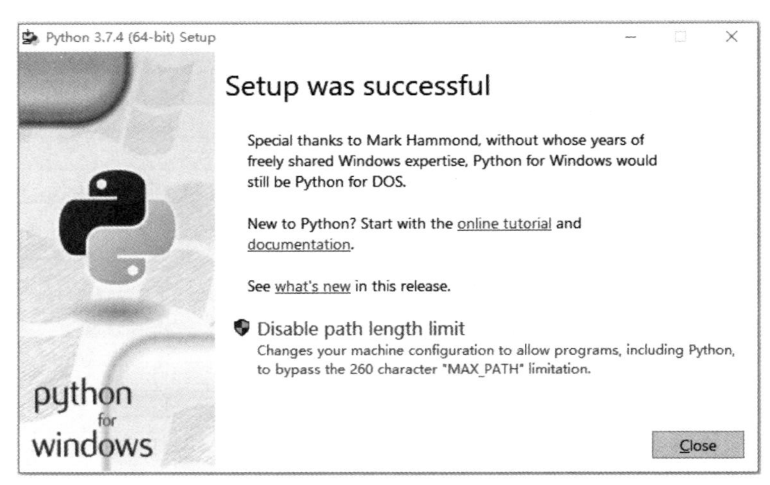

图 A.4　安装完成

(2) 安装 PyCharm

PyCharm Community Edition 是 JetBrains PyCharm 的社区版，是目前主流的 Python 集成开发环境(IDE)之一。该版本是完全免费的，并且主要功能与 PyCharm 专业版差不多。

运行 pycharm-community-2020.2.2.exe(或其他版本的安装程序)，按照安装向导提示进行安装。在安装过程中，可以修改安装路径(如图 A.5 所示)和安装选项(如图 A.6 所示)。在安装选项中，可以选择在桌面上创建启动快捷方式、将 PyCharm 设置为.py 文件的默认打开程序、修改上下文菜单等。

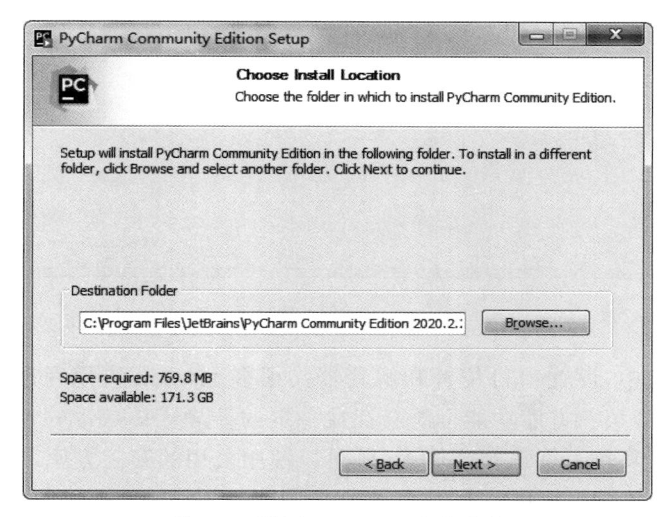

图 A.5 设置 PyCharm 安装路径

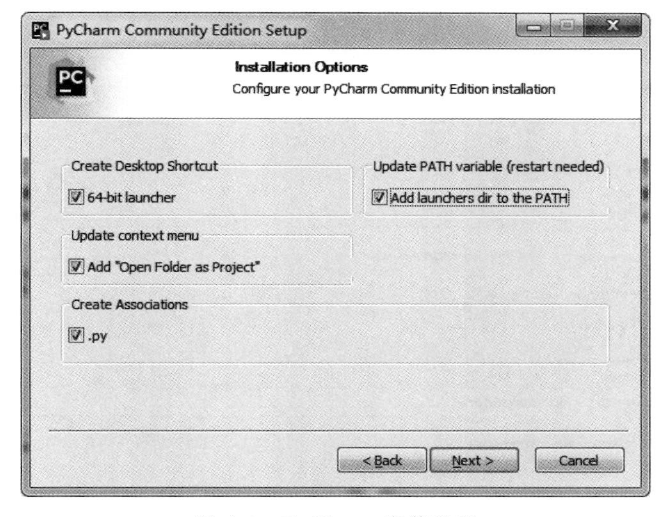

图 A.6 PyCharm 安装选项

(3) 在 PyCharm 集成开发环境中编辑与运行 Python 程序

启动 PyCharm，选择 File→New Project 选项，创建新项目，如图 A.7 所示。

图 A.7　创建新项目

在新项目窗口中，设置项目位置和解释器。很多 Python 应用程序都使用大量的第三方库，不同版本的第三方库功能可能会存在一定的差异。PyCharm 可以为每个项目设置自己的虚拟运行环境。在虚拟环境中，既可以使用公用的第三方库，也可以安装项目专用的第三方库，PyCharm 在项目目录下建立子目录存放 Python 解释程序和第三方库。如果不需要建立虚拟环境，则选择 Existing interpreter 选项，如图 A.8 所示。

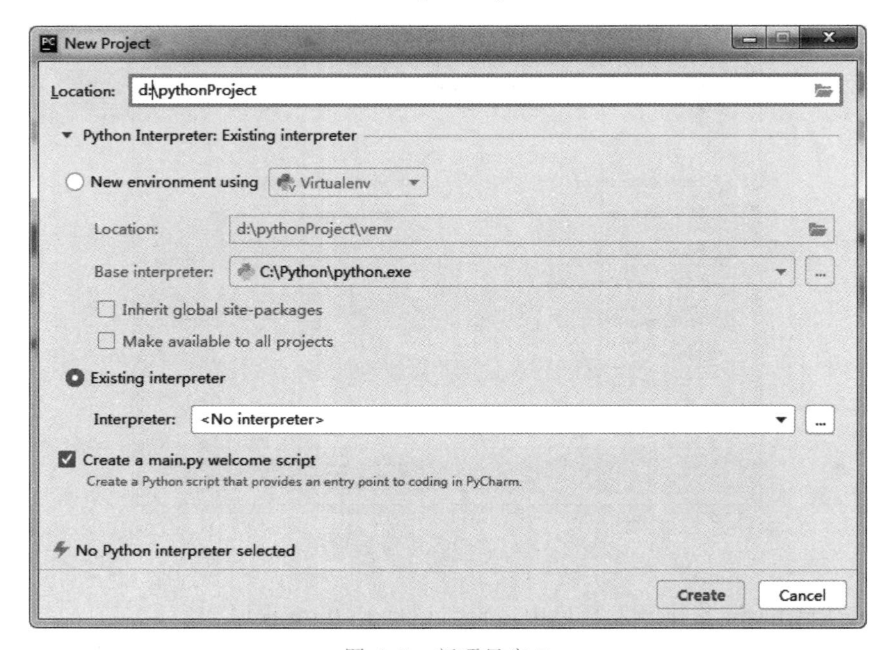

图 A.8　新项目窗口

如果解释器下拉列表中无可用选项，单击下拉列表右侧按钮，打开添加 Python 解释器窗口，如图 A.9 所示。

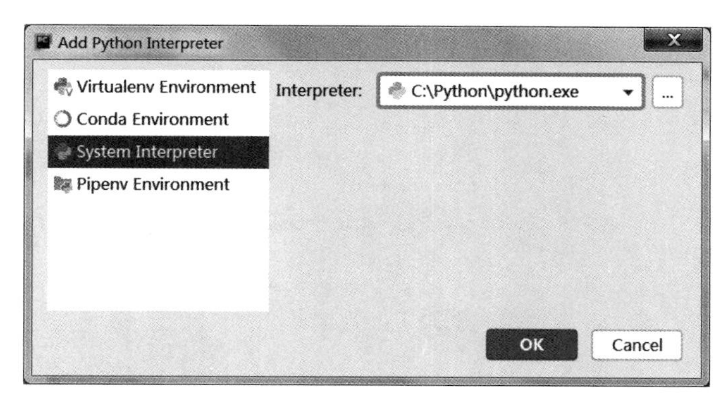

图 A.9　添加 Python 解释器窗口

选择左侧列表栏中的系统解释器，在右侧的解释器下拉列表中选择系统安装的 Python 解释器，单击 OK 按钮，返回新项目窗口，如图 A.10 所示。单击 Create 按钮，创建新项目。由于在新项目窗口中勾选了创建 main.py 文件，因此项目创建后，将自动创建并打开 main.py 文件，如图 A.11 所示。

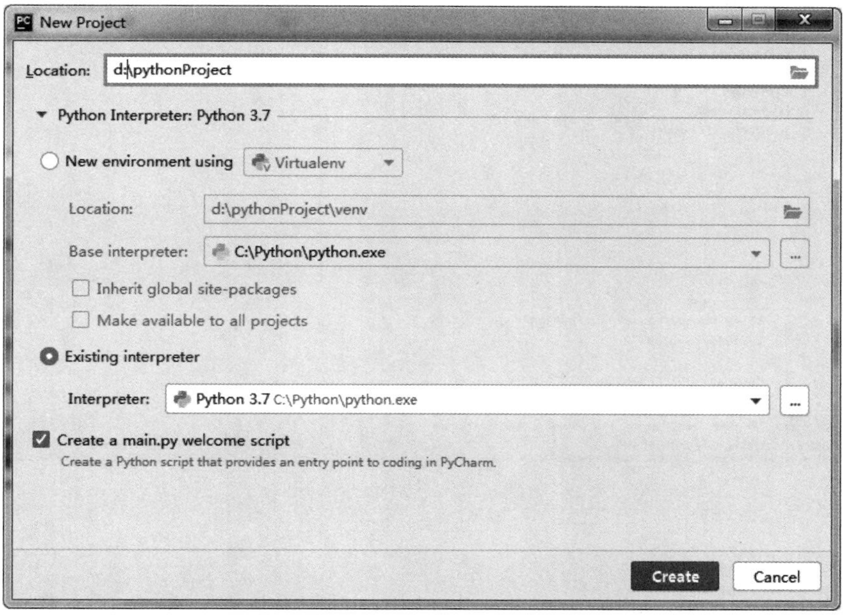

图 A.10　设置解释器后的新项目窗口

在项目管理器中，选中项目 pythonProject，单击右键，选择 New 菜单下的 Python File 子菜单，创建 Python 文件。在 New Python File 窗口中输入 c0.py，创建 Python 文件。

在代码编辑窗口中输入图 A.12 所示程序。选择 Run 菜单中的 Run c0，运行 c0.py，结果呈现在输出区中，如图 A.12 所示。

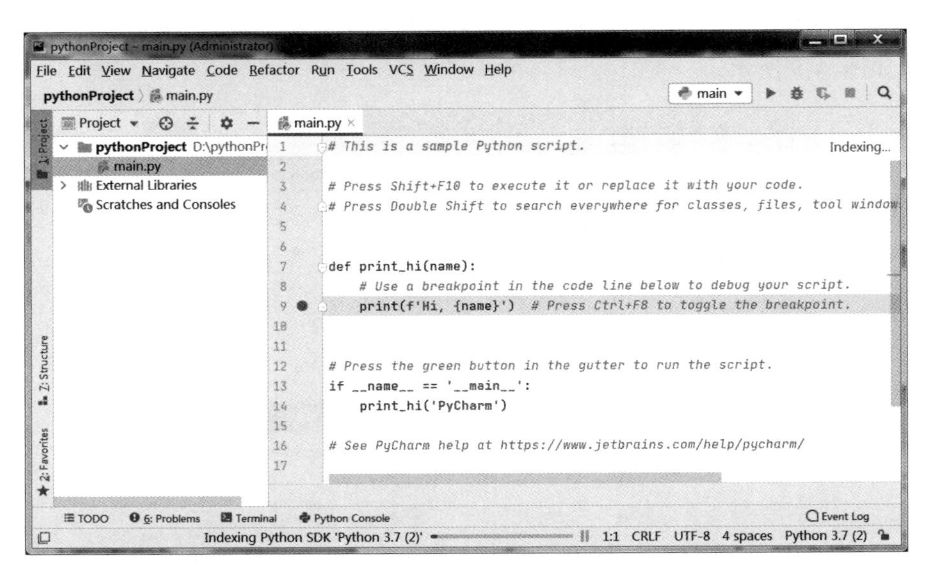

图 A.11　PyCharm 窗口

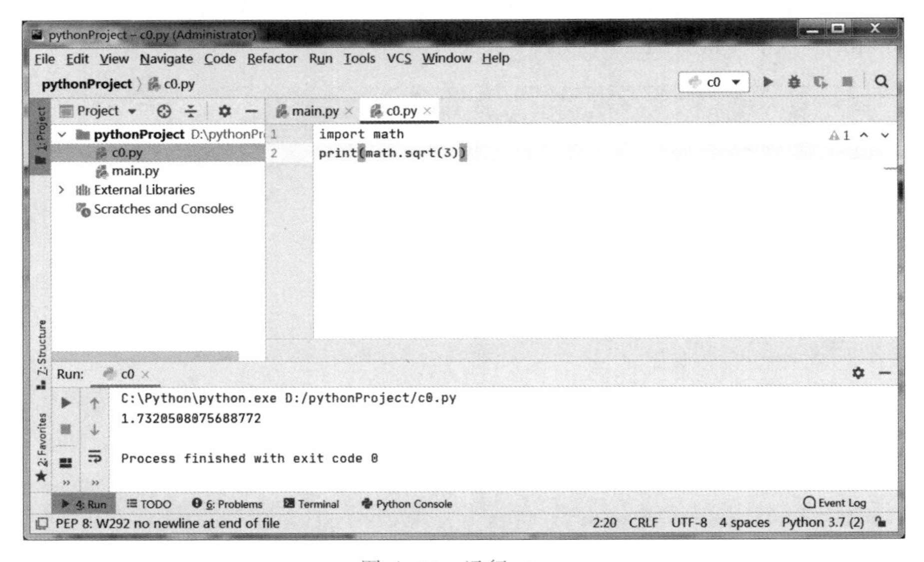

图 A.12　运行 c0.py

(4) 安装 SQLite

打开 https://www.sqlite.org/download.html 页面,从 Windows 区下载预编译的二进制文件。需要下载 sqlite-tools-win32-*.zip 和 sqlite-dll-win32-*.zip 压缩文件。

创建文件夹 C:\sqlite 并在此文件夹下解压上面两个压缩文件。将得到的 sqlite3.def、sqlite3.dll、sqlite3.exe、sqlite3_analyzer.exe 和 sqldiff.exe 文件复制到 C:\sqlite 下,如图 A.13 所示。

配置系统环境变量,添加 C:\sqlite 到 Path 环境变量。

图 A.13 sqlite 文件

右键"我的电脑",依次选择"属性"→"高级"→"环境变量"。

选择系统变量 Path,单击"编辑"按钮。将 C:\sqlite 添加到 Path 末尾,如图 A.14 所示。

图 A.14 修改环境变量

最后在命令提示符下,使用 sqlite3 命令,将显示如图 A.15 所示结果。

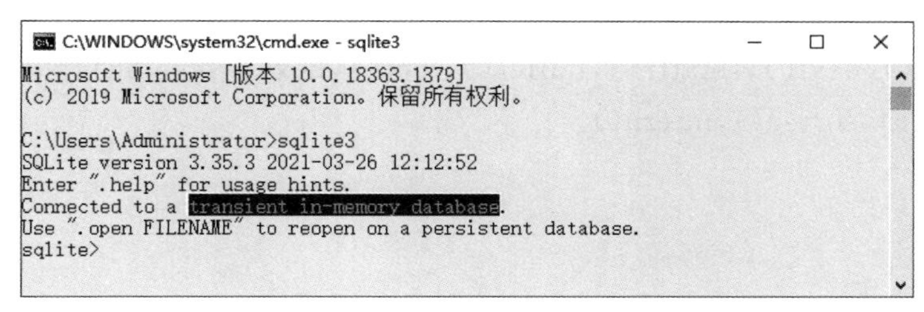

图 A.15 运行 sqlite3

附录B

Python 关键字和内置函数

Python 包含一系列关键字和内置函数。给变量命名时，变量名可以是任何不以数字开头的由字母、数字、下画线组成的有意义的符号串。但是，不能将 Python 关键字用作变量名，也不应将 Python 内置函数的名称用作变量名。

1. Python 关键字

Python 的关键字都有特殊含义，如果将它们用作变量名，将引发错误。Python 关键字如下：

False，class，finally，is，return，None，continue，for，lambda，try，True，def，from，nonlocal，while，and，del，global，not，with，as，elif，if，or，yield，assert，else，import，pass，break，except，in，raise

2. Python 内置函数

将内置函数名用作变量名时，不会导致错误，但是将覆盖这些函数的行为。Python 内置函数如下：

abs()，divmod()，input()，open()，staticmethod()，all()，enumerate()，int()，ord()，str()，any()，eval()，isinstance()，pow()，sum()，basestring()，execfile()，issubclass()，print()，super()，bin()，file()，iter()，property()，tuple()，bool()，filter()，len()，range()，type()，bytearray()，float()，list()，raw_input()，unichr()，callable()，format()，locals()，reduce()，unicode()，chr()，frozenset()，long()，reload()，vars()，classmethod()，getattr()，map()，repr()，xrange()，cmp()，globals()，max()，reversed()，zip()，compile()，hasattr()，memoryview()，round()，__import__()，complex()，hash()，min()，set()，apply()，delattr()，help()，next()，setattr()，buffer()，dict()，hex()，object()，slice()，coerce()，dir()，id()，oct()，sorted()，intern()

附录C

常用 Python 库

本附录介绍经常用到的几个 Python 模块。

C.1 Image

图像处理类库(Python Imaging Library,PIL)提供了通用的图像处理功能,以及大量有用的基本图像操作,如图像缩放、裁剪、旋转、颜色转换等。利用 PIL 中的函数,可以从大多数图像格式的文件中读取数据,写入最常见的图像格式文件中。PIL 中最重要的模块为 Image。下载地址为 http://www.pythonware.com/products/pil/index.htm。

Image 常用方法如表 C-1 所示。

表 C-1 Image 常用方法

方　　法	功　　能	说明/示例
open(filename)	打开图像	filename 为文件名,方法返回值为图像对象 img=Image.open("test.png")
show()	显示图像	img.show()
copy()	图像复制	返回值为复制的图像 img1=img.copy()
save(filename,fileformat)	图像保存	支持 BMP、JPEG、PNG、GIF、TIFF、PDF、WMF 等格式 img.save("save.gif","GIF")
convert(mode,matrix)	模式转换	返回值为新模式的图像对象 mode 取值:1、L、P、RGB、RGBA、CMYK、YCbCr、I 和 F matrix 为可选的转换矩阵。如果给定,则应该是包含 4 或 12 个浮点元素的元组 img=img.convert("L")
filter(filter)	图像滤波	返回值为经过过滤的图像对象 filter 为过滤器名称,由 ImageFilter 类定义 filterimg=img.filter(ImageFilter.MedianFilter)

续表

方　法	功　能	说明/示例
fromstring(mode,size,data)	从字符串创建图像	返回值为创建的图像 mode 为图像模式,size 为图像尺寸元组,data 为字符串形式存储的像素数据 img=Image.fromstring("RGB",(640,480),array)
new(mode,size)	创建新图像	返回值为创建的图像
crop(box)	裁剪图像	返回值为裁剪的图像 box 定义了左、上、右,下像素坐标的四元组
getbands()	获取图像所有通道	返回值为元组 print(img.getbands()) # 输出为('R', 'G', 'B')
getpixel((x,y))	获取像素	返回像素(RGB 元组)
thumbnail((width,height))	生成缩略图	返回缩略图图像对象,width 和 height 为缩略图宽和高
getbbox()	获取像素坐标	返回四元组像素坐标(左上角坐标和右下角坐标)
getdata(band=None)	获取数据	返回图像所有像素值,使用 list()转换成列表 data=list(img.getdata())
eval(image, function)	用函数处理图像的每个像素	返回值为图像对象 imnew =Image.eval(img,lambda i: i * 2)# 每个像素值×2

这里对图像模式和滤波模式进行说明。

(1) 图像模式

- 1:二值图像,每个像素用 8 个 bit 表示,0 表示黑,255 表示白。
- L:灰色图像,每个像素用 8 个 bit 表示,0 表示黑,255 表示白,其他数字表示不同的灰度。在 PIL 中,从模式 RGB 转换为 L 模式是按照下面公式转换的。
  L=R×299/1000+G×587/1000+B×114/1000
- P:8 位彩色图像,每个像素用 8 个 bit 表示,对应的彩色值是按照调色板查询出来的。
- RGB:24 位彩色图像,每个像素用 24 个 bit 表示,红色、绿色和蓝色分别用 8bit 表示。
- RGBA:32 位彩色图像,每个像素用 32 个 bit 表示,其中 24bit 表示红色、绿色和蓝色三个通道,另外 8bit 表示 Alpha 通道,即透明通道。
- CMYK:32 位彩色图像,每个像素用 32 个 bit 表示,是印刷四分色模式(C 为青色、M 为品红色、Y 为黄色、K 为黑色),每种颜色各用 8 个 bit 表示。
- YCbCr:24 位彩色图像,每个像素用 24 个 bit 表示。Y 指亮度分量,Cb 指蓝色色度分量,而 Cr 指红色色度分量,每个分量用 8 个 bit 表示。人眼对视频的 Y 分量更敏感。
- I:32 位整型灰色图像,每个像素用 32 个 bit 表示,0 表示黑,255 表示白,(0,255)的数字表示不同的灰度。在 PIL 中,从模式 RGB 转换为 I 模式与转换为 L 模式的公式相同。

- F：32 位浮点灰色图像，每个像素用 32 个 bit 表示，0 表示黑，255 表示白，(0,255) 的数字表示不同的灰度。在 PIL 中，从模式 RGB 转换为 F 模式与转换为 L 模式的公式相同，像素值保留小数。

(2) 滤波模式

图像滤波是指在尽量保留图像细节特征的条件下对目标图像的噪声进行抑制。

- MedianFilter：中值滤波法是一种非线性平滑技术，它将每一像素点的灰度值设置为该点某邻域窗口内的所有像素点灰度值的中值，消除孤立的噪声点。
- GaussianBlur：高斯滤波就是对整幅图像进行加权平均的过程，每一个像素点的值都由其本身和邻域内的其他像素值经过加权平均后得到。
- BLUR：模糊处理。
- CONTOUR：轮廓处理。
- DETAIL：增强。
- EDGE_ENHANCE：将图像的边缘描绘得更清楚。
- EDGE_ENHANCE_NORE：程度比 EDGE_ENHANCE 更强。
- EMBOSS：产生浮雕效果。
- SMOOTH：效果与 EDGE_ENHANCE 相反，将轮廓柔和。
- SMOOTH_MORE：更柔和。
- SHARPEN：效果有点像 DETAIL。

例 C.1 图像打开、显示、模式变换和保存。

```
from PIL import Image
img = Image.open("lena.png")
img.show()
img = img.convert("1")
img1 = img.copy()
img1.show()
img1.save("lenaL.png")
```

Lena 图片是图像处理中被广泛使用的一张标准彩色图片(见图 C.1)，图中既有低频部分(光滑的皮肤)，也有高频部分(帽子上的羽毛)，很适合来验证各种算法。在程序中首先打开图片，返回图像对象 img，然后使用 img 对象提供的方法(处理对象为 img)，分别完成显示、将 RGB 模式变换为二值模式和复制操作。复制后的图像对象为 img1(二值图像，见图 C.2)，再将 img1 显示并保存。

图 C.1　标准图像

图 C.2　二值图像

例 C.2　图像过滤。

```
from PIL import Image
from PIL import ImageFilter
img = Image.open("lena.png")
img.show()
img=img.filter(ImageFilter.MedianFilter)
img.show()
img.save("lenaMedianFilter.png")
```

例 C.3　使用函数处理图像。

```
from PIL import Image
img = Image.open("lena.png")
print img.getpixel((0,0))
imgnew = Image.eval(img,lambda i:i * 2)
print img.getpixel((0,0))
imgnew.show()
img.show()
```

将原图片的像素点都乘 2,返回的是一个 Image 对象。由于每个像素点的 R、G、B 通道取值最大为 255,因此标准图像的部分原来不为白色的像素乘 2 后会变成白色,如图 C.3 所示。处理前后坐标(0,0)位置的像素输出结果为

图 C.3　标准图像与像素值乘 2 对比

```
(226, 137, 125)
(255, 255, 250)
```

示例中所用的 lambda 表达式是一种对于简单函数的简便表示方式。例如

```
def func(arg):
  return arg + 1
result = func(123)            #result=124
```

函数的返回值为参数加 1,写成 lambda 表达式为

```
my_lambda = lambda arg : arg + 1
result = my_lambda(123)
```

例 C.4 处理图像像素。

```
from PIL import Image
from PIL import ImageFilter
def maxres(x):
  if x>255:
    x=255
  return x
img = Image.open("lena.png")
data=list(img.getdata())
bbox = img.getbbox()
width=bbox[2]
height=bbox[3]
buffer=""
for i in range(0,width):
  for j in range(0,height):
    buffer+=chr(maxres(data[i*width+j][0]*2))
    buffer+=chr(maxres(data[i*width+j][1]*2))
    buffer+=chr(maxres(data[i*width+j][2]*2))
img1=Image.fromstring("RGB",(width,height),buffer)
img1.show()
```

程序运行结果与上例相同,如图 C.3 所示。data 中的列表项为每个像素值组成的元组,包括 RGB 三种颜色值(整数)。bbox 包含图像左上角坐标和右下角坐标,是通过 getbbox()方法取得的包含四个元素的元组,其中第三个数为图像宽度,第四个数为图像高度。在双重循环中,将 data 中每个像素的红色、绿色和蓝色值分别乘 2,并且限定结果不大于 255(1 个字节存储二进制数的最大值),将结果用 chr()函数转换为字符并连接成字符串,最后利用 fromstring()方法将字符串转换成图像对象。

C.2 socket

socket 又称"套接字",应用程序通常通过套接字向网络发出请求或者应答网络请求,使主机间或者同一台计算机上的进程间可以通信。

(1) 网络中进程之间如何通信

两台主机之间的通信准确说应该是两台主机上的两个进程间的通信。在通信过程中,需要标识出双方的进程。在 TCP/IP 协议中,使用网络层的 IP 地址找到对方的主机,使用传输层的端口号找到对方的进程。

① 进程间的通信方式

- 用户数据报协议(UDP):不需要确认对方是否收到消息的一种传输方式。接收方收到 UDP 报文后,不需要给出任何确认。UDP 无法保证可靠地交付信息,但是效率高。
- 传输控制协议(TCP):在进行通信之前,通信双方必须建立连接才能进行通信,通信结束后终止连接。在通信过程中，采用“确认重发”机制保证消息的可靠传输。

② 客户/服务器模式

客户/服务器(C/S)模式是两个应用进程通信的常用模式。进程之间是服务和被服务的关系，请求一方为客户，响应请求一方为服务器。从双方建立联系的方式看，主动启动通信的应用是客户，被动等待通信的应用是服务器。客户是服务请求方，服务器是服务提供方。例如，图 C.4 所示的通过浏览器访问 Web 服务时，浏览器进程是客户进程，Web 服务进程是服务器进程。

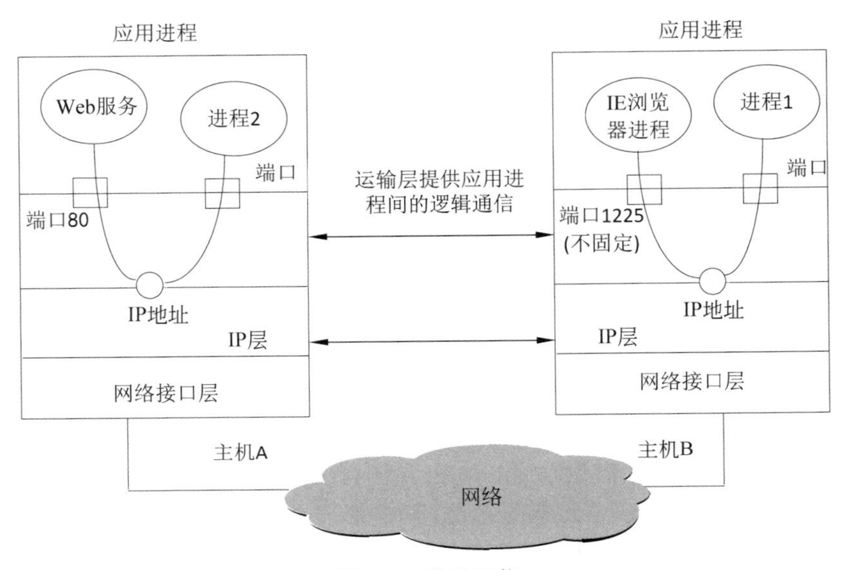

图 C.4　进程通信

在客户/服务器模式下，通信是双向的，客户和服务器都可以发送和接收数据。

客户程序在通信时主动向远地服务器发起通信(请求服务)。因此，客户程序必须知道服务器程序的位置，包括 IP 地址和端口号。

服务器程序可同时处理多个远地或本地客户的请求，启动后一直运行，被动地等待并接受来自客户的通信请求。因此，服务器程序不需要知道客户程序的地址。

③ socket 的作用

使用 TCP/IP 协议的应用程序通常采用应用编程接口“UNIX BSD 的套接字”来实现网络进程之间的通信。就目前而言，几乎所有的应用程序都是采用 socket。使用 socket 编程隐藏了两个进程间网络通信的具体实现细节，可以像读写文件那样在两个进程间传输数据。

(2) socket 常用方法

① socket()方法用来创建套接字，格式如下。

```
socket.socket([family[, type]])
```

参数取值如表 C-2 所示。

表 C-2　socket()方法参数

参数	值	说　　明
family	socket.AF_UNIX	只能够用于单一的 UNIX 系统进程间通信
	socket.AF_INET	服务器之间网络通信
	socket.AF_INET6	IPv6
type	socket.SOCK_STREAM	流式 socket,用于 TCP
	socket.SOCK_DGRAM	数据报式 socket,用于 UDP
	socket.SOCK_RAW	原始套接字,可以处理普通的套接字无法处理的 ICMP、IGMP 等网络报文;可以处理特殊的 IPv4 报文;可以通过 IP_HDRINCL 套接字选项由用户构造 IP 头
	socket.SOCK_SEQPACKET	可靠的连续数据包服务

创建 TCP socket。

```
s=socket.socket(socket.AF_INET,socket.SOCK_STREAM)
```

创建 UDP socket。

```
s=socket.socket(socket.AF_INET,socket.SOCK_DGRAM)
```

② socket 服务器端方法

socket 服务器端方法见表 C-3。

表 C-3　socket 服务器端方法

socket 方法	说　　明
bind(address)	将套接字绑定到地址,在 AF_INET 下,以元组(host,port)的形式表示地址
listen(backlog)	开始监听 TCP 传入连接。backlog 指定在拒绝连接之前,操作系统可以挂起的最大连接数量。该值至少为 1,大部分应用程序设为 5 即可
accept()	接受 TCP 连接并返回(conn,address),其中 conn 是新的套接字对象,可以用来接收和发送数据。address 是连接客户端的地址

③ socket 客户端方法

socket 客户端方法见表 C-4。

表 C-4　socket 客户端方法

socket 方法	说　　明
connect(address)	连接到 address 处的套接字。address 的格式为元组(host,port),如果连接出错,返回 socket.error 错误
connect_ex(adddress)	功能与 connect(address)相同,但是成功返回 0,失败返回 errno 的值

④ socket 公共方法

socket 公共方法见表 C-5。

表 C-5　socket 公共方法

socket 方法	说　　明
recv(bufsize[,flag])	接收 TCP 数据。数据以字符串形式返回,bufsize 指定要接收的最大数据量。flag 提供有关消息的其他信息,通常可以忽略
send(string[,flag])	发送 TCP 数据。将 string 中的数据发送到连接的套接字。返回值是要发送的字节数量,该数量可能小于 string 的字节大小
sendall(string[,flag])	完整发送 TCP 数据。将 string 中的数据发送到连接的套接字,但在返回之前会尝试发送所有数据。成功返回 None,失败则抛出异常
recvfrom(bufsize[,flag])	接收 UDP 套接字的数据。与 recv()类似,但返回值是(data,address)。其中 data 是包含接收数据的字符串,address 是发送数据的套接字地址
sendto (string [, flag], address)	发送 UDP 数据。将数据发送到套接字,address 的格式为元组(host,port),指定远程地址。返回值是发送的字节数
close()	关闭套接字

(3) socket 编程方法

TCP 服务器端

① 创建套接字,绑定套接字到本地 IP 与端口。

```
s=socket.socket(socket.AF_INET,socket.SOCK_STREAM), s.bind()
```

② 开始监听连接(使用 s.listen())。

③ 进入循环,不断接受客户端的连接请求(使用 s.accept())。

④ 然后接收传来的数据并发送给对方数据(使用 s.recv()和 s.sendall())。

⑤ 传输完毕后,关闭套接字(使用 s.close())。

例 C.5　TCP 服务器。

```
import sys
reload(sys)
sys.setdefaultencoding('utf-8')
import socket
class NetServer(object):
  def tcpServer(self):
    sock = socket.socket(socket.AF_INET, socket.SOCK_STREAM)
    sock.bind(('', 9527))
    sock.listen(5)
    while True:
      clientSock, (remoteHost, remotePort) = sock.accept()
      print("[%s:%s] connect" % (remoteHost, remotePort))
      revcData = clientSock.recv(1024)
      sendDataLen = clientSock.send("this is send data from server")
      print("revcData: ", revcData)
      print("sendDataLen: ", sendDataLen)
      clientSock.close()
```

```
if __name__ == "__main__":
  netServer = NetServer()
  netServer.tcpServer()
```

TCP 客户端

① 创建套接字,连接远端地址。

```
s=socket.socket(socket.AF_INET,socket.SOCK_STREAM), s.connect()
```

② 连接后发送数据和接收数据(使用 s.sendall()和 s.recv())。

③ 传输完毕后,关闭套接字(使用 s.close())。

例 C.6　TCP 客户端。

```
import sys
reload(sys)
sys.setdefaultencoding('utf-8')
import socket
class NetClient(object):
  def tcpclient(self):
    clientSock = socket.socket(socket.AF_INET, socket.SOCK_STREAM)
    clientSock.connect(('localhost', 9527))
    sendDataLen = clientSock.send("this is send data from client")
    recvData = clientSock.recv(1024)
    print("sendDataLen: ", sendDataLen)
    print("recvData: ", recvData)
    clientSock.close()
if __name__ == "__main__":
  netClient = NetClient()
  netClient.tcpclient()
```

UDP 服务器端

① 创建套接字,绑定套接字到本地 IP 与端口。

```
s=socket.socket(socket.AF_INET,socket.SOCK_STREAM), s.bind()
```

② 进入循环,接收传来的数据并发送给对方数据(使用 s.recvfrom()和 s.sendto())。

例 C.7　UDP 服务器。

```
import sys
reload(sys)
sys.setdefaultencoding('utf-8')
import socket
class UdpServer(object):
  def udpServer(self):
    sock = socket.socket(socket.AF_INET, socket.SOCK_DGRAM)
    sock.bind(('', 9527))
    while True:
```

```
        revcData, (remoteHost, remotePort) = sock.recvfrom(1024)
        print("[%s:%s] connect" % (remoteHost, remotePort))
        sendDataLen = sock.sendto("this is send data from server", (remoteHost,
remotePort))
        print("revcData: ", revcData)
        print("sendDataLen: ", sendDataLen)
      sock.close()
if __name__ == "__main__":
  udpServer = UdpServer()
  udpServer.udpServer()
```

UDP 客户端

① 创建套接字,连接远端地址。

```
s=socket.socket(socket.AF_INET,socket.SOCK_STREAM)
```

② 连接后发送数据和接收数据(使用 s.sento()和 s.recvfrom())。

例 C.8　UDP 客户端。

```
import sys
reload(sys)
sys.setdefaultencoding('utf-8')
import socket
class UdpClient(object):
  def udpclient(self):
    clientSock = socket.socket(socket.AF_INET, socket.SOCK_DGRAM)
    sendDataLen = clientSock.sendto("this is send data from client", ('localhost',
9527))
    recvData = clientSock.recvfrom(1024)
    print("sendDataLen: ", sendDataLen)
    print("recvData: ", recvData)
    clientSock.close()
if __name__ == "__main__":
  udpClient = UdpClient()
  udpClient.udpclient()
```

C.3　NumPy

NumPy(Numerical Python 的缩写)是一个开源的 Python 科学计算库。通过使用 NumPy,能够直接对数组和矩阵进行操作。NumPy 包含很多实用的数学函数,涵盖线性代数运算、傅里叶变换和随机数生成等功能。对于同样的数值计算任务,使用 NumPy 要比直接编写 Python 代码便捷得多。NumPy 的大部分代码是用 C 语言写成的,底层算法设计比纯 Python 代码高效得多。NumPy 中数组的存储效率和输入输出性能均远远优于 Python 中等价的基本数据结构(如嵌套的 list 容器)。

（1）NumPy 安装

NumPy 的 Win32 安装包的下载地址为：https://www.lfd.uci.edu/～gohlke/pythonlibs/。安装文件.whl 下载完成后，使用 pip 命令进行安装。

例如，下载文件并存储在 D:\下。

```
numpy-1.14.5+mkl-cp27-cp27m-win32.whl
```

在命令窗口中执行如下命令。

```
pip install d:\ numpy-1.14.5+mkl-cp27-cp27m-win32.whl
```

（2）创建 ndarray 数组

NumPy 中的多维数组称为 ndarray，这是 Numpy 中最常见的数组对象。该对象由两部分组成：实际的数据和描述这些数据的元数据。

NumPy 数组一般是同质的，即数组中的所有元素类型必须是一致的。由于知道数组元素的类型相同，因此能快速确定存储数据所需空间的大小。Numpy 数组能够运用向量化运算来处理整个数组，速度较快。

首先需要导入 Numpy 库，在导入 Numpy 库时通常使用 np 作为简写，这也是 Numpy 官方倡导的写法。

创建 ndarray 数组的方式有很多种，下面介绍使用较多的三种方法。

① 使用 array()方法从列表或元组生成数组。例如

```
arr1=np.array([1,2,3,4])
arr_tuple=np.array((1,2,3,4))
arr2= np.array([[1,2,4],[3,4,5]])          #生成二维数组
```

② 使用 np.arange(*n*)方法生成数组，生成的数组为从 0 开始的 *n* 个数。

```
arr1 = np.arange(5)                        #生成数组为[0 1 2 3 4]
arr2 = np.array([np.arange(3), np.arange(3)])
                                           #等效于 array([[0, 1, 2], [0, 1, 2]])
```

③ 使用 arange()以及 reshape()方法创建多维数组。

```
arr = np.arange(24).reshape(2,3,4)
#等效于 array([[[ 0, 1, 2, 3], [ 4, 5, 6, 7], [ 8, 9, 10, 11]], [[12, 13, 14, 15], [16,
17, 18, 19], [20, 21, 22, 23]]])
```

arange 的长度与 ndarray 的维度的乘积要相等，即 24=2＊3＊4。

（3）NumPy 的数据类型

NumPy 的数据类型如表 C-6 所示。

表 C-6　NumPy 数据类型

类　　型	描　　述	类　　型	描　　述
bool	用 1 位存储的布尔类型（值为 True 或 False）	uint32	无符号整数，范围为 $0\sim 2^{32}-1$

续表

类　型	描　述	类　型	描　述
inti	由所在平台决定其精度的整数（一般为 int32 或 int64）	uint64	无符号整数，范围为 0～$2^{64}-1$
int8	整数，范围为－128～127	float16	半精度浮点数（16 位）：其中用 1 位表示正负号，5 位表示指数，10 位表示尾数
int16	整数，范围为－32 768～32767	float32	单精度浮点数（32 位）：其中用 1 位表示正负号，8 位表示指数，23 位表示尾数
int32	整数，范围为$-2^{31}\sim2^{31}-1$	float64 或 float	双精度浮点数（64 位）：其中用 1 位表示正负号，11 位表示指数，52 位表示尾数
int64	整数，范围为$-2^{63}\sim2^{63}-1$	complex64	复数，分别用两个 32 位浮点数表示实部和虚部
uint8	无符号整数，范围为 0～255	complex128 或 complex	复数，分别用两个 64 位浮点数表示实部和虚部
uint16	无符号整数，范围为 0～65 535		

每一种数据类型均有对应的类型转换函数，例如

- float64(42)将整数 42 转换为 64 位双精度数 42.0。
- int8(42.0)将双精度数 42.0 转换为 8 位整数 42。
- bool(42)将整数 42 转换为布尔量 True。
- float(True)将布尔量 True 转换为双精度数 1.0。

NumPy 数组是有数据类型的，更确切地说，NumPy 数组中的每一个元素均为相同的数据类型。在定义数组时，可以通过 dtype 属性指定数组数据类型。

```
arr1=arange(7, dtype=float)
print arr1
```

输出结果为：[0. 1. 2. 3. 4. 5. 6.]。

在使用 dtype 定义数据类型时，也可以用符号表示数据类型，其中整数用 i 表示，其他类型分别为：无符号整数 u、单精度浮点数 f、双精度浮点数 d、布尔值 b、复数 D、字符串 S、Unicode 字符串 U 和 void（空）V。

```
arr1=arange(7,dtype="f")
```

（4）访问 Numpy 数组

① 通过下标访问数组元素，数组的下标从 0 开始。

例 C.9　数组属性与访问。

```
a=np.array([[1,2],[3,4]])
print a
```

```
print a.dtype
print a.size
print a.shape
print a[0,0],a[0,1],a[1,0],a[1,1]
```

输出结果为

```
[[1 2]
 [3 4]]
int32
4
(2, 2)
1 2 3 4
```

因为在生成数组时没有指定整数类型，所以数组 a 中存储的整数长度由操作系统位数决定。除了 dtype 属性外，数组的 size 属性给出了数组元素的总个数，shape 属性给出了数组的维度。本例生成的数组包括 2 行 2 列共 4 个数据，因此 size 属性为 4，维度为(2,2)。数组的下标从 0 开始，第 0 行第 0 列的元素表示为 a[0,0]。

② 一维数组的切片。一维数组的切片操作与 Python 列表的切片操作很相似。创建切片时需要指定所取元素的起始索引和终止索引，中间用冒号分隔。切片将包含从起始索引到终止索引(不含终止索引)对应的所有元素。省略起始索引表示从第 0 个元素开始，省略终止索引表示到最后一个元素终止。例如，我们可以用下标 3～7 来选取元素 3～6。

例 C.10 一维数组切片。

```
a=np.arange(9)
b=a[3:7]
print(b)
```

输出结果为：[3 4 5 6]。

③ 二维数组的切片。二维数组的切片操作分为行和列上的切片操作，行和列切片操作用逗号分隔。

例 C.11 二维数组切片。

```
a=np.array([[0,1,2,3,4],
            [5,6,7,8,9],
            [10,11,12,13,14]])
b=a[1:3,0:3]
print(b)
```

结果为

```
[[ 5 6 7]
[10 11 12]]
```

(5) Numpy 运算

数组可以直接做向量或矩阵运算。

```
def pythonsum(n):
  a = range(n)
  b = range(n)
  c = []
  for i in range(len(a)):
    a[i] = i ** 2
    b[i] = i ** 3
  c.append(a[i] + b[i])
  return c
```

使用 NumPy 的代码实现如下。

```
def numpysum(n):
  a = numpy.arange(n) ** 2
  b = numpy.arange(n) ** 3
  c = a + b
  return c
```

C.4 OpenCV

OpenCV 是一个 C++ 库,用于实时处理计算机视觉方面的问题,涵盖了很多计算机视觉领域的模块。OpenCV 有两个 Python 接口,老版本的 cv 模块使用 OpenCV 内置的数据类型,新版本的 cv2 模块使用 NumPy 数组。新版 OpenCV 需要 NumPy 包支持。NAO 系统出厂时安装了 NumPy 和 OpenCV。

OpenCV 和 NumPy 的 Win32 安装包的下载地址为 https://www.lfd.uci.edu/~gohlke/pythonlibs/。安装文件.whl 下载完成后,使用 pip 命令进行安装。

例如,下载文件并存储在 D:\下。

```
opencv_python-2.4.13.5-cp27-cp27m-win32.whl
```

在命令窗口中执行如下命令。

```
pip install d:\opencv_python-2.4.13.5-cp27-cp27m-win32.whl
```

OpenCV 部分常用方法如表 C-7 所示。

表 C-7 OpenCV 常用方法

方　　法	功　　能	说明/示例
imread(filename,mode)	读入图像	filename 为文件名,方法返回值为图像矩阵对象 mode 指定图像用哪种方式读取文件 • cv2.IMREAD_COLOR:读入彩色图像,默认参数,读取彩色图像为 BGR 模式 • cv2.IMREAD_GRAYSCALE:读入灰度图像。 img=cv2.imread("lena.png")

续表

方　法	功　能	说明/示例
namedWindow（winname，mode）	创建一个窗口	winname 指定窗口名称 mode 指定窗口大小模式 • cv2.WINDOW_AUTOSIZE：根据图像大小自动创建大小 • cv2.WINDOW_NORMAL：窗口大小可调整
imshow(winname,img)	显示图像	cv2.imshow('image',img)
waitKey(n)	键盘绑定函数	等待键盘输入，等待时间为 n 毫秒，n 为 0 则一直等待
destoryAllWindows(winname)	删除窗口	winname 指定窗口名称
imwrite(filename,img)	保存图像	cv2.imwrite("save.gif",img)
Line（img，pointstart，pointend，color，thickness）	在起点和终点间画线	color 为使用 RGB 表示的颜色，thickness 为宽度 cv2.line(img,(0，0),(511，511),(255，0，0)，5)
putText（filename，text，point，color）	将文字输出在图片上	filename 为文件名，text 为输出文字，point 为坐标，color 为文字颜色。 cv2. putText(img，'OpenCV'，(10，500),(255，255，255))
convert(mode,matrix)	模式转换	返回值为新模式的图像对象 mode 取值：1、L、P、RGB、RGBA、CMYK、YCbCr、I 和 F matrix 为可选的转换矩阵。如果给定，则应该是包含 4 或 12 个浮点元素的元素 img=img.convert("L")
filter(filter)	图像滤波	返回值为经过过滤的图像对象 filter 为过滤器名称，由 ImageFilter 类定义 filterimg=img.filter(ImageFilter.MedianFilter)
fromstring（mode，size，data）	从字符串创建图像	返回值为创建的图像。mode 为图像模式，size 为图像尺寸元组，data 为字符串形式存储的像素数据 img= Image. fromstring（"RGB"，(640，480)，array)
new(mode,size)	创建新图像	返回值为创建的图像
crop(box)	裁剪图像	返回值为裁剪的图像 box 定义了左、上、右、下像素坐标的四元组
resize(img,size,interpolation)	缩放图片并保存	size 为新尺寸，是一个宽高二元组，interpolation 为插值类型，默认 cv2.INTER_LINEAR。缩小最适合使用 cv2.INTER_AREA，放大最适合使用 cv2.INTER_CUBIC 或 cv2.INTER_LINEAR cv2. resize（image，（2 * width，2 * height)，interpolation=cv2.INTER_CUBIC)
warpAffine(src，M，dsize)	图像平移	M 为偏移矩阵，包括 x、y 方向距离，dsize 为目标尺寸

续表

方　法	功　能	说明/示例
getbands()	获取图像所有通道	返回值为元组 print　img.getbands() ＃ 输出为('R', 'G', 'B')
getpixel((x,y))	获取像素	返回像素(RGB 元组)
thumbnail((width,height))	生成缩略图	返回缩略图图像对象，width 和 height 为缩略图宽和高
getbbox()	获取像素坐标	返回四元组像素坐标(左上角坐标和右下角坐标)
getdata(band=None)	获取数据	返回图像所有像素值，使用 list()转换成列表 data=list(img.getdata())
eval(image, function)	用函数处理图像的每个像素	返回值为图像对象 imnew =Image.eval(img,lambda i: i * 2)＃每个像素值 * 2

OpenCV 基本操作示例如下。

例 C.12　打开并显示图片。

```
import cv2
img=cv2.imread('lena.png',cv2.IMREAD_COLOR)
cv2.namedWindow('image',cv2.WINDOW_NORMAL)
cv2.imshow('image',img)
cv2.waitKey(0)
cv2.destoryAllWindows()
```

例 C.13　打开并保存图片。

```
import cv2
img=cv2.imread('test.png',0)
cv2.imshow('image',img)
k=cv2.waitKey(0)
if k==27:                                   #等待 Esc 键
  cv2.destoryAllWindows()
elif k==ord('s') #等待 s 键来保存和退出
  cv2.imwrite('messigray.png',img)
cv2.destoryAllWindows()
```

例 C.14　获取图片属性。

```
import cv2
img=img.imread('test.png')
print img.shape                             #(768,1024,3)
print img.size                              #2359296 768 * 1024 * 3
print img.dtype                             #uint8
```

例 C.15 画一条从左上方到右下角的蓝色线段。

```
import numpy as np
import cv2
img=np. zeros(( 512, 512, 3), np. uint8)  #创建一个 512×512 像素的黑色图像
cv2. line(img, ( 0, 0), ( 511, 511), ( 255, 0, 0), 5)   #绘制从左上角到右下角的蓝色线
                                                         #段,宽度为 5 像素
```

例 C.16 图像平移,移动距离为(100,50)。

```
import cv2
img=cv2.imread('test.png',1)
rows,cols,channel=img.shape
M=np.float32([[1,0,100],[0,1,50]])
dst=cv2.warpAffine(img,M,(cols,rows))
cv2.imshow('img',dst)
cv2.waitKey(0)
cv2.destoryALLWindows()
```

平移就是将图像换个位置,如果要沿(x,y)方向移动,移动距离为(t_x,t_y),则需要构建偏移矩阵 M。

$$M=\begin{bmatrix}1 & 0 & t_x\\0 & 1 & t_y\end{bmatrix}$$

其中 (cols,rows)代表输出图像的大小,M 为变换矩阵,100 代表 x 的偏移量,50 代表 y 的偏移量,单位为像素。

例 C.17 图像旋转。

```
import cv2
img=cv2.imread('test.png',0)
rows,cols=img.shape
#第一个参数为旋转中心,第二个为旋转角度,第三个为旋转后的缩放因子
M=cv2.getRotationMatrix2D((cols/2,rows/2),45,0.6)     #构造一个旋转矩阵
#第三个参数为图像的尺寸中心
dst=cv2.warpAffine(img,M,(2 * cols,2 * rows))
cv2.imshow('img',dst)
cv2.waitKey(0)
cv2.destoryALLWindows()
```

例 C.18 在图像的特定区域进行操作。

```
import cv2
import numpy as np
import matplotlib.pyplot as plt
image=cv2.imread('test.png')
rows,cols,ch=image.shape
tall=image[0:100,300:700]
```

```
image[0:100,600:1000]=tallall
cv2.imshow("image",image)
cv2.waitKey(0)
cv2.destoryALLWindows()
```

例 C.19 通道的拆分/合并处理。

```
#需要对 BGR 三个通道分别进行操作时,将 BGR 拆分成单个通道。通道合并处理是把独立通道的图片合并成一个 BGR 图像
import cv2
import numpy as np
image=cv2.imread('pitt1.jpg')
rows,cols,ch=image.shape
b,g,r=cv2.split(image)  #拆分通道,cv2.split()是一个比较耗时的操作,尽量使用 Numpy
print(b.shape)          #(768,1024)
image=cv2.merge(b,g,r)  #合并通道
#使用 Numpy 方式
b=image[:,:,0]          #直接获取
```

参 考 文 献

[1]　沙行勉. 计算机科学导论-以 Python 为舟[M].北京：清华大学出版社，2014.

[2]　佛罗赞. 计算机科学导论[M].北京：机械工业出版社，2015.

[3]　Tody Donaldson. Python 编程入门[M]. 3 版. 袁国忠，译. 北京：人民邮电出版社，2013.

[4]　John V. Guttag. Python 编程导论[M]. 2 版. 陈光欣，译. 北京：人民邮电出版社，2018.

[5]　谭浩强. C 程序设计[M]. 5 版. 北京：清华大学出版社，2017.

[6]　Eric Matthes. Python 编程从入门到实践[M]. 袁国忠，译. 北京：人民邮电出版社，2016.

[7]　邹修明，马国光. C 语言程序设计[M].北京：中国计划出版社，2007.

[8]　乌云高娃，等. C 语言程序设计 [M]. 2 版. 北京：高等教育出版社，2012.

[9]　BillLubanovic. Python 语言及其应用[M]. 丁嘉瑞，等，译. 北京：人民邮电出版社，2016.

[10]　John Zelle. Python 程序设计[M]. 3 版. 王海鹏，译. 北京：人民邮电出版社，2018.

[11]　Ljubomir Perkovie. 程序设计导论[M]. 2 版. 江红，等，译. 北京：机械工业出版社，2018.

[12]　瞿中. 计算机科学导论[M]. 4 版. 北京：清华大学出版社，2014.

[13]　严蔚敏，吴伟民. 数据结构(C 语言版)[M].北京：清华大学出版社，2018.

图书资源支持

感谢您一直以来对清华版图书的支持和爱护。为了配合本书的使用，本书提供配套的资源，有需求的读者请扫描下方的“书圈”微信公众号二维码，在图书专区下载，也可以拨打电话或发送电子邮件咨询。

如果您在使用本书的过程中遇到了什么问题，或者有相关图书出版计划，也请您发邮件告诉我们，以便我们更好地为您服务。

我们的联系方式：

地　　址：北京市海淀区双清路学研大厦 A 座 714

邮　　编：100084

电　　话：010-83470236　010-83470237

客服邮箱：2301891038@qq.com

QQ：2301891038（请写明您的单位和姓名）

资源下载：关注公众号“书圈”下载配套资源。

书圈

获取最新书目

观看课程直播